やさしい局排設計教室

作業環境改善技術と換気の知識　　沼野雄志 著

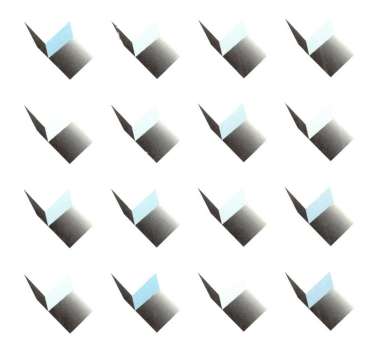

中央労働災害防止協会

新版の出版に際して

　「やさしい局排設計教室」の初版から38年，改訂新版の発行から14年が経過し，この種の技術書としては異例とも言える版数を重ねて参りました。改訂新版のまえがきにも記しましたように，本書はこの間，労働衛生コンサルタント，衛生工学衛生管理者，局所排気装置等自主検査者，作業環境測定士，労働基準監督署職員など作業環境管理に携わる多くの方々に利用され，たくさんの読者を得ることができました。

　これまでも改版　増刷のたびにその時々の新しい情報を加えて参りましたが，この間プッシュプル型換気装置が局所排気装置と同等に取扱われるとか局排の稼働条件が作業環境状態に応じて緩和されるなど，リスクアセスメントに基づく作業環境管理が重要視されるようになり，作業環境の実態に応じた対策が求められるようになりました。また，衛生管理全体ではメンタルヘルスや過重労働問題の比重の増加に伴って，衛生管理者テキストの中でも作業環境管理に関する部分が減り，衛生工学関係の講習会でこれに代る適当なテキストに対する要望が高まってきました。また，圧損計算にも計算図表に代わってパソコンや電卓の使用が一般的になりました。さらに計量法の国際単位への移行に伴い局排の圧力の単位として水柱ミリメートルに代わってパスカルが採用されました。

　これらの事情をふまえ平成17年6月に「やさしい作業環境改善技術」，「全体換気」の2章を加え，「プッシュプル型換気装置の設計」の章も全面的に書き改めるとともに圧力の単位をパスカルに改めて「新　やさしい局排設計教室」として発行しましたが，このたび第13章に「15　圧力損失計算結果の端数処理とまるめ方」を新たに設けたほか，ご要望の多かった解説の追加と一部の図表を改めるなど，最新の知見を加えて改訂しました。参考にしていただければ幸いです。

　平成31年2月

著　　者

―法令名称の略語―

安衛法（労働安全衛生法）

安衛令（労働安全衛生法施行令）

安衛則（労働安全衛生規則）

有機則（有機溶剤中毒予防規則）

特化則（特定化学物質障害予防規則）

粉じん則（粉じん障害防止規則）

鉛則（鉛中毒予防規則）

石綿則（石綿障害予防規則）

目　　次

第1章　やさしい作業環境改善技術

1　労働衛生工学とは……………………………………16

2　有害化学物質に対する工学的対策………………17

3　原材料の転換………………………………………18

4　有害化学物質と作業者の隔離……………………19

5　工法・工程の改良…………………………………21

6　発散源の囲い込み（密閉と包囲）………………24

7　換気技術概論………………………………………31

8　換気方法の選択……………………………………33

第2章　全体換気

1　換気の歴史…………………………………………36

2　全体換気の計画……………………………………37

3　換気量と濃度の関係………………………………39

4　温度差を利用した全体換気………………………41

5　建家集じん…………………………………………43

第3章　局所排気とは

1　局排の歴史…………………………………………46

2　局部換気……………………………………………48

3　局排のメカニズム…………………………………49

4　局排を計画する前に………………………………51

5　局排の計画と設計の手順…………………………54

第4章　局排フードについての基礎知識

1　囲い式と外付け式……………………………………58

2　フードはなぜ囲い式がよいか…………………59

3　捕捉フードとレシーバー式フード………………60

4　フードの型式分類………………………………62

5　フードに流れ込む気流の性質………………68

6　フードの基本計画………………………………70

第5章　フードの実例いろいろ

〔例1〕　粉砕機の投入口に設けた囲い式フード

………………………………………74

〔例2〕　混合機の投入口に設けた囲い式フード

………………………………………75

〔例3〕　ショットブラスト用囲い式フード…………77

〔例4〕　ホッパーの取出し口に設けた囲い式

フード………………………………77

〔例5〕　フレキシブルコンテナー充塡作業用

囲い式フード………………………78

〔例6〕　ベルトコンベヤの積替え点に設けた

囲い式フード………………………79

〔例7〕　バケットエレベーターの投入口に設

けた囲い式フード…………………81

〔例8〕　空袋集積用ブース…………………81

〔例9〕　反応缶の投入口に設けた囲い式フード

………………………………………83

〔例10〕　塗料製造用攪拌機に設けた囲い式フード

………………………………………83

〔例11〕 ドラム缶の口に取り付ける囲い式フード
　　　　……………………………………………84

〔例12〕 化学反応容器のマンホールを開口面
　　　　とする囲い式フード………………………85

〔例13〕 ホッパーの投入口等に付ける囲い式
　　　　（ドーナツ形）フード……………………86

〔例14〕 小型脱脂洗浄槽用ブース…………………87

〔例15〕 開口面をビニールカーテンで閉めた
　　　　囲い式フード………………………………87

〔例16〕 スクリーン印刷作業用ブース………………88

〔例17〕 粗砕機の投入口に設けたキャノピー
　　　　型フード……………………………………89

〔例18〕 粒体のシュートに設けたキャノピー
　　　　型フード……………………………………91

〔例19〕 秤量缶詰作業用外付け式フード……………92

〔例20〕 はけ塗り，接着，払拭等の手作業用
　　　　換気作業台…………………………………92

〔例21〕 換気作業台………………………………………93

〔例22〕 溶融炉に設けたキャノピー型フード………95

〔例23〕 有機溶剤作業箇所に設けたキャノピー
　　　　型を囲い式に改造…………………………96

〔例24〕 連続鋳造装置に設けたキャノピー型
　　　　フード………………………………………97

〔例25〕 鋳物工場の注湯作業場に設けたキャ
　　　　ノピー型フード……………………………98

〔例26〕 鋳物工場のシェークアウトマシンに
設けた囲い式フード……………………………99

〔例27〕 鋳物工場の砂落し，仕上作業場に設
けた外付け式フード…………………………… 101

〔例28〕 スインググラインダーに設けたレシー
バー式フード…………………………………… 101

〔例29〕 グラインダーに設けたレシーバー式
フード…………………………………………… 103

〔例30〕 手持ちグラインダー作業用のレシー
バー式フード…………………………………… 104

〔例31〕 エポキシ接着作業用クリーンベンチ……… 106

〔例32〕 ターンテーブル付塗装ブース……………… 107

〔例33〕 蛇腹テントで囲ったターンテーブル
付塗装ブース…………………………………… 108

〔例34〕 乾燥炉の出入口に設けたキャノピー
型フード………………………………………… 109

〔例35〕 事務用スチールキャビネットを利用
した囲い式フード……………………………… 110

〔例36〕 スクリーン印刷自然乾燥用フード………… 110

第6章　フードの性能の表し方

1　気流による汚染のコントロール………………… 116

2　制御風速と捕捉風速……………………………… 117

3　捕捉点……………………………………………… 119

4　制御風速の大きさ………………………………… 120

5　一般的に適用される制御風速…………………… 120

6　有機則に定められた制御風速…………………… 121

7 乱れ気流等の影響をどう考慮するか……………… 123

8 乱れ気流の大きさ…………………………………… 123

9 特化則に定められた制御風速……………………… 126

10 いわゆる抑制濃度と制御風速……………………… 127

11 粉じん則に定められた制御風速…………………… 128

12 グラインダーフードの欠点………………………… 133

13 囲い式フードの制御風速は最小風速……………… 136

14 制御風速の本来の意味……………………………… 137

15 局排と多様な発散防止措置………………………… 140

第7章　捕捉フードの必要排風量の計算
（制御風速法による Q の計算）

1 囲い式フードの必要排風量………………………… 144

2 外付け式フードの必要排風量……………………… 146

3 円形，長方形フードの等速度面と必要排風量

　………………………………………………………… 148

4 フランジはどれくらい効果があるか……………… 151

5 フードの一方が壁，床，天井等に接してい

　る場合………………………………………………… 155

6 スロット型フードの等速度面と必要排風量……… 156

7 キャノピー型フードの等速度面と必要排風量

　………………………………………………………… 157

8 排風量の計算式のまとめ…………………………… 159

9 排風量の計算演習…………………………………… 162

10 このフードは外付け式か囲い式か？……………… 171

11 外付け式の方が排風量が少なくて済む？………… 173

12 キャノピー型フードの Q の計算式について……174

第8章　レシーバー式フードの必要排風量の計算（流量比法による Q の計算）

1 流量比法の考え方について………………………178

2 熱源に設けたキャノピー型フードの必要排風量………………………………………181

3 熱上昇気流の量の求め方…………………………182

4 熱上昇気流に対する漏れ限界流量比の求め方………………………………………………183

5 熱上昇気流に対する必要排風量計算の手順……185

第9章　フードの形と省エネ対策

1 排風量節約の必要性………………………………188

2 囲い式フードの排風量の節約法…………………189

3 プリーナムチャンバーの利用……………………190

4 外付け式フードの排風量の節約法………………192

第10章　ダクトの設計

1 ダクトの太さの決定………………………………196

2 つまりを防ぐ搬送速度……………………………197

3 既製（スパイラル）ダクトと継手………………198

4 フレキシブルダクト………………………………200

5 ダクトの太さと省エネ対策………………………203

6 ダクトの断面積と直径の計算……………………204

7 角形ダクト，オーバルダクトの相当直径………204

8 角形ダクトの寸法の決め方………………………209

9 搬送速度の修正……………………………………209

10　ダクトの太さの決定演習……………………… 211

11　ダクト系の配置…………………………………… 213

12　ダクトの材料と構造…………………………… 214

13　ベンド，合流，取り合わせ………………… 217

14　ダンパー…………………………………………… 219

15　排気口，給気口………………………………… 220

第11章　局排設置届，摘要書と配置図，系統線図

1　局排装置の配置図とダクト系統線図の意味……… 224

2　配置図，系統線図の描き方………………………… 225

3　設置届の法的意義……………………………………… 232

4　設置届の記載のしかた……………………………… 232

5　摘要書の記載のしかた……………………………… 234

6　局排装置計算書の書き方

（その1，フードの必要排風量）………………… 237

7　局排装置計算書の書き方

（その2，圧損計算の準備）……………………… 241

第12章　圧損計算のための基礎知識

1　空気の流れと圧力損失……………………………… 246

2　空気の持つ圧力の表し方…………………………… 247

3　静圧，速度圧，全圧………………………………… 248

4　ダクト内の気流の静圧，速度圧，全圧………… 250

5　気流の速度と速度圧………………………………… 252

6　圧力損失と全圧，静圧，速度圧………………… 253

第13章　圧力損失の計算

1　直線ダクトの圧力損失……………………………… 260

2 角形ダクトの圧力損失の求め方······················· 262

3 内面の粗さの補正································· 263

4 フードの圧力損失································· 264

5 ベンドの圧力損失································· 268

6 円形合流ダクトの圧力損失····················· 271

7 角形合流ダクトの圧力損失····················· 272

8 円形拡大ダクトの圧力損失····················· 273

9 円形縮小ダクトの圧力損失····················· 275

10 角形拡大，縮小ダクトの圧力損失················· 276

11 ダンパーの圧力損失······························· 278

12 空気清浄装置の圧力損失····················· 278

13 排気口の圧力損失································· 281

14 フィルターの圧力損失························· 283

15 圧力損失計算結果の端数処理とまるめ方········· 284

第14章 圧力損失の計算演習

1 局排装置計算書の書き方

（その３，圧損計算の例題）····················· 286

2 局排装置計算書の書き方

（その４，静圧を計算する）····················· 288

3 局排装置計算書の書き方

（その５，排気ダクトの圧損と静圧）·············· 291

4 枝ダクトの圧損と合流点での静圧のバランス

··· 294

5 静圧のバランスをとる方法······················· 294

6 流速調節平衡法の実際··························· 297

第15章　排風機（ファン）の選定

1	排風機の種類と特長	302
2	排風機の選定図	305
3	排風機の性能を表す特性線図	305
4	排風機の動作点と静圧曲線	313
5	ダクト系の圧力損失と排風機の動作点	314
6	ダクト系の圧損曲線と静圧曲線	317
7	グラフによる実際の動作点の求め方	318
8	局排装置計算書の書き方	
	（その6，排風機の選定と動作点の決定）	320
9	室内が負圧の場合の補正	327

第16章　既製ダクトを使う設計 329

第17章　局排設置届，摘要書の書き方

1	摘要書を完成させる	338
2	設置届の審査と工事契約の際の注意	340

第18章　工事完成時の点検と性能が出ない場合の対策

1	点検と定期自主検査	348
2	制御風速の測定法	353
3	いわゆる抑制濃度の測定法	355
4	点検，検査の安全対策	356
5	流量調整用ダンパーの開度調整	357
6	性能不足の原因いろいろ	358
7	ファンの回転数を再チェックする	363
8	ダクトの漏れ込みはないか	364

9 メークアップ・エアの入口は確保されているか
………………………………………………… 365

10 給気口を設ける……………………………………… 366

11 必要排風量を減らす工夫…………………………… 368

12 ファンの回転数を上げて能力アップする……… 369

13 ファンの並列運転と直列運転…………………… 371

第19章 プッシュプル型換気装置の設計

1 プッシュプル換気について………………………… 376

2 プッシュプル型換気装置…………………………… 378

3 プッシュプル型換気装置の構造と性能の要件
………………………………………………… 381

4 密閉式（下降流型）プッシュプル型換気装
置の設計…………………………………………… 383

5 密閉式（水平流型）プッシュプル型換気装
置の設計…………………………………………… 390

6 密閉式（斜降流型）プッシュプル型換気装
置の設計…………………………………………… 391

7 開放式プッシュプル型換気装置の設計………… 392

8 プッシュプル型局所換気装置としゃ断装置
の簡易設計………………………………………… 394

第20章 空気清浄装置と排液処理装置

1 除じん装置…………………………………………… 400

2 排ガス処理装置……………………………………… 406

3 排液処理装置………………………………………… 409

付　　録…………………………………………… 413

索　　引…………………………………………… 435

第1章

やさしい作業環境改善技術

1．労働衛生工学とは

　かつて日本では労働衛生といえば医学の世界のことという考えがありました。たしかに労働衛生の多くの重要な問題が医学に関係しています。しかし1960年代になると多くの化学物質や高レベルのエネルギーを発散する設備が作業場に持ち込まれるようになり，作業環境と労働者の健康の関係が脚光を浴びるようになりました。この傾向は今後ますます加速されるものと考えられます。労働者の健康を守るためには良い作業環境が必要です。そのためには工学的な知識が求められます。そこではじめに労働者の健康を守る技術，労働衛生工学について理解しておくことにしましょう。

　物理学，化学，生物学，数学など純正科学の研究成果を実社会の生産活動の場に応用して生産に役立てる応用科学技術を総称して工学と呼びます。工学には機械工学，電気・電子工学，建設工学，物質工学，資源工学，エネルギー工学，生命工学，情報工学，計測工学など広範囲の分野が含まれます。純正科学がコストを考慮することなく真実を追究するのに対して，工学は常にコストと成果の関係（バランス）に配慮し，最小のコストで最大の成果を得ることを基本理念としています。

　労働衛生工学は，労働者の健康を成果（product）とする工学の一分野であり，その目標は，労働の場に存在する健康阻害因子を経済的に効率よく取り除き，またはレベルをコントロールして，労働者の健康に悪影響を及ぼさないようにすることです。

労働衛生工学は、医学、生物学、化学、物理学、機械工学、建築学、他の工学にいたる広い学問分野と関連のある学際的（interdisciplinary）な学問で、

① 健康阻害因子の発見、認識（recognition）
② 健康阻害因子の影響評価（evaluation）
③ 健康阻害因子の除去抑制（control）技術の確立
④ 健康阻害医子に対するばく露防止技術の確立

などを研究の対象にしています。

私達を取り巻く作業環境には、粉じん、化学物質、微生物などの化学因子（chemical agents）と呼ばれるもの、騒音、振動、温熱、有害光線、異常気圧、電離放射線などの物理因子（physical agents）と呼ばれるもの、そのほか多くの健康阻害因子があります。本章では本書の主題である局所排気に関係の深い粉じん、化学物質に対する対策を中心に説明することにします。

2. 有害化学物質に対する工学的対策

有害化学物質による健康影響を避けるためには、有害化学物質の使用をやめるか有害性の少ない物質に置き換えるのが最も好ましいことですが、それができない場合には何らかの方法でヒトの身体に接触させないようにすることが大切です。作業場では作業者と化学物質の接触・体内摂取は主として呼吸を通して起きるので、空気中の有害化学物質の濃度を低く抑えることが重

要で，従来から次のような工学的対策が広く使われています。

① 有害性の少ない原材料への転換
② 有害化学物質と作業者の隔離
③ 工法・工程の改良による発散防止
④ 発散源の囲い込みによる発散防止
⑤ 局所排気による拡散防止
⑥ 全体換気による希釈
⑦ 排気処理，排液処理による一般環境への放出防止

　これらの対策は，ひとつで大きな効果を上げることもありますが，例えば，発散源を包囲構造にするとともに全体換気を行って，包囲から漏れ出した有害化学物質を希釈して濃度を下げるというように，幾つかの方法を組み合わせて実施する方が少ないコストで高い効果が得られることが多いようです。

　また，空気中の有害化学物質の濃度を低く抑えることにより，間接的に皮膚を通しての接触・体内摂取も減らすことができます。

3．原材料の転換

　古くはマッチの発火材として使用されていた猛毒で自然発火性のある黄りん（白りん）を赤りんへ転換してマッチの危険を除いた例があります。また1950年代に入って米国で1,1,1-トリクロルエタンが引火性の無い溶剤として商品化されると，それまでドライクリーニング用溶剤として使用されていた揮発油（工業用ガソリン）が急速に転換された例もあります。その後トリクロルエチレンの発がん性が疑われるようになって，半導体ウエハー等電子部品の表面の洗浄に使用されていたトリクロルエチレンがフロン系溶剤に転換されるなど1980年代までは危険性，有害性の少ないと考えられる原材料への転換がやや安易に行われた時期がありました。

　しかし，有害性が少ないと考えられていた物質も研究が進むにつれて新たな有害性が見い出されたり，人体に摂取された場合の毒性は小さくても，大

気中のオゾン層の破壊や地球温暖化への関与が問題となったり，水中に放出された場合の難分解性や魚体への蓄積性が問題となったりして最近では原材料の転換は大変やりにくくなってきました。

したがって今後原材料の転換を計画する場合には，候補となる代替物質の危険・有害性を慎重に見極めることが必要で，場合によってはほかの技術との組み合わせも考慮しなければなりません。

ちなみに半導体ウエハー等の洗浄には，その後純水を噴霧氷結させてできる極めて微細な氷片を吹付けて洗浄する技術が開発された結果，有機溶剤による洗浄はあまり行われなくなりました。また，ドライクリーニングは密閉化・自動化と開放前のエアレーション機能を備えた機械の採用で作業者が1,1,1-トリクロルエタンに接触する危険をほとんど無くすことができました。

4. 有害化学物質と作業者の隔離

隔離の方法には，隔壁のような物理的隔離，気流を利用した空間的隔離，工程の組み方による時間的隔離があります。

(1) **物理的隔離**

化学プラント等の装置産業では有害物質の発散を伴う工程のほとんどは自動化され，作業者は隔離された集中制御室内で計器による監視と遠隔操作を行なっています。集中制御室は空調の給気によって加圧状態に保たれているので外から有害物質が侵入することはありません。

写真1・1はガラス製のパーティションを使って有機溶剤を隔離した例です。隔離された区画内に設置されたロールコーターは稼働中高濃度のトルエン蒸気を発散しますが，製品の品質保持のために急速な乾燥を避けなければならず，気中濃度を2,000ppm程度に保つ必要があります。また表面に気流が当たることも好ましくないので局所排気は使えません。

区画内のトルエン蒸気濃度は測定器によって常時監視され，濃度を一定に

写真1・1 ガラス製パーティションによる物理的隔離

保つために吸・排気による緩やかな全体換気が行われています。また、パーティションの隙間からの漏出を防ぐ目的で、区画内をわずかに負圧になるように吸・排気量の調整が行われています。パーティションのドアには測定器によって感知された濃度が許容濃度未満にならなければ解錠されないようにインターロックが施されています。

区画内に入る必要がある場合には、まず機械の運転とトルエンを含むコーティング材の送給を停止し吸・排気の能力を上げ、トルエン蒸気の濃度が下がってインターロックが解錠されてから立ち入ります。運転開始の場合は、作業者が区画外に出てドアを閉じて施錠しインターロックをリセットしなければ、機械の運転とコーティング材の送給が開始できないようになっています。

この例のように、物理的隔離を有効に行うためには吸・排気等の方法で作業者がいる区画の圧力を有害物が発散する区画の圧力より高く保つことが必要です。

(2) 空間的隔離

写真1・2は塗装用ロボットを使って、作業者を吹付け塗装の箇所から空間的に隔離した一例です。

写真1・2　塗装ロボットの採用と気流による空間的隔離の例

　作業者はロボットから約5m離れた場所にいて被塗装物を送給用コンベアーに載せながらロボットの動作状態を監視します。ロボットの前方には塗装ブースが設置されていて，0.2m/s位の定常的な気流が作業者の方からロボットを通って流れるよう排気が行われています。作業者と発散源の間にこの程度の距離を確保できれば，この程度の気流でも有害物質が作業者の呼吸域まで拡散することはなく，空間的隔離の目的は十分達成できます。

(3) **時間的隔離**

　有害物質が発散する時間帯が限られている場合には，隔離のもう1つの方法として，有害物質が発散する工程の進行中は作業者は発散源に近づかず，有害物の発散が終わり濃度が十分下がってから近づくという方法がありますが，有害物質の濃度を下げるためには換気等の対策が必要であり，時間的隔離が単独で行われることはあまりありません。

5．工法・工程の改良

　生産工程や作業方法を変更したり，順序を入れ替えることによって，有害物質の発散を止めたり少なくすることが可能です。

(1) **湿式工法（湿潤化）**

濡らすまたは湿らせても作業または後工程に支障がない場合には，濡らすまたは湿らせて発じんを止めることは極めて有効な粉じん対策で，湿式工法または湿潤化と呼ばれます。湿式工法（湿潤化）は，費用の割に大きな効果が期待できる，工法の改良の代表的なものです。

濡らす，または湿らせるためには水，油など適当な液体を使用すればよく，時には浸透効果を良くするために水に少量の界面活性剤や乾燥防止剤として少量のポリプロピレングリコール等を添加することがあります。鉱山で使われる湿式削岩機，鉄鋼業でのハイドロブラスト工法の使用，注水しながら行う窯業原料の粉砕，研削油を注ぎながら行う湿式研摩などの例があります。

また，以前は乾燥して粉末状で製品とされていたオルト-トリジン，ジアニシジンなどの染料原料がスラリーまたはウエットケーキ状で出荷されるようになったのも湿潤化の一例です。

(2) **新技術の応用で可能になった工法の改良**

ベンゾトリクロリドの合成は密閉構造のオートクレーブ内でトルエンに塩素を反応させて行われます。反応の終点決定のための純度検査は以前は不純物による凝固点降下を利用する凝固点測定によって行われていました。凝固点測定はオートクレーブの底部のバルブを開いて採取した数百 mL のサンプルをガラス製のメスシリンダーに移し，作業者が目視で凝固点を測定してい

たため，高温のサンプルから蒸発するベンゾトリクロリド蒸気にばく露される危険がありました。

　今では数μLのサンプルをマイクロシリンジに採取しガスクロマトグラフで分析する方法に改められ，作業者がばく露される危険は極めて小さくなりました。ガスクロマトグラフ分析が可能になったのは，ニトリル系の合成ゴムが開発され高温のベンゾトリクロリドに耐えるセラムキャップができマイクロシリンジによるサンプリングが可能になったことによるもので，このように一見関係がないように見える新技術が工法の改良につながることも少なくありません。

(3) 工程順序の入れ替え

　ブレーキライニング等自動車用の摩擦材の成型工程では，摩擦材のアラミド系人工鉱物繊維と熱可塑性のフェノール-ホルムアルデヒド樹脂の粉末を乾式ミキサーで混合した後，秤量，型入れをしやすくする目的で少量の油を加えて湿潤な状態に混練し，秤量，型入れを行っていましたが，混合工程では乾燥状態であったために発じんしていました。乾燥状態で混合する理由は乾式ミキサーでに湿潤な材料を混合することができないからで，混合機をニーダーブレンダーに替えることによって湿潤な原料を混合できるようになり発じんの問題は解決しました。

　この例のように工程順序を入れ替えることによって有害物質の発散を止めるか少なくすることが可能なことも少なくありません。

(4) 温度コントロールによる蒸発抑制

　有機化合物の蒸気圧は温度の上昇とともに増加するので，温度を低くコントロールすることによって蒸発を抑えることができます。特化則第38条の15の規定は，ダイナマイト製造工程における薬（ニトログリセリンとニトログリコールとを硝化綿に含浸させた物）の温度によってニトログリコールの配合率を規制していますが，この規定は温度を低く抑えることによってニトログリコールの蒸発を抑えると同時に，作業者の発汗を抑えて皮膚からの吸収を少なくすることを目的としています。

6. 発散源の囲い込み（密閉と包囲）

　発散源の囲い込みには，密閉構造と呼ばれる設備か包囲構造と呼ばれる設備が使われます。囲い込みは，有害化学物質の発散を抑えるだけでなく騒音環境の改善にも応用される作業環境改善の有力な技術です。

(1) **密閉構造**

　密閉構造というのは，隙間等がなく，多少加圧状態になっても内部の有害物質が外に漏れ出ない程度に閉じられた構造をいいます。したがって単に蓋をしただけでは密閉構造とはいえません。

　① 密閉構造の化学設備

　搭槽類と呼ばれる化学反応設備は密閉構造にしやすいものの代表です。図1・1は，クロロベンゼンを硝化してオルト-ニトロクロロベンゼンとパラ-ニトロクロロベンゼンを製造する工程の系統図です。系統中の硝化釜，混酸

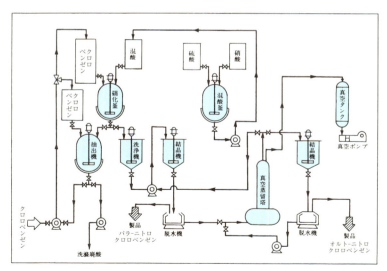

図1・1　パラ-ニトロクロロベンゼン製造工程図
（化学工業社，『化学反応フローシート集』より）

6. 発散源の囲い込み（密閉と包囲）

写真1・3　密閉構造のオートクレーブとスクリューコンベヤ

釜，抽出機，洗浄機，結晶機，真空蒸留搭等が搭槽類に該当します。これらの装置の操業中に開く必要のない接合部はフランジ構造とし，ガスケットを挟んでねじで締めつける方法で密閉構造にできます。

② 原材料等の送給，移送

密閉設備への気体，液体の原料，生成物の送給，移送はパイプラインを通して行われます。図の例では，原料のクロルベンゼン，硝酸，硫酸および混酸の送給，中間生成物，製品から分離された母液の移送がパイプラインを通して行われます。

固体の原料，生成物の送給・移送にはニューマチックコンベヤ，ベルトコンベヤ，バケットコンベヤ，スクリューコンベヤ等が使用されます。ニューマチックコンベヤはパイプラインと同様に密閉構造にしやすいのですが，密閉構造にしにくい外の方式のコンベヤは，局所排気を併用する包囲構造にします。

③ 可動部分のシーリング

攪拌機のシャフト等の貫通部は，スタッフィングボックスにグランドパッキングを詰めてねじで締めつけるか，O-リング等のスクイーズパッキング，Y-リング，J-リング等のリップパッキングと呼ばれるパッキングでシールを

施して気密を保つようにします。

④　マンホールを開く場合の措置

内部清掃等のために密閉構造の搭槽類のマンホールを開く場合には，局所排気を併用することが一般に行われます。局所排気の方法としてマンホールにフードを設置することもありますが，使用していない継ぎ手がある場合にはそこに**写真1・4**のようにダクトを連結し，装置そのものを囲い式フード（マンホールを開口面）と考えて排気した方が，少ない排気量で装置内部も換気されて効果的です。

(2)　包囲構造

密閉構造にできない設備も，稼働中常に手を入れる必要がないものは，ほとんどが包囲構造にできます。包囲構造というのは，発散源をカバー等の構造物で囲い，内部の空気を吸引し，カバーの隙間等の開口部に吸引気流を作って有害物質の漏れ出しを防ぐ構造のことで，局所排気装置の囲い式フードも包囲構造の一種といえます。

化学設備のうちでも固液分離用の脱水機は密閉構造にしにくい設備の1つです。固形物を連続自動的に排出できる大型のものは密閉構造にできますが，小規模のものは費用対効果の関係で難しく，大規模プラント以外には普

写真1・4　オートクレーブのフランジにダクトを接続して内部吸引する例

6．発散源の囲い込み（密閉と包囲）　　　　　27

(1) 蓋を閉じて運転中　　　　　　　　　　(2) 蓋を開いた状態
写真1・5　内部を局所排気した遠心脱水機

及していません。
　① 包囲構造の遠心分離器の例
　写真1・5は，図1・1の系統で製品のオルト-ニトロクロロベンゼンとパラ-ニトロクロロベンゼンの分離に使用されるバッジ式の遠心式脱水機を包囲構造にした例で，運転中は蓋を閉めて密閉し，製品を取り出すときには蓋を開いて，局所排気を併用して行います。
　② 包囲構造の洗浄槽の例
　写真1・6は，有機溶剤でグラビア印刷用ロールを洗う洗浄槽を包囲構造にした例です。洗浄槽には逆流凝縮器を設けても，被洗浄物を取り出す際には付着した有機溶剤が蒸発して流出している例が多いようです。写真の例では，槽の上縁の後側に側方吸引型のフードを設けて，蓋を開くとフードの上に立ち上がった蓋がフランジとなって乱れ気流を防ぎ，蓋を閉じた状態ではフードは槽の外の空気を吸引する。このようにすることで洗浄中は槽から外に漏れた溶剤蒸気だけがフードに吸引され，槽の内部を排気しないので有機溶剤の無駄な蒸発を防止できるというわけです。

(1) 蓋を閉じて運転中

(2) 蓋を開いた状態

写真1・6　包囲構造にした洗浄槽

③　包囲構造の連続研磨仕上機の例

　写真1・7は，建築用タイルの連続研磨仕上機を包囲構造にした例です。研磨機にはすべてのと石にグラインダーカバーをフードとした局所排気が行われていますが，それだけでは粉じんの飛散を完全に止められないので，騒音対策も兼ねてさらに機械全体を透明なプラスチック製のドームで覆って包囲構造にしています。グラインダーカバーの排気がドーム両端のベルトコンベヤの出入口とドームの下側の隙間に粉じんの発散防止に必要な吸引気流を作るので，包囲そのものには別の排気はしていません。

6. 発散源の囲い込み（密閉と包囲）

写真1・7　包囲構造にした建築用タイルの連続研磨仕上機

写真1・8　包囲構造にした連続めっき装置

④　包囲構造の連続めっき装置の例

　写真1・8は，包囲構造にした連続亜鉛めっき装置の例です。内部点検等のためにカバーは部分的に取り外せる構造にしてあります。この例では，カバーの隙間，コンベヤの出入口にミストの飛散防止のための吸引気流を作る

30　　　　第1章　やさしい作業環境改善技術

(1) 扉を閉じて運転中　　　　　　　(2) 扉を開いた状態
写真1・9　包囲構造のショットブラスト装置

ために，カバー上部の数カ所にダクトを接続して排気しています。
　⑤　包囲構造のショットブラスト装置の例
　写真1・9は，テーブルショット機と呼ばれるバッジ式のショットブラスト装置です。被研磨物に吹き付けられたショット（鋼粒）は装置の底部からバケットコンベヤで上部のタンクに回収されて循環使用されます。吹き付けたエアーもダクトを通して吸引され，ろ過除じん装置で粉じんを除去された後排気されます。
　この装置は包囲構造ですが，一般に使用されているものについて調査した結果，2つの問題点があることがわかりました。
　まず，ろ過除じんした排気が室内に放出されるためにフィルターの劣化に伴って作業場内に粉じんを発散させているものが少なくない。これを防ぐために，除じん装置は排気ダクトを接続できる構造として，屋外に排気するべきです。
　次に，ショットブラストを終了し装置を停止させると除じん装置のファン

も同時に停止してしまうため，製品取り出しのためにドアを開くと中に充満していた粉じんが室内に発散する。これを防ぐためには，ショット吹付け用のエアコンプレッサーと除じん装置の電源を別系統にして，コンプレッサー停止後数分間は除じん装置が運転を続けて機内の粉じんが完全に吸引除去された後でなければドアを開けない構造にするべきです。

7．換気技術概論

　気流を利用して環境をコントロールする技術が換気です。換気は，有害化学物質の気中濃度を抑えるだけでなく，温熱環境の改善にも応用される作業環境改善の有力な技術です。

⑴　換気のメカニズム

　換気をコントロールのメカニズムによって分類すると，発散源を取り囲むように吸引気流を形作って有害物質等の拡散を防ぐ局所排気，プッシュプル換気と，作業区域内の汚れた空気を外に出し，代わりに外からきれいな空気を供給して混合させ，希釈によって平均濃度を下げる全体換気（希釈換気）に分けることができます。

⑵　換気の種類と費用・効果

　局所排気，プッシュプル換気にはフード，ダクト，空気清浄装置，ファンから構成される局所排気装置，プッシュプル型換気装置と呼ばれる設備を使います。発散源の近くで有害物質等を吸引除去するので作業者が有害物質にばく露される危険が少なく，吸引された空気中の有害物質を空気清浄装置で取り除くことも可能で一般環境への影響も少ないことが長所です。反対に一般に高額の設備投資が必要なこと，ダクトを通して空気を運ぶために摩擦等によるエネルギーの消費が大きく設置後の運転コストが高いこと，設備が大がかりで場所を取ること，フードが作業性を損なうことなどが短所です。

　全体換気は，空気の出し入れにダクトを通すこともありますが，一般には建物の壁，天井に取り付けた換気扇，電動ベンチレーターを使って直接空気

表1・1 局所排気, プッシュプル換気, 全体換気の長所と短所

	長　　所	短　　所
局所排気	①周囲まで汚染される危険が少ない ②排気の処理ができる	①設備コスト, 運転コストが大きい ②設備が大がかりで場所を取る ③作業性を損なうことがある
プッシュプル換気	①周囲まで汚染される危険が少ない ②排気の処理ができる ③作業性を損なうことが少ない	①設備コスト, 運転コストが大きい ②設備が大がかりで場所を取る
全体換気	①設備コスト, 運転コストが小さい ②設備が簡単で場所を取らない ③作業性を損わない	①周囲まで汚染される危険がある ②排気の処理ができない

を入れ換えるので, 設備投資, 運転コストともに少なくて済み, 作業性を損なうことも少ないことが長所ですが, 混合希釈の過程でどうしても発散源の近くの濃度が平均より高くなり, 作業者が有害物質にばく露される心配があります。また, 汚れた空気をそのまま外に放出するので一般環境への影響も起こり得ることが短所です。

表1・1は, 局所排気, プッシュプル換気, 全体換気の長所と短所を比較したものです。

(3) 給排気の方法による換気の分類

換気を吸排気の方法によって分類すると, 給気, 排気ともに動力を使用する第1種機械換気, 給気のみ動力を使用し排気は開口部からの漏れ出しによ

表1・2　吸排気の方法による機械換気の分類

換気の種類	第1種機械換気	第2種機械換気	第3種機械換気
系 統 図	送風機／排風機 ⊕/⊖	排気口／送風機 ⊕	給気口／排風機 ⊖
圧力状態	風量により正圧または負圧	大気圧より正圧⊕	大気圧より負圧⊖
特徴と適用	確実な換気量確保 大規模換気装置 大規模空気調和装置	汚染空気の流入を許さない 清浄室（手術室等） 小規模空気調和装置	他に汚染空気を出してはならない 汚染室(伝染病室, WC, 塗装室等)

る第2種機械換気，排気のみ動力を使用し給気は開口部からの漏れ込みによる第3種機械換気があります。

　第1種は給気量と排気量を調節することにより作業区画内の圧力を自由に調節できますが，第2種では作業区画内は常に加圧（正圧）状態，第3種では常に減圧（負圧）状態です。

8．換気方法の選択

　どの換気方法を採用するかは，対象となる化学物質のリスクと費用対効果のバランスを考えて決定しなくてはなりません。

　リスクの判断基準としては，

① 　危険・有害性の程度（健康影響の危険性を表す数値としてはばく露限界（許容濃度，TLV），火災危険性を表す数値としては引火点）

② 　発散速度と発散量（取扱温度と飽和蒸気圧，取扱温度と沸点との差，蒸発速度（単位面積，単位時間当たりの蒸発量））

③ 　発散源の大きさ，数，作業区域内での分布

などがあります。

　これらのうち発散速度については，取扱温度が高ければ当然蒸気圧も高く

蒸発速度も大きくなり，同じ温度でも沸点との差が小さければ蒸気圧は高く蒸発速度は大きくなります。また，常温における蒸発速度が大きい物質は当然ある条件での発散量が大きくなります。そのほかたとえばめっきの場合電解電流密度が大きければ気泡の発生とミストの発散が激しくなります。

　次にリスクの大きさについては，危険性を表す数値が小さくて発散速度が大きい場合にはリスクが大きいと考え，反対に危険性を表す数値が大きくて発散速度が小さい場合にはリスクは小さいと考えます。リスクが大きい場合には全体換気より局所排気，プッシュプル換気を選択することが望ましく，また，大きい発散源が少数ある場合には局所排気かプッシュプル換気，広い作業区域の中にごく少量の有害物質の発散源が点在する場合には全体換気の方が適当です。

第 2 章
全体換気

1. 換気の歴史

　建物の中の空気を汚す有害物質を空気の流れに乗せて外に出そうという考えは，随分古くからあったようです。人類の文明は，人類が火を使うことを知ったときに画期的な進歩をとげたといわれていますが，ギリシャ神話の時代から信仰の対象であった火が，暗黒の夜を照らす照明となり，食物を調理する熱源となり，さらに冬の住居の暖房として利用されるにつれて，火は人類の日常生活とは切っても切りはなせない関係になりました。しかし住居の中で火を使うと，煙が出て困ったであろうことも想像に難くありません。あるいはその当時から一酸化炭素中毒や酸素欠乏症があったかも知れません。何とかして余計ものの煙を外に出そうと当時の人はきっと苦労したことでしょう。

　紀元前27世紀頃，古代エジプト王のピラミッド建設のためにアッシリア地方からナイル河畔に移住した技術者達の集合住宅には，すでに換気口が設けられていたという記録があります。この換気は屋内と屋外の気温の差による空気の浮力を利用した重力換気と考えられます。重力換気は今でも鋳物工場などの高温，発熱を伴う作業場で使われていますが，その原理が4700年前と少しも変わっていないのはオドロキです。

　重力換気のような自然力を利用した換気を自然換気と呼びます。この方法は他に動力源がいらないので大変経済的ですが，天候の加減で換気が左右されるという欠点があります。天候に左右されない，動力を使った換気は機械換気と呼ばれ，西暦1500年頃に，「モナリザの微笑」で有名な天才レオナルド・

ダ・ヴィンチが，自分の友人の家の換気用に水車で働く換気扇を考案したという記録があります。

この時代の換気の目的は，屋内の暑く湿った空気を外の涼しい空気と入れ換える，温熱条件のコントロールが主で，有害物はせいぜい暖炉の煙ぐらいであったので屋内の汚れた空気に外のきれいな空気を混ぜてかきまわすだけでも相当涼しく気持よく感じられたことでしょう。このような換気方法は，建物や室全体の空気をかきまぜるので全体換気，またはよごれを希釈する（うすめる）効果があるので希釈換気と呼ばれ，主として温熱条件やあまり有害性の大きくない化学物質のコントロールには今でも利用されています。

2．全体換気の計画

全体換気は希釈換気とも呼ばれ，給気口から入ったきれいな空気は，発散源付近の汚染された空気と混合希釈を繰り返しながら，換気扇に吸引排気され，その結果有害物質の平均濃度を下げることができます。

計画通りの希釈が行われるためには，

① 給気が作業区域全体を通って排気されるように給気口と排気口（換気

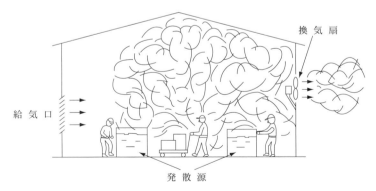

図2・1　全体換気

扇）を配置すること
② 希釈に必要な換気量を確保すること
の2つが重要です。

まず配置については，全体換気では発散源より風下側の空気が汚染された状態になるので，発散源をできるだけ排気口の近くに集めることも望ましいことです。また，希釈を効果的に行うためには，大容量の換気扇を1台設置するより小容量の換気扇を複数分散して設置する方が効果的です。

全体換気に一般的に使われる軸流式の換気扇は，発生できる静圧が低いために，排気口の外側に風が吹き付けると十分な排気が行われません。外気圧の影響を避けるために短い排気ダクトを設けて屋根より高い位置に排気したり，より積極的に建物の両側に回転の向きを反転できるタイプの換気扇を設けて，その日の風向きに合わせて風上側を給気用，風下側を排気用にすることも行われます。アーク溶接のヒュームの排出，高温環境の改善の目的の換気の場合には屋根の上に電動ベンチレーターを設置すると良いでしょう（**写真2・1**）。

作業場が非常に広い場合，換気扇までの距離が大きいために十分な混合希釈が行われないケースがあります。このような場合には作業場内に別の扇風機を設置して空気を攪拌することも行われます。

写真2・2はアーク溶接作業場に大型のジェットファンを設置して攪拌している例です。

写真2・1　屋根に設置した電動ベンチレーター

3. 換気量と濃度の関係　　　　39

写真 2・2　アーク溶接作業場に設置したジェット
　　　　　　ファン

写真 2・3　ポータブルファンとスパイラル風管を
　　　　　　使う全体換気

　タンク内のような閉鎖された場所で溶接，塗装などの作業をする場合にはポータブルファンとスパイラル風管を使用して全体換気を行います（**写真2・3**）。

3. 換気量と濃度の関係

　次に希釈に必要な換気量を決めるために，全体換気をしながら有害物質を

40　　　　　　　　　　第2章　全体換気

発散させる作業を続けた場合に，濃度がどのように変化するかについて考え
てみましょう。

　条件として，作業を始めるときの濃度はゼロ，作業中は有害物質の発散量
は変わらない。有害物質はすべて十分に拡散して室内の空気と混合し，また
給気された清浄な空気は室内の汚れた空気と完全に混合した後に排気される
ものと仮定します。

　はじめのうちは濃度が低く換気によって取り去られる有害物質の量も少な
いために，時間とともに濃度が上昇しますが，濃度が上がるにつれて取り去
られる量が増え，濃度の増え方が少なくなり，やがて発散する量と換気によっ
て取り去られる量が等しくなって，一定の濃度で平衡状態になります。

　この状態の濃度は次の式で表されます。

$$
\boxed{濃度(C)}\,(\mathrm{mg/m^3}) = \frac{10^3 \times \boxed{有害物質の発散量(W)}\,(\mathrm{g/h})}{60 \times \boxed{換気量(Q)}\,(\mathrm{m^3/min})}
$$

$$
= \frac{50 \times \boxed{有害物質の発散量(W)}\,(\mathrm{g/h})}{3 \times \boxed{換気量(Q)}\,(\mathrm{m^3/min})} \quad\cdots\cdots\cdots\cdots\cdots\cdots 2 \cdot 1 式
$$

有害物質が25℃の気体の場合には，

$$
\boxed{濃度(C)}\,(\mathrm{ppm}) = \frac{10^3 \times 24.45 \times \boxed{有害物質の発散量(W)}\,(\mathrm{g/h})}{60 \times \boxed{分子量(M)} \times \boxed{換気量(Q)}\,(\mathrm{m^3/min})}
$$

$$
= \frac{50 \times 24.45 \times \boxed{有害物質の発散量(W)}\,(\mathrm{g/h})}{3 \times \boxed{分子量(M)} \times \boxed{換気量(Q)}\,(\mathrm{m^3/min})} \quad\cdots\cdots\cdots\cdots 2 \cdot 2 式
$$

また，濃度を一定に保つために必要な換気量は次の式で計算できます。

$$
\boxed{換気量(Q)}\,(\mathrm{m^3/min}) = \frac{10^3 \times \boxed{有害物質の発散量(W)}\,(\mathrm{g/h})}{60 \times \boxed{濃度(C)}\,(\mathrm{mg/m^3})}
$$

$$
= \frac{50 \times \boxed{有害物質の発散量(W)}\,(\mathrm{g/h})}{3 \times \boxed{濃度(C)}\,(\mathrm{mg/m^3})} \quad\cdots\cdots\cdots\cdots\cdots\cdots 2 \cdot 3 式
$$

4．温度差を利用した全体換気　　41

有害物質が25℃の気体の場合には，

$$\boxed{換気量（Q）}\,(\mathrm{m}^3/\mathrm{min}) = \frac{10^3 \times 24.45 \times \boxed{有害物質の発散量（W）}\,(\mathrm{g/h})}{60 \times \boxed{分子量（M）} \times \boxed{濃度（C）}\,(\mathrm{ppm})}$$

$$= \frac{50 \times 24.45 \times \boxed{有害物質の発散量（W）}\,(\mathrm{g/h})}{3 \times \boxed{分子量（M）} \times \boxed{濃度（C）}\,(\mathrm{ppm})} \cdots\cdots\cdots 2\cdot4式$$

有機則第17条に定められている全体換気装置の性能基準としての換気量は，上の2・4式を使って，たとえば第2種有機溶剤等の場合には M と C にトルエンの分子量92と，規則制定当時（昭和35年）の許容濃度100ppm を代入して計算したものです。同じように第1種有機溶剤等の必要換気量は四塩化炭素，第3種の必要換気量はイソオクタンの分子量と当時の許容濃度を代入して計算したものです。

ただし，実際には完全な混合希釈が行われることは少なく発散源の付近の濃度は計算された平均濃度より高くなることが多いので，一般的には安全をみて計算値の2～4倍の換気量を出せる換気扇を設置することが行われているようです。

4．温度差を利用した全体換気

金属精錬用の滓鉱炉，熱処理用の電気炉，鋳造用の保持炉のような高温で発熱を伴う発散源に対しては，空気の熱膨張による浮力を利用して換気することができます。これを温度差換気または重力換気と呼びます。

温度差換気が効果的に行われるためには，

① 　建屋の高さが十分高いこと

② 　上下の開口面積が十分広いこと

③ 　温度差を保つために必要な熱の発生があること

の3つの条件が満たされていなくてはなりません。

温度差換気で期待できる換気量は，次の実験式を用いて推定することが一

写真2・4 製鋼用電気炉の温度差換気

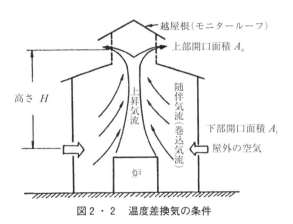

図2・2 温度差換気の条件

般的です。

冬季は外気温を0℃と仮定して,

$$Q_t = 623 \cdot A_o \sqrt{\frac{H \cdot \Delta T}{(A_o/A_i)^2 + 1}} \quad \cdots\cdots\cdots\cdots\cdots\cdots\cdots\cdots\cdots\cdots 2 \cdot 5 式$$

Q_t:温度差による換気量(m³/h)

A_o：上部開口面積（㎡）

A_i：下部開口面積（㎡）

H：上下開口面の高さ（m）

ΔT：上部と下部の温度差（℃）

夏季は外気温を27℃と仮定して，

$$Q_t = 590 \cdot A_o \cdot \sqrt{\frac{H \cdot \Delta T}{(A_o/A_i)^2 + 1}} \quad \cdots\cdots\cdots\cdots\cdots\cdots 2 \cdot 6 式$$

2つの計算式でわかるように，外気と屋内の温度差が大きい冬季の方が空気の浮力が増え換気量も大きくなります。

5．建家集じん

温度差換気では浮力で上に上がった汚染空気をそのまま排気すると公害の原因になります。そのため最近ではモニタールーフに大口径のダクトを接続して大型の除じん装置に導き，除じんしてから排気することが行われるようになりました。

これは，いわば建家の上部を後で説明するキャノピー型フードに見立てた局所排気で，建家集じんと呼ばれています。

写真2・5　建家集じん用ダクトの例

ワンポイント メ　モ	濃度の単位と$\dfrac{24.45}{M}$

　有害物質の濃度の単位には空気1㎥の中に含まれる有害物質の質量が何mgあるかを表す質量濃度〔mg/㎥〕と，空気の体積1,000,000の中に含まれる有害物質の体積がどれくらいあるかという体積の比率〔ppm〕が使われます。ppmというのは parts per million の略で100万分率とも呼ばれます。一般に粒子状の有害物質には質量濃度〔mg/㎥〕が，気体の有害物質には体積比〔ppm〕が使われます。

　質量濃度〔mg/㎥〕と体積比〔ppm〕の間には次の関係があります。

$$〔ppm〕=\frac{24.45}{気体の分子量\ M}\times〔mg/㎥〕$$

　　　　　　または　　　　　　　$$〔mg/㎥〕=\frac{気体の分子量\ M}{24.45}\times〔ppm〕$$

　化学物質の分子量 M にグラムを付けた量のことをグラム分子量またはモルと呼びます。たとえば酸素O_2（分子量 $M=32$）は32グラムが1モル，有機溶剤のトルエン$C_6H_5CH_3$（分子量 $M=92$）は92グラムが1モルです。1モルの気体の体積は分子量に関係なく0℃（絶対温度273.16K）1気圧で22.4リットルです。また気体の体積は温度が上がると絶対温度に比例して膨張し，25℃（298.16K）1気圧の体積は24.45リットルです。

　前出の2・2式，2・4式と上の式の24.45/Mは，25℃1気圧の気体1グラムの体積〔リットル〕を表しています。

第3章

局所排気とは

1. 局排の歴史

　換気の歴史が古くから知られているのに対して，局所排気がいつ頃から行われるようになったかはあまりはっきりしていません。本格的な局所排気は多分極めて最近，排風機が発明されてはじめて実用化されたものと考えられます。しかし，たとえば室内で火を焚いて暖をとる際に，たまたま風下側に座るとけむく，風上側に座るとけむくないという事実に気づき，さらに火を焚く場所を部屋の片隅に決めて，煙がそこから部屋に出てこないように石で囲んで煙突をつけることを思いついたと考えることは少しも不自然ではありません。こうして発明された暖炉は，立派な局所排気の応用といえます（図3・1）。

　この暖炉の例でわかるように，局所排気とは，特定の場所で発生した有害物質を気流を利用してまわりに散らさずに（人のいる方にこないよう）集めて，外に出す方法であるといえます。

　もちろん，局所排気と全体換気という分け方は，かなり便宜的なもので学問的に厳密なものではありません。たとえば部屋の片側から給気し反対側から排気するクリーンルームは，気流に乗せて発散源の風下側に有害物質を流すので，全体換気に近い形をしていますが，人間が絶対に発散源の風下側に

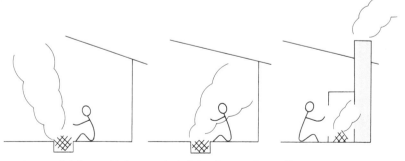

家の中で焚火をして暖をとる。風上に座ればけむくない

だが風向きが変わって焚火の風下になるとけむくてたまらない

暖炉をつくって煙突をつければ煙はもう部屋には出てこない

図3・1　暖炉は局所排気の応用

1. 局排の歴史

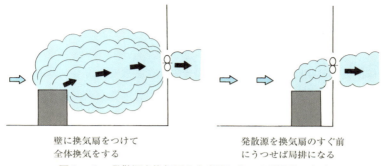

　　　　壁に換気扇をつけて　　　　　　発散源を換気扇のすぐ前
　　　　全体換気をする　　　　　　　　にうつせば局排になる
図3・2　発散源を換気扇のすぐ前にうつせば局排になる

行かないようにするならば，有害物質にさらされる危険はないわけで，その点では現在のプッシュプル換気の機能を備えています。

　また壁に換気扇をつけて，フードもダクトも使わずに室内の空気を吸い出すのは，装置の形からみれば全体換気ですが，作業台を換気扇のすぐ前の壁ぎわまで移動すれば有害物は室内にはほとんど広がらずに排出されるので，機能上は局排と考えることもできます（図3・2）。

　しかし，これではあまりにばく然としてとらえどころがないので，現在では「排気または給気によって屋外のきれいな空気を室内に取り入れ，室内の汚れた空気と混合して有害物質の濃度を低くしながら少しずつ外に出す」のを全体換気，略して全換，「有害物質の発散源のそばに空気の吸込み口を設けて，局所的かつ定常的な吸引気流を作り，その気流に乗せて有害物質がまわりに拡散する前に，なるべく発散したときのままの高濃度の状態で吸い込み，作業者が汚染気流にばく露されないようにする」のを局所排気，略して局排と呼ぶことにしています。

2．局部換気

　全体換気では部屋が大きくなると混合希釈に必要な気流を全体的に作ることは難しく，全体的に作ろうとすれば必要以上に大きな換気量となりエネルギーコストも大きくなります。有害物質の発散源が大きな部屋の一部だけにある場合にはその周囲だけに混合希釈のための気流を作る方が効率的です。発散源が壁面から離れている場合には換気扇の代わりにダクトとフードを使うこともあります。このような換気は局部換気と呼ばれ，外形は局排に似ていますが原理は全体換気と同じ混合希釈です。

　随分古い法令ですが，工場法第13条に基づいて昭和4年（1929年）9月に施行された工場危害予防及衛生規則第26条には「瓦斯，蒸気又ハ粉塵ヲ発散シ衛生上有害ナル場所又ハ爆発ノ虞レアル場所ニハ之ガ危害ヲ豫防スル為其ノ排出密閉其ノ他適当ナル設備ヲ為スベシ」，また同条第4号には「瓦斯，蒸気又ハ粉塵ハ先ヅ発生ヲ防止スルカ又発生ノ局所ヲ密閉スルニ努メ其ノ不可能ナルトキハ成ルベク発生ノ局所ニ於イテ吸引排出スル装置ヲ設クルコト」とあり，参考として3枚の写真が添付されています。**写真3・1**はその1枚です。

写真3・1　「局所ニ於イテ吸引排出スル装置」の一例

作業者の頭上にダクトとキャノピー型フードが設置されていますが，これでは手元で発散した粉じんは作業者の呼吸域を通って吸引されるために「有害物質にばく露されない」という局排の要件を満たしていない局部換気です。この例のように局排に似た形をしていて局排の要件を満たしていないものは「局排もどき」と呼ばれることもあります。局部換気のほとんどは混合希釈の原理によるもので局所排気の効果が期待できない局排もどきですが中には局排としての効果があるものもありました。歴史的には全体換気から局部換気を経て今の局所排気に至ったと考えられます。

また，工場法には罰則があり，工場危害予防及衛生規則第26条の設備の設置を命令されても設置せずに操業した場合には500円以下の罰金という当時の物価では非常に厳しい罰が科されました。当時の欧米諸国の規則には罰則規定がなかったので，この日本の規則は発散源の密閉や局排等の設置を罰則付きで義務づけた世界で最初の法令だと思います。

この規則は，第2次世界大戦後工場法の廃止により労基法に基づく安衛則に引き継がれ，さらに昭和47年安衛法の施行により現在の安衛則第577条（ガス等の発散の抑制等）に引き継がれています。有機則ほかの特別規則が適用されない多くの有害ガス，粉じん等に対してこの規則により換気等の措置が義務づけされています。

3．局排のメカニズム

局所排気は，発散源の近くにフードと呼ばれる空気の吸い込み口を設けて局部的な気流を作り，発散した汚染物質が周囲に拡散する前に吸引除去する方法です。フードに吸い込まれた汚染空気はダクトと呼ばれる導管を通って排風機（ファン）により圧力を加えられ屋外に排出されます。

排気中の汚染物質による大気汚染を防ぐために，最近ではダクトの途中に除じん装置，排ガス吸収装置等の空気清浄装置を設けることが一般的になりました。

50　　　　　　　　　　　第3章　局所排気とは

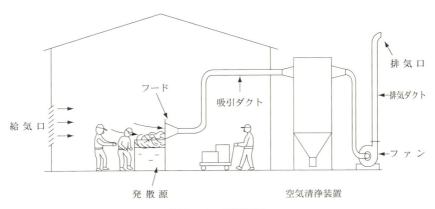

図3・3　局所排気

　わが国では有機則，特化則などの厚生労働省令で局所排気装置の構造要件と性能要件（340頁，第17章，2参照）が定められており，この要件を満たさないと法的には局所排気装置と認められません。図3・4は局所排気装置の構造要件の概念を絵にしたものです。

　これからいよいよ，局排のメカニズムについて説明しましょう。

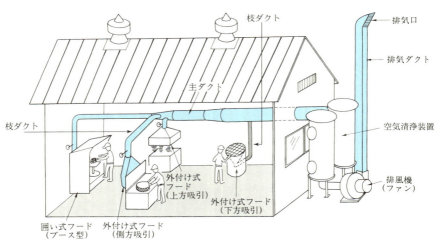

図3・4　局所排気装置の構造要件

図3・4は，典型的な局所排気装置の概念を絵にしたものです。

図の中でいろいろ名前のついている部分がありますが，フード，吸引ダクト（主ダクトと枝ダクト），排気ダクト，空気清浄装置（除じん装置または排ガス処理装置），ファンなどが主要な部分で，そのほかに枝ダクトの通気抵抗（圧力損失）をバランスさせるためにダンパーを設けたり，排気ダクトに雨水が入り込むのを防ぐためにウェザーキャップをつけたりします（表3・1）。

4. 局排を計画する前に

局所排気装置の計画を立てる前に，ちょっと矛盾するように思われるかも知れませんが，本当に局排を設けるのが一番よい解決法であるかどうか，もう一度よく検討してみてください。もしかすると局排よりもっと根本的な良い解決法があるかも知れません。

たとえば，昭和30年頃までは接着剤用の溶剤や塗料の希釈剤（ラッカーシンナー）にはベンゼンが大量に含まれていました。昭和32～33年頃ベンゼン入りゴムのりを使ってビニールサンダルの貼合せの内職をしていた人達の間に強度の貧血や白血病が多発し，その後ベンゼンゴムのりやベンゼンの有機溶剤としての使用は禁止され，代ってトルエンが使われるようになりました。さらにその後，有機溶剤中毒の研究が進むにつれ，トルエンも無害でないことが知られ，今では脂肪族（揮発油系）の溶剤だけの接着剤や塗料，さらには有機溶剤をほとんど含まないエマルジョン系の水性接着剤や水性塗料も使われるようになりました。

このように，もし有害な物質を使わずに同じような目的を達することが可能ならば，その方がよほど根本的な解決策に違いありません。また湿式化によって粉じんの発生を防いだり，設備を完全に密閉化したり，自動化したり，工程の中の有害物質が発散する部分を作業者のいない場所に移して隔離することによって，作業者が有害物質にふれずに済むようにできるならば，その方が局排よりすぐれた対策といえるでしょう。

52 第3章 局所排気とは

表3・1 局所排気装置各部の名称

フード（hood）	有害物質をダクトに吸引するための気流の吸込み口。形によって次のようないろいろな名前がつけられている。
囲い式フード（enclosure）	●有害物質の発散源をすっぽり包むような形状のフード。外乱気流の影響を受けることが少なく，吸引効果がよい。
ブース式フード（booth）	●有害物質の発散源を囲んでいるが，作業の必要上，囲いの一面がオープンになっているフード。機能上は囲い式フードの1つと考えてよい。
外付け式フード（exterior hood）	●有害物質の発散源のそばに設けたフード。発散源はフード開口の外側にあるので，外乱気流の影響を受けて吸引効果が損なわれやすい。
ダクト（duct）	フードから吸い込んだ気流を運搬するための管。
吸引ダクト（suction duct）	●フードからファンまでの間のダクト。内部は負圧になっている。
排気ダクト（exhaust duct）	●ファンから排気口までの間のダクト。内部は正圧になっている。
枝ダクト（branch duct）	●フードと主ダクトを結ぶダクト。
主ダクト（main duct）	●2つ以上の枝ダクトが合流したダクト。
テーク・オフ（take off）	フードとダクトの接続部分，フードからダクトへ気流の流れこむ部分。
空気清浄装置（air cleaning device）	フードから吸引された汚染気流に含まれる汚染物質を除去して排気を浄化する装置。
除じん装置（dust collector）	●粒子状の汚染物質を捕集する空気清浄装置。
排ガス処理装置（gas absorber または gas scrubber）	●ガス状の汚染物質を除去する空気清浄装置。
排風機（fan または exhauster）	空気にエネルギーを与えるための装置。一般には遠心式または軸流式のものが用いられる。
ダンパー（blast gate）	通気抵抗をつけるためにダクト内に設ける扉または仕切板。
ウェザーキャップ（weather cap）	雨水の侵入を防ぐ目的で，排気ダクトの先端に設けたカバー。

4. 局排を計画する前に

したがって，局排を計画する前にもう一度よく検討してみてください。もちろん材料を変えたりすることに対しては，現場から反対の出ることも少なくありません。これに対しては健康の価値をよく理解し，進んで協力してもらえるような事前の説得が必要です。ある粘着テープのメーカーでは，ゴムのりの溶剤をベンゼンからトルエンに転換する際に大変な反対がありました。トルエンはベンゼンにくらべて乾燥速度が遅いため，乾燥に時間がかかり，でき上がった製品が汚なくなるというのです。その問題を解決するのに大変苦労しました。しかし，結果的にはベンゼンは使わずに済むようになりました。それはベンゼンを使わずに同じ程度の工数で，しかも品質も劣らぬ製品を作る生産技術が開発されたからです。このように技術担当部署の積極的な協力によって，局排よりも本質的な改善を成功させた例は少なくありません。

また，局排を設置するにしてもあらかじめ生産設備に少し手を加えるなどして発散源となる部分を小さくすることができれば，それだけ局所排気装置の排風量を減らすことができます。

それからもう1つ，局排は非常に気むずかし屋です。局排のおかれる〝環境〟をよくしてやらないと，すぐつむじを曲げてしまって，設計者の求める性能を発揮してくれなくなってしまいます。

こんな話があります。ある特定化学物質を扱っている工場で，6基の熱源タンクが窓際に配置されていました。このため，通風や採光が悪く，熱源から立ち昇るヒュームが熱のため屋内に浮遊し，採光が悪いために掃除も行き届かず，このため局所排気装置のスイッチを入れれば吸引気流によって堆積粉じんが工場内に渦巻くといった状態でした。

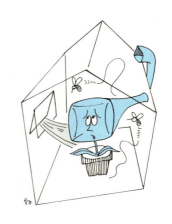

いくら何でもこれではひどすぎるというので，建替えのとき天井を思い切り高くし，窓面積も広くして十分採光のできるように

し，さらに熱源タンクを建物中央に配置したり2階床を金網鉄板とする，床や壁を明色塗装にし，掃除しやすいようにして粉じんが堆積しないようにした結果，局排も小容量ながら十分に設置の目的を果たすようになったという例があります。いうならば温室の中の可憐な花のように，その環境を心がけてやって，十分な手入れをしてやることによってはじめて，みごとな成果をあげることができるのです。

5．局排の計画と設計の手順

いよいよ局排を設置することにきまったら，もう一度現場をよく見回してください。フードやダクトを設置するスペースはあるか，ときには機械設備を移動しなくてはならないこともあります。空気清浄装置やファンを設置するための適当な空地はあるか，これらの装置は保守点検の便利さや騒音等の問題を考えて，できるだけフードを設置する建屋に隣接した地面に設けたいのですが，ときには敷地の関係で屋上などに設置しなければならない場合もあります。ファンを屋上に設置する場合には，騒音の問題も考慮しなくてはなりません。

次に電源の問題も忘れてはいけません。局所排気装置もすこし大きくなるとかなりの電力を必要とします。そのために受電設備を新設しなければならないこともあります。また局排で排気する分の空気を外から補給することが必要です。最近の工場はアルミサッシ等の採用で密閉度がよくなっているために，窓や扉の隙間からの給気だけでは部屋の中が負圧になってしまって局排が十分働かないことがあります。別に給気口を設ける場合には，ほこりを嫌う仕事ではエアフィルターをつけることも必要です。エアコンディショニングをしている工場では，給排気のための熱エネルギーのロスも覚悟しなくてはなりません。そのためにエアコンの増設が必要な場合もあります。

5．局排の計画と設計の手順

　次に局排を設ける職場の作業者をはじめ関係者に対して，局排の必要性を十分理解し，納得するよう説得します。ときには健康教育から始めなければならないこともあります。衛生委員会，安全衛生委員会のある職場では，委員を通して説得するのもよいでしょう。ときには局排フードを十分活用するために作業のやり方を少し変えなければならないこともあります。この段階での説得が十分でないと，後でいよいよフードを設置するときになって反対が出たり，せっかく設置しても十分に使いこなせないという結果になります。

　これだけの準備が済んで，はじめて局排の基本設計に取り掛かることができます。局排の基本設計は大体次のような手順に従って行います。

(1)　フードを設置する場所と，フードの形を考えます。
(2)　制御風速を決めます。
(3)　必要排風量を計算します。
(4)　必要排風量の合計が大きすぎて空調に差し支える場合やクリーンルームのクリーン度が影響される場合には，もう一度フードの位置と形を検討しなおして，排風量を減らす努力をします。
(5)　ダクトの太さを仮決めします。
(6)　ダクトの配置，設置する場所を決めます。
(7)　ダクトの太さが太すぎて配置に差し支える場合には，その部分だけ細くすることもやむを得ませんが，搬送速度，圧力損失（圧損）が大きくなりすぎる場合には偏平角形，オーバル形等の異形ダクトを使って搬送速度が5～3 m/s位に収まるようにします。
(8)　搬送速度を計算します。

⑼　空気清浄装置を選定します。

⑽　ダクト系の圧損を計算し，ファンの必要静圧を求めます。

⑾　必要排風量の合計と必要静圧からファンを選定し，回転数などの動作
　　点を決めます。

以上の基本設計が終わったら，もう一度全系統のバランスを検討した上で
細部設計に入ります。

局排が効果的に行われるためには，汚染物質が作業者の呼吸域に近づくこ
となくフードに吸引されるように，発散源の周囲に定常的な気流を作ること
が大切で，そのために基本設計から細部設計，施工にいたるまで次のことに
留意して進めることが大切です。

①　フードの形，大きさ，吸込み方向は発散源の形，大きさ，周囲の状況，
　　汚染物質の性質，発散方向，発散速度を考慮して決める。

②　作業者の呼吸域がフードに吸引される汚染気流の中に入らないように
　　配置する。

③　有害物質をフードに吸引するために必要な気流の速度（捕捉速度）が
　　得られるような排風量を確保する。

④　フード，ダクト等は気流の通過の際に過大な抵抗（圧力損失）がないよ
　　うに流体力学的に無理のない形にする。

⑤　空気清浄装置は対象物質の性質，濃度等に見合った方式で，排気によ
　　る公害を起さない濃度まで捕集できる性能のものを選ぶ。

⑥　排風機はフードから排気口までの圧力損失に打ち勝つ静圧が出せ，か
　　つ必要な排風量が得られる方式と大きさのものを選ぶ。

⑦　作業場内のすべてのフードの排風量に見合う給気を確保するために十
　　分な大きさの給気口を設けるか，送風機を使って強制的に給気する。

第4章

局排フードについての
基礎知識

第4章　局排フードについての基礎知識

1．囲い式と外付け式

　基本設計の段階で一番苦労するのはフードの計画です。フードの計画を立てる場合に「囲い式が最も効果がよいので，できるだけ囲い式にするべきである」とは，ほとんどの局所排気装置の本に書かれていることですが，なぜでしょうか。

　局所排気装置のフードに外付け式，ブース式，囲い式などと呼ばれるいろいろの型式があることは，前章でお話ししたとおりですが，フード（hood）という単語を有名なウェブスター大英語辞典で調べると，「人の頭や首筋を保護する被服，競争馬や狩猟用の鷹が気を散らさないように頭にかぶせる目隠し用の被覆から転じて，自動車のエンジンその他の機械のカバーにも用いる」という意味のことが書いてあります。したがってフードとは，元来雨合羽やオーバーコートの頭にかぶる頭巾のように，問題となる発散源をすっぽりと包み込むカバーのことを指していたようです。

　発散源をすっぽりカバーしてしまえば，有害物質は確かに外に出てこなくなりますが，それでは仕事ができなくなる場合もあるでしょう。仕事をしやすくすればカバーに隙間ができて有害物質が漏れてしまいます。隙間から有害物質を漏らさぬよう，カバーに口をつけ，パイプをつないで内部の空気を吸引する，いわゆるカバー型の囲い式フードがフードの本来の形といえるでしょう。

　しかし，ときには手作業で，取り扱う物品の形や大きさが不定のために，囲うことができない場合も少なくありません。オーバーコートの頭巾をかぶ

れば暖かいことはわかっていても，周囲が見にくくなるのでやむを得ず脱ぐこともあるでしょう。それと同様，局所排気装置のフードの場合にも発散源をカバーできないので，やむを得ず少し離して設置しなければならないこともあります。このような型式のフードを便宜的に外付け式フードと呼びます。第1章6．(2)(26頁)で説明した包囲構造も，大半は局所排気を併用して有害物質の漏れ出しを防ぐ囲い式フードです。

2．フードはなぜ囲い式がよいか

　局所排気装置は気流によって有害物質の飛散をコントロールする装置ですから，周囲にコントロールを乱すような気流があれば，吸引効果は妨げられてしまいます。

　有害物質の発散源がフードの囲いの外側にある外付け式フードの場合には，フードに向かって吸い込まれる気流と向きの違う気流（乱れ気流）があると有害物質は乱れ気流に押し流されてフードに入らなくなってしまいます。囲い式フードの場合にはたとえ横から乱れ気流が当たってもフードの側面が防ぎ止めてくれるので，発散源には影響がありません（図4・1）。

　また外付け式フードの場合には，周囲から発散源を通らない気流が流れ込むため，発散源を通る（有害物質の吸引に直接役立つ）気流は，フードに流れ込む気流の一部でしかありません。それに対して囲い式フードの場合には，フードに流れ込む気流は，大部分が有害物質のコントロールに役立ちます。

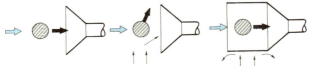

(a) 乱れ気流がなければ発散源から出た有害物質は全部フードに入る　(b) 乱れ気流があると押し流されてフードに入らない　(c) 囲い式フードにすれば乱れ気流の影響は受けないで済む

図4・1　乱れ気流と囲い式フードの効果

第4章　局排フードについての基礎知識

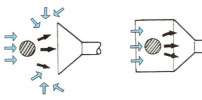

外付け式の場合は汚染のコントロールに役立たないムダな気流が多い

囲い式の場合にはムダな気流は少ない

図4・2　外付け式と囲い式のムダな気流の比較

したがって同じような発散源について，有害物質のコントロールに必要な気流の量（排風量）は囲い式の方がずっと少なくて済みます（図4・2）。これについては制御風速と排風量の計算のところで，さらに詳しく説明します。

以上のような理由で，局所排気装置のフードを計画する際には，できるだけ囲い式にした方が有利なわけです。

3．捕捉フードとレシーバー式フード

一般に局排フードは気流の力で有害物質をフードの中に吸引するものですが，なかには有害物質の方からフードに飛び込んで来てくれる場合もあります。熱浮力で上昇する煙やグラインダーの粉じんはその例です。このような有害物質に対しては，フードの外見は囲い式でも外付け式でも，有害物質の飛散する方向を開口面ですっぽり包むように設置した方が当然効果がよくなります（図4・3）。このようなフードをレシーバー式（受止め式，receiving hood）と呼び，それに対して一般の気流の力で有害物質を引き込むフードを捕捉フード（capturehood）と呼びます。捕捉フードとレシーバー式フードはこのように有害物を捕える機能に差があり，設計する際の排風量の計算方式も多少違います。

次にフードを外観で分類する場合には一般に，囲い式，ブース式，外付け式の3つに分けているようですが，この分類は，別に理論的なものでなく，

3. 捕捉フードとレシーバー式フード 61

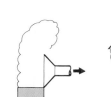

(a) 熱気流は対流で上昇するから
(b) 横向きに吸引するより
(c) 上に吸引する方が効果がよい

図4・3　効果的な吸引方向(1)

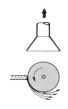

(a) グラインダーの粉じんを上に吸引することはできない
(b) 斜下に吸引すれば効果的にコントロールできる

図4・3　効果的な吸引方向(2)

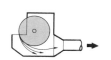

(a) グラインダーに付けた囲い式フードは、上向きに吸引しても粉じんはフードの中にたまり詰まってしまう
(b) 粉じんの発散する向きに合わせて吸引すれば詰まらないで済む

図4・3　効果的な吸引方向(3)

第 4 章　局排フードについての基礎知識

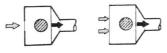

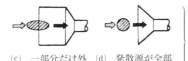

図 4・4　囲い式と外付け式

多分に便宜的なものです。むしろ有害物質の発散源をフードの構造の中に全部すっぽり包みこんだ（発散源がフードの開口面の内側にある）形のものを囲い式フード，発散源が一部分でも，フードの外側にあるものを外付け式フードと呼ぶことにし，ブース式は囲い式の開口面が大きい場合と考えた方が合理的です（図 4・4）。

4. フードの型式分類

　フードの型式分類が多分に便宜的なものであることは前に記したとおりですが，計画を立てるときにはやはり共通の符丁をつけておいた方が何かと話が通じやすいので，約束として次のような型式分類をします。ただし，これはあくまで便宜的なものですから，実際のフードはこれでは分類しきれない場合や，この分類のいずれにも入らない場合も当然出てきます。また型式分類につけた記号は，後でダイアグラム（系統線図）を引くときなどに付記すると便利なことがありますが，便宜的な約束ごとであって，この記号でなけれ

4. フードの型式分類　　　　63

ばいけないわけではありません。

　また，系統線図上に吸引方向を付記しておいた方が便利な場合には，吸引
の方向を表す上方（U, upwards），側方（L, lateral），下方（D, downwards），斜
方（O, oblique），有害物質の発散方向（R, receiving）等の記号を**表4・1**の型
式記号の前につけることにします。

　ただし，ここでフードの吸引方向というのは，有害物質をコントロールす
るための気流がフードに吸い込まれて行く向きのことで，フードに連結され
たダクトの方向ではありません。フードからダクトに流れ込む気流のことは
テーク・オフ（take off）気流，その向きはテーク・オフの向きと呼び，吸引気
流の向きとは区別します。

　最後に，実際の現場で使用されている各種フードの設置例を紹介します（**写
真4・1〜4・3**）。

表4・1　局所排気フードの型式分類

型	式	型式記号	特　　　　徴
囲い式（E） Enclosure	カバー型（E） Cover	EE	発散源のまわりを囲み，隙間，覗き窓，手を入れられるくらいの小さい孔程度の開口部しかないものをいう。
	グローブボックス型（X） Globe box	EX	中に両手を差し込んで作業するための箱で，ふつう前面上部がガラス張りで中が見え，前面下部に手を差し込む孔があいている。孔の内側に不浸透性の合成ゴム等でできた手袋を取り付けて，気密にしたものもある。
	建築ブース型（B） Booth	EB	発散源のまわりを大きく囲み，作業のために通常前面が開放されている。作業者は開口面に立って背後からくるきれいな空気を呼吸しながら，中に向って作業する。Boothとは英語で屋台，仮小屋を意味し，形が屋台や小屋に似ている。

型	式	型式記号	特　　徴
囲い式（E） Enclosure	ドラフトチャンバー型（D） Draft chamber	ED	ブース型の開口面に引き戸や扉をつけて開口面積をやや小さくしたもの．開口面の大きさは通常，手または工具を差し込んで作業できる程度で，化学実験室で使われるドラフトチャンバーが代表的なもの．
外付け式（O） Exterior Hoods	スロット型（S） Slot	OS	めっき槽や，作業台の端に設けた細長い開口を有するもの．
	ルーバ型（L） Louver	OL	発散源の傍らに設けた，すだれまたはよろい戸状の開口を有するもの．
	グリッド型（G） Grid	OG	床面，作業台の甲板を格子状の開口にし，その上で作業するもの．作業台の甲板を格子状にしたものを特に換気作業台（Down draft bench）と呼ぶ．
	自立型（F） 　Free standing hood	OF	ごく普通に外付け式フードと呼ばれているもので，開口部の形状によって，丸型（OO），長方形型（OR）などと呼ばれることもある．
レシーバー式（R） Receiving Hoods	キャノピー型（C） Canopy	RC	発散源の上方に天蓋のように吊された自立型フード．熱浮力による上昇気流を伴う発散源に用いるが，作業者が開口の下に顔を入れて汚れた空気を呼吸しやすいので，有害物に応用するときには特に注意が必要．
	グラインダーカバー型（G） Grinder cover	RG	卓上研磨盤等のグラインダーカバーをフードとして利用するもの．
	自立型（F） 　Free standing receiving hood	RF	外観，構造は普通の外付け式フードと同じだが，有害物質の飛散方向を開口面で包むように設置したもの．開口面の形状によって丸型（RO），長方形型（RR）などと呼ばれることもある．

4. フードの型式分類

(イ) カバー型 (LEE)
コンベヤの終点

(ロ) グローブボックス型 (EX)
(この場合には，吸引方向は問題とならない) アイソトープ取扱い

(ハ) 建築ブース型 (LEB)
吹付け塗装用ブース

(ニ) 建築ブース型 (LEB)
塗装後の自然乾燥用

(ホ) ドラフトチャンバー型 (LED)
化学実験用ドラフトチャンバー

(ヘ) ドラフトチャンバー型 (LED)
接着作業台

写真 4・1　囲い式フードのいろいろ

66　第4章　局排フードについての基礎知識

(イ)　スロット型（LOS）
　　　めっき槽

(ロ)　スロット型（LOS）
　　　接着作業台

(ハ)　ルーバ型（LOL）
　　　あらゆる作業

(ニ)　グリッド型（DOG）
　　　換気作業台

(ホ)　長方形（角）型（OOR）
　　　あらゆる作業

(ヘ)　円（丸）型（LOO）
　　　あらゆる作業

写真4・2　外付け式フードのいろいろ

4．フードの型式分類 　　　　　　　　67

(イ) キャノピー型（RC）
　　鋳造，熱処理等

(ロ) グラインダーカバー型
　　（RG）
　　研磨盤

(ハ) 自立（キャッチャーミット）型
　　（RF）
　　研磨作業月

写真 4・3　レシーバー式フードのいろいろ

5．フードに流れ込む気流の性質

ここで，フードに流れ込む気流の性質について考えてみましょう。実際とはちょっと違いますが，図4・5のように円形の開口が空間にあって周囲に何もじゃま物がない場合について考えてみます。

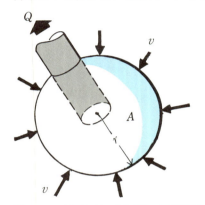

図4・5で気流の速度がvであるような点をつなぎ合わせた球面の表面積がAだとすると，その球面を通って開口に流れ込む気流の総量$v×A$は開口に吸い込まれる気流の量Qと等しくなります。すなわち気流の量と等速度面の面積と風速の間には次の関係が成り立ちます。

図4・5　周囲にじゃま物がない円形の開口

$$気流の量(Q) = 等速度面の面積(A) × 風速(v)$$ ……………… 4・1式

また，半径をrとすれば球面の表面積Aは，$4\pi r^2$で表されますから，これを上の式に代入すると次のようになります。

$$気流の量(Q) = 4×\pi×半径(r)^2 × 風速(v)$$ ……………… 4・2式

式の形を少し変えると，

$$\frac{気流の量(Q)}{4×\pi×半径(r)^2} = 風速(v)$$ ……………… 4・3式

すなわち，気流の量が変わらなければ，開口からの距離が遠くなるに従って風速は距離の2乗に反比例して小さくなってしまいます。ちょうど台風の近くは風が強いけれども，遠ざかるに従って風が弱くなるのと同じです。

このように開口から遠ざかるに従って，距離の2乗に反比例して風速が遅くなることは吸込み気流の宿命で，吹出し気流とは全く違う性質です。フードを設ける場合に，発散源からちょっと離れると吸込みが悪くなるのはこの

5. フードに流れ込む気流の性質

ためなのです。

フードの吸込み気流の性質については，今から75年位前に，米国のジョージア大学の化学工学科の教授であったJ.M.DallaValleという人が行った有名な研究[1]があり，今でもその研究結果が局所排気装置のフードの計画や必要排風量の計算に利用されています。それによるとフードの吸込み気流の速度は，開口面の直径（長方形の場合は短辺の長さ）だけ離れると約1/10に下ってしまうといわれています。すなわち開口の直径が0.5mの円型フードなら，開口面上の吸引風速が10（m/s）あっても，開口から0.5m離れたところでは1（m/s）の風速しか得られないということです（図4・6）。外付け式フードを発散源のなるべく近くに設けないと効果が得られないのは，このためです。

さて，同じ吸込み気流でも天気図の台風の等圧線は，完全な円ではなく，随分歪んだ形をしていることがよくあります（図4・7）。それは気温の違い

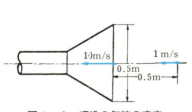

図4・6　吸込み気流の速度

図4・7　天気図例（台風の等圧線）

---

1) J. M. Dalla Valle, *"Exhaust Hoods" 2nd ed.*, pp.1〜6, (Industrial Press, N. Y., 1952)

や地形の変化などの複雑な影響を受けて風の向きが曲げられてしまうため
で，局所排気装置のフードの場合にも，実際は周囲に温度差や乱れ気流があっ
たり，機械設備，工具，作業者の身体，被加工品などのじゃま物があるため
に気流の向きは乱れ，等速度面は完全な球面にはなりません。フードを計画
する場合にこの性質を逆に利用して，近くに衝立を立てたり，カーテンを吊っ
たり，フードの開口の周囲にフランジをつけたり，プッシュ気流を加えたりし
て，等速度面を変形させ（先にのばし）て，吸込み気流を有効に利用すること
もできます。

6．フードの基本計画

　フードのあらましと吸込み気流の性質が分かったら，次にフードの基本計
画を立てましょう。
　乱れ気流の妨害を防ぎ吸引気流を最大限有効に利用するために，フードは
できるだけ囲い式にするべきです。しかし，実際には囲い式にしたのでは作
業しにくいため，仕方なく外付け式にする場合が多いでしょう。最初から外
付け式しか考えないのはよくありません。
　囲い式の場合でも，なるべく開口は小さくした方が少ない吸引風量で十分
なコントロールができ経済的です。どうしても囲うことができないで外付け
式を計画する場合には，フード開口面を発散源にできるだけ近づけるように
計画しなくてはなりません。できれば発散源の一部分でもフード開口面の内
側に入るように設けてください。62頁の**図4・4**の(a)〜(d)は，そのままフー
ドの型式を選択する際の優先順位になります。しかしもう一度繰り返します
が，囲い式とか外付け式という分け方はあくまで設計上の便宜的なもので
あって，どちらか一方に決めつけなくてはいけないわけではありません。要
は気流をむだにしないためにできるだけ囲えということです。ですから実際
には作業の便を考えると，**図4・4**の(c)のように発散源を半分位囲って半分位外
に出たままの，ちょうど囲い式と外付け式の中間という形が一番多いはずです。

6. フードの基本計画

(a)　　　　　　　　　　　　　(b)

図4・8　作業にあわせたフードの形

次に，作業に不便を生じないでどこまで囲い，どこまで近づけられるかということが問題になります。フードをつける場合，ついきちっとした丁度よい恰好，たとえば作業台なら作業台の一辺にそって作業台の幅の長方形型フード(**図4・8**(a))を考えますが，必ずしもこのような形がよいとは限りません。作業台の上で行われる作業が不定形の場合にはほかの形は考えにくいかも知れませんが，一定の作業の場合には，それにあわせた形を考えるべきです。

たとえば，作業台の上に右手からコンベヤで被加工物が送られて，それを手工具で加工して，左手のコンベヤに乗せて送り出すという作業について考えてみましょう。**図4・9**を見てください。被加工物(材料)の運搬を妨げないためには，材料の軌跡より手前にフードを設けることはできません。また右手に持った工具の軌跡より手前にフードが出っぱると作業がしにくくなります。材料を押さえる左手の軌跡は材料の軌跡より手前にあるので，これはあまり問題にならないでしょう。そうするとフードの開口面を被加工物に近

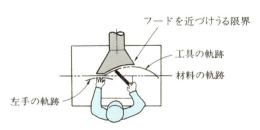

図4・9　フードを近づけうる限界

づけうる限界は，工具の軌跡と材料の軌跡を連ねた線となり，フードの形は**図4・8**(b)のようになります。

　以上はわかりやすいように極めて単純な例をあげましたが，実際にはもっと複雑で，フードの形と近づけうる限界を決めるためには，作業しているところを前後左右あらゆる方向から観察し，必要な場合は連続写真を撮って調べます。

　材料運搬などの都合で，理想的な形のフードをつけるとどうしてもじゃまになる場合には，フードの一部を切り抜いたり，取り外せるようにして，運搬を終わって作業にかかる前にまた取りつければよいでしょう。

　また，フードの開口面とその前の発散源に隙間風や扇風機の風，空調の気流などいわゆる乱れ気流が当たると局排の効果は著しく損なわれます。外付け式フードにはできるだけフランジを，発散源の周囲にはできるだけ衝立（バッフル板）を取り付けて乱れ気流が当たらないようにしてください。フランジやバッフル板は乱れ気流を防ぐのと同時に排風量の節約にも大変役に立ちます。

　要約すれば，よいフードとはできるだけ少ない排風量で有害物質を全部吸引できるフードのことで，そのためにはできるだけ発散源を囲い，完全に囲えない場合には一部でも囲い，全く囲えない場合はできるだけこぢんまりしたフードを，開口面をできるだけ発散源に近づけて設けるべきです。フードはとくに円形とか長方形とかのきちんとした形にこだわる必要はありません。フードの大きさは有害物質が溢れ出ない程度の大きさがあれば，小さい方がよく，フードが大き過ぎるといたずらに排風量を増さなければならなくなって，冬季に暖房がきかなくなったり，ひどい場合は仕事に差し支えることさえあります。

第5章
フードの実例いろいろ

前章でフードの計画の立て方を説明したので，今度は実例をいくつか紹介しましょう。実際に設置されているフードのなかには大変よく考えられたものもある半面，少し改良すれば今よりずっと効果が良くなったり，効率が良くなると思われるものも少なくありません。そのような例に対しては，前章の内容を参考にして改良案を一緒に考えてみてください。

〔例1〕粉砕機の投入口に設けた囲い式フード（LEB）

窯業用原料の粉砕機の投入口の例です。最初はホッパーに何も覆いがなく（**写真5・1**），ダンプカーやショベルローダーで運搬してきた原料を投入する度にもうもうと発じんし，それが床にたまって再び二次発じんを繰り返すという有様でした。そこでホッパーの上に箱形の覆いをつけた囲い式ブース型のフードとしたのですが，開口面が大きいために十分な制御風速が得られず（**写真5・2**），投入時に発じんの大部分が外に出てしまう状態でした。次に開口面を小さくして制御風速を上げようと，ゴム製のカーテン（すだれ）を吊って上半分を閉じ，気流が下半分に集中するように改良しましたが，実際に使ってみたところカーテンを長くしてもそれほど投入作業には差し支えのないことがわかり，最終的には全面的にカーテンで覆うことにしました（**写**

写真5・1　最初は何も覆いがなかった

写真5・2　ブースをつけたが開口面が大きすぎて効果がなかった

写真5・3　開口面をゴム製のカーテンで閉じて効果が上がった

真5・3)。

　この例では、テーク・オフを囲いの背面につけた方が開口面の風速分布が均一になるという意見もありましたが、ダクトの設置スペースの問題と、テーク・オフを側方にした場合、ダクトに吸い込まれる粉体が多くなり原料の損失が多くなることおよび当然ダクトの立上り部分のつまりの心配があることから、風速分布の均一性を犠牲にしてテーク・オフを天井につけることにしました。しかし結果的にはカーテンのおかげで風速分布の不均一はあまり問題とならないようです。

〔例2〕 混合機の投入口に設けた囲い式フード (LEE)

　原料の投入方法の改良と併用して成功した例です。フードそのものの形は〔例1〕とほとんど同じですが、この例の場合には開口面にはカーテンがなく、階下の原料を投入口まで持ち上げるのに転倒式のバケットエレベーターを使用しています。原料を投入するときには、バケットが転倒してフードの開口面はほとんど完全に覆われ、わずかの隙間しか残らないので、少ない排風量で十分な効果を上げることができます(**写真5・4～5・6**)。この例は形

第5章　フードの実例いろいろ

写真5・4　原料の持ち上げには転倒式バケットエレベーターを使う

写真5・5　ホッパーの上に引き上げられたバケットが転倒して投入開始

写真5・6　投入中は転倒したバケットでフード開口部がふさがれる

はブース型 (LEB) のように見えますが，機能的には立派な囲い式カバー型フード (LEE) といえます。

〔例3〕 ショットブラスト用囲い式フード (EX)

サンドブラスト，ショットブラストは非常に発じんの激しい作業なので，写真5・7のようなグローブボックスを使います。キャスター（車輪）のついた回転台に被加工物を載せ，グローブボックスの左側面の扉を開いて中に入れます。作業者はグローブボックス前面の2個の孔から手を突っ込み（孔の中には合成ゴム製手袋が取りつけてある），上の窓から中を見ながら作業します。

写真5・7　発じんが激しく，グローブボックスを使う

〔例4〕 ホッパーの取出し口に設けた囲い式フード (LEB)

ホッパーに貯えた粉体の原料を一輪車に落とす作業もあちこちでみかけます。ホッパーの下端にブース型のフードを設け，一輪車を中に押し込んで作業することによって，この部屋の粉じん濃度を大幅に下げることができました。ブースの外にこぼれなくなったことも環境が良くなった原因と考えられます。まだブースの中にはこぼれるので，ときどき真空掃除機で掃除をしたり，濡れモップで拭き取ったりしています（写真5・8，5・9）。

第5章 フードの実例いろいろ

写真5・8 粉体を落とす作業は発じんが激しい

写真5・9 ブースの中で作業するよう改良

この例と次の〔例5〕は，秤量，缶詰，袋詰などの作業に応用できます。

〔例5〕フレキシブルコンテナー充填作業用囲い式フード（EE）

粉体の輸送に，扱いやすくて便利なフレキシブルコンテナーの充填時の発じんを防ぐためのフードの例です。

写真5・10 秤量機のスパウトに箱を取りつけて

写真5・11 外付け式スロット型フードにしたが

〔例6〕ベルトコンベヤの積替え点に設けた囲い式フード

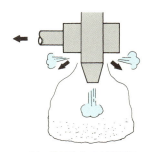
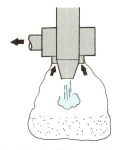

(a) 外付け式では瞬間的に大きい吹出量を捉えることができない
(b) 囲い式の場合には吹出し気流は全部フードに押し込まれる

図5・1　囲い式に改良

写真5・12　コンテナーの外に出る前に吸引した方が効果が良い

　最初は，秤量機のスパウトに箱を取りつけてスパウトの周囲にスロット（UOS）を作り，コンテナーとスパウトの隙間から吹き出す含じん気流を吸わせることにしましたが，瞬間的に吹出し気流の多いことがあり，これでは溢れ出てしまいます（図5・1(a)，写真5・10，5・11）。そこで箱をやめ，スパウトを二重管にしてスロットがコンテナーの内側に入るように改良しました（図5・1(b)）。こうすれば吹出し気流が瞬間的に大きくなることがあってもコンテナーの外に漏れることはなく，全部スロットに押し込まれて排出されます（写真5・12）。

　この場合フレキシブルコンテナー自身が囲い式フードを形づくり，スロットはテーク・オフの役目をしていると考えられます。

〔例6〕ベルトコンベヤの積替え点に設けた囲い式フード（LEB）

　工場の中でベルトコンベヤを使って粉体原料を運搬している例は少なくな

いのですが，どういうわけか最初と最後だけが囲い式フードの中に収まっているものが多いようです（**写真5・13，5・14**）。本来屋外の土木工事用に設計されたベルトコンベヤを流用するからかもしれません。たしかにベルトコンベヤは積替え点が最も発じんが多いことはわかりますが，コンベヤの下を板でふさぎ，厚手のビニールシートか鉄板を折り曲げて作ったカバーをかけるとはるかに効果が良くなります（**写真5・15，5・16**）。

写真5・13 コンベヤの端部だけに囲い式フードを設置(1)

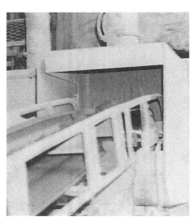

写真5・14 コンベヤの端部だけに囲い式フードを設置(2)

写真5・15 コンベヤ全体をカバーして運搬中の発じんを防ぐ(1)

写真5・16 コンベヤ全体をカバーして運搬中の発じんを防ぐ(2)

〔例7〕 バケットエレベーターの投入口に設けた囲い式フード（LEB）

バケットエレベーターに粉体をチャージするスクリューフィーダーの投入口に設けたブース型フードの例です（**写真5・17**）。投入時のほかは密閉できるように扉をつけてあります。ブース内の格子は，投入時に袋がスクリューフィーダーに巻き込まれないよう安全のためのガードですが，スクリューと格子の距離から考えると，手が入らないように格子の目をもう少し小さくする必要があります。

バケットエレベーター自体は密閉構造ですが，内部を減圧にするために，この投入口とは別に上部にダクトを接続して吸引しています。

写真5・17　投入口に設けたブース型フード

〔例8〕 **空袋集積用ブース**（LEB）

内容物の粉体をコンベヤーに投入した後，空袋の整頓が良くないと二次発じんの原因になります。とくに農薬，鉛化合物等の有害性の高い粉体の入っていた空袋の始末は慎重にする必要があります。

第5章 フードの実例いろいろ

　空袋をブースの中に積むことは発じん防止のために大変好ましいことです。しかし**写真5・18**のブースの構造はあまり良くありません。これでは吸引気流は空袋の上の空間だけしか流れず、袋と袋の間の空気、したがって粉じんも吸引されません。もし積み上げた袋を上から押せば、袋と袋の間のほこりは作業者の顔に向かって吹き出してくるでしょう。

　この例に対する1つの改善案としてブースを二重構造にして奥の部屋（プリーナムチャンバー（190頁, 第9章, 3参照））を吸引する方法（図5・2）があります。この方法だとブースの上からも下からも同じように引くので、下に積まれた袋と袋の間の空気も吸引することができます。

　写真5・19はプリーナムチャンバーを応用した空袋集積用ブースの改善例です。

写真5・18　改善前の空袋集積用ブース

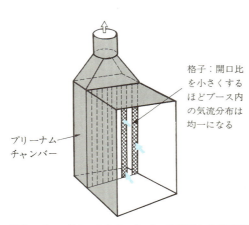

図5・2　プリーナムチャンバーを応用した改善例

写真5・19　改善後の空袋集積用ブース

〔例9〕反応缶の投入口に設けた囲い式フード（LEB）

　第2類特化物を製造するオートクレーブ（反応缶）の投入口に，ドラム缶に入った液体原料を注入する場所に設けたブース型フードの例です。

　投入口の蓋をつけ外しする際の仕事のしやすさを考えて，右側の側壁はアルミクロスを使用しています。開口面がやや広いので，前面にも上から1/3くらいまでビニールカーテンを吊るすと良いでしょう（**写真5・20，5・21**）。

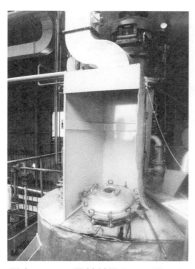

写真5・20　原材料浸入口に設けた
　　　　　　ブース型フード

写真5・21　右側壁はアルミクロスを
　　　　　　使用

〔例10〕塗料製造用攪拌機に設けた囲い式フード（LEB）

　塗料の製造工場でよく使われるディスパーサー（攪拌機）に設けたブース型フードの例です。天井はタンクより一回り大きい円板で，前1/3を除いてアルミクロスをぶら下げてブース型にしてあり，攪拌機のシャフトと一緒に上下に動きます。天井とタンクの隙間が大きいと効果がないので，もう少し下げて使う方が良いでしょう（**写真5・22**）。

第5章 フードの実例いろいろ

写真5・22 ディスパーサのシャフトと一緒に上下に動くブース型フード

〔例11〕ドラム缶の口に取り付ける囲い式フード（DEE）

写真5・23 ドラム缶の口に付ける囲い式フード

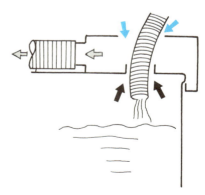

図5・3 ドラム缶に簡単に固定できる

写真5・23はドラム缶に有機溶剤等の液体を注入する際に，缶の口から溢れ出る蒸気を吸引するための囲い式フードの例です。

フードはドラム缶のふちに引っ掛けて簡単に固定できるように工夫されています（図5・3）。

〔例12〕化学反応容器のマンホールを開口面とする囲い式フード（DEB）

化学反応用のベッセル（オートクレーブ等）のマンホールをあけて，原料を投入する場合，マンホールの外側にブース型や外付け式のフードをつけることもありますが，**図7・17**（162頁）の例のように容器そのものをフードと考えて内部を吸引すれば，マンホールが囲い式フードの開口面となって，吸引される気流は全部有害物質の発散防止に役立ちます（**写真5・24**）。

写真5・24　容器そのものをフードとして局所排気

〔例13〕ホッパーの投入口等に付ける囲い式（ドーナツ形）フード（DEB）

投入口を囲ってしまうと作業がしにくい場合には，**写真5・25**のようなドーナツ形フードが便利です。開口面はドーナツの輪の内側の下部，ホッパーの縁に当たるところにぐるっとスロット状に開いており，フードは全周から均等に空気を吸引させるためのプリーナムチャンバーの役をしています。**写真5・26**は攪拌機にドーナツ形フードを取り付けた例で，攪拌機本体と一緒に上下し，容器の縁まで下ろして使います（**写真5・27**）。

写真5・25　作業しやすいドーナツ形フード

写真5・26　攪拌機に取り付けた例(1)

写真5・27　攪拌機に取り付けた例(2)

〔例14〕小型脱脂洗浄槽用ブース (LEB)

　精密機械部品の脱脂洗浄に使う小型のトリクレン脱脂洗浄槽ですが，このような小さな槽に対しては，スロット型のフード (LOS) をつけるより，**写真5・28**のようにブースに入れてしまった方が良いでしょう。もちろん使わないときには槽には蓋をして密閉しておきます。

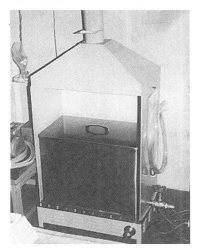

写真5・28　ブースに収めた脱脂洗浄槽

〔例15〕開口面をビニールカーテンで閉めた囲い式フード (LEE)

　ブース型のフードは開口面が大きいためにカバー型にくらべ必要排風量が大きいのが欠点で，とくに大きい機械設備をブース型フードの中に設ける場合にはこの点が問題となります。

　写真5・29は開口面にビニールカーテンを吊るして必要排風量を小さくした例で，準備作業の際にはカーテンを開けば作業性を損なうこともありません。

第5章　フードの実例いろいろ

写真5・29　開口面にビニールカーテンを吊って排風量を節約する

〔例16〕**スクリーン印刷作業用ブース（LEB）**

　精密機械部品のスクリーン印刷作業を行う作業台の上に，アクリル樹脂板で箱をかぶせてブースにしました。前面は作業の必要に応じて何段階かに閉められるようにし，不必要に開口面積が大きくならないで済むように工夫してあります（**写真5・30**）。

写真5・30　作業台の上に設けたブース

〔例17〕粗砕機の投入口に設けたキャノピー型フード（UOC）

これは絶対やらないでほしい悪い例です。

　粗砕機（ジョークラッシャー）の投入口の上にキャノピー型フードがついているのを見つけました。フードの周囲に布製のカーテンが下がっていました（**写真5・31**）。少しでも吸引効果を上げようと苦労した跡がうかがえます。たまたまクラッシャーの入口に原料がつまって動かなくなったとかで、カーテンを上げて中に作業者が入って直していました。さすがに一人の作業者は防じんマスクを着けていましたが、もう一人は胸に防じんマスクをぶら下げたまま作業をしていました。聞いたところではこのようなつまりは割合頻繁に起こるそうで、その度にこんな作業が行われるのかと心配になりました。

　この本の最初に申し上げたように、局所排気がすぐれているのは、作業者が有害物にばく露されずに働ける特長があるからなのです。この特長を活かすためには、フードを設ける場合には、作業者が有害物の発散源（汚染源）と、フードの間に入れないような配置を考えるべきです。

写真5・31　発散源とフードの間に頭を入れてしまう悪い例

人間は仕事をするとき上から覗き込むくせがあるので、有害物質を扱う作業にキャノピー型フードをつけると、ついその下に顔を突っ込んで汚れた空気を吸うことになります。キャノピー型は本来、熱気流（多くの場合湿った）の排出に使うのに向いているので、この例のような発じん作業や、有機溶剤業務には適当ではありません（図5・4）。

どうしてもスペースの関係でキャノピー型しかつけられない場合には、できるだけ低くして、うっかり顔を突っ込めないようにすべきです。

この例の場合には、投入作業に差し支えないかぎりブース式（LEB）とし、修理等で必要な場合には周囲のバッフルが自由に開いたり取りはずせるよう蝶番でつないでおけば良いと思います（図5・5）。

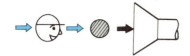

(a) 作業者が有害物質の発散源とフードの間に入らないようにすれば、汚れないで済むが

(b) 間に入れば汚れた気流にばく露されてしまう

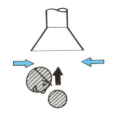

(c) ついキャノピーの下に顔を突っ込んでしまう

図5・4　キャノピー型フードではばく露しやすい

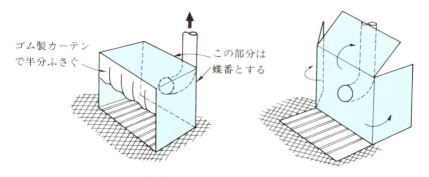

(a) 普段はブース型フード（LEB）とし　　(b) 必要があれば天井と壁は自由に開く

図5・5　〔例17〕に対する改善案

しかしもっとよく考えると，この場合局排を使うこと自体考えものです。ジョークラッシャーやロールクラッシャーのような粗砕機は，原料が濡れてもつまることはないので，原料投入用のコンベヤーの途中か，投入口で注水して濡らしながら粉砕すれば，粉じんの発生自体がなくなり，局排の必要もなくなります。この方がよほど経済的根本的な解決策ではないでしょうか。

〔例18〕 粒体のシュートに設けたキャノピー型フード（UOC）

これもあまり感心できない例ですが，粗砕した粒状の原料を送るシュートに小さなキャノピーをつけた例がありました。この例でも，何とか吸引効果を上げようと努力した跡，カーテンを吊って両脇の空間をふさいだ形跡がありましたが，残念ながらその後の修理か掃除にじゃまだったとみえて破られたままになっていました（**写真5・32**）。

この例では，シュートの前後の粗砕機と微砕機はいずれもカバーで覆われた密閉構造となっており，かつ内部を減圧するために吸引しているので，無理してここにダクトを引いてフードをつける必要はありません。それよりもシュートにも開閉できる蓋をつけて粗砕機，微砕機と一体の包囲構造にした方が良いでしょう。

写真5・32　シュートにキャノピーを設けた悪い例

〔例19〕秤量缶詰作業用外付け式フード（LOR）

　有機溶剤や特化物の製品を台ばかりで秤量しながら容器につめる作業は化学工業につきものです。**写真5・33**は秤量用の外付け式フードで，スタンドに取りつけられており，缶の大きさに合わせて位置と高さを調節できます。**写真5・34**は缶の蓋をする作業箇所に設けた外付け式フードです。

写真5・33　高さ調節が可能な秤量用外付け式フード

写真5・34　蓋閉め作業箇所の外付け式フード

　秤量作業の場合，台ばかりごとブース型フードに入れることもありますが，揮発性のあまり大きくない液体に対しては，この例のような外付け式で十分です。

〔例20〕はけ塗り，接着，払拭等の手作業用換気作業台（DOG）

　写真5・35は木工品にワニスをはけ塗りしているところです。作業台の上には材料，製品，道具，シンナー，塗料，シンナーのしみたぼろ布などがところせましと置かれています。このような作業では発散源の位置を特定することは難しいので，整理整頓はもちろん必要ですが，**写真5・36**のような換気作業台を置いてその上で作業するのが良いと思います。

〔例21〕換気作業台

写真5・35　ワニス塗装作業

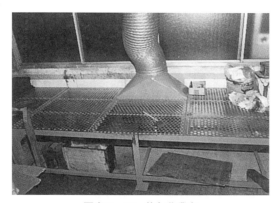

写真5・36　換気作業台

〔例21〕**換気作業台（DOG）**

　写真5・37は耐火れんがの仕上げ作業で，木製の台にれんがを載せて角の面取りをします。削ったときに発じんするほか，こぼれた粉じんが床にたまって二次発じんの原因になります。そこで改善案として換気作業台を使うことにしました（写真5・38，5・39）。作業台そのものがフード開口面になる

わけですから，こぼれた粉じんが吸引されることはもちろん，削る際の発じんも随分少なくなりました。

このような換気作業台は，手仕上げ，塗装（刷毛塗り），有機溶剤による払拭，接着，そのほか大変応用範囲の広いものです。また被加工物が大きい場合には，床にピットを掘って格子をはめ，これを開口面としてピット内を吸引し，換気作業床とすることもできます。（**写真5・40**）

写真5・37　こぼれた粉じんは床にたまって二次発じんの原因になる

写真5・38　換気作業台を使えば粉じんは床にこぼれない

写真5・39　耐火れんがと換気作業台

写真5・40　床の一部をフードの開口面とした換気作業床

〔例22〕 溶融炉に設けたキャノピー型フード (RC)

　ある工場で，軸受合金（ケルメット）溶融用るつぼ炉に側方吸引型の外付け式フードを設けている例をみかけました（**写真5・41**）。炉の温度が1200℃ということで，るつぼの蓋をあけると相当な勢いで鉛ヒュームを含んだ煙が立ち昇り，側方吸引型のフードではとても吸い切れません。

　このように，汚染気流に強い指向性のある場合には，やはりフード開口はその気流の向きに合わせて，いわゆるレシーバー式とするべきです（**写真5・42**）。この場合には吸引気流によって煙を吸い込むというより，煙自身の浮力でフードに押し込まれてくるといった方がよいでしょう。排風量も，この押し込まれてくる上昇気流の量以上ないと煙がフードから溢れ出してしまいます。

　それから熱気流をキャノピーで受ける場合には，次の原則を守ってください。

　熱上昇気流は昇るに従って周囲からの気流を巻き込んでふくらみます。このことは風のない日に落葉を集めて焚火をすると煙が昇るに従って広がることからわかるでしょう。キャノピーは設置する高さに従って広がる熱上昇気

写真5・41　側方吸引型フードでは強い熱上昇気流は吸い切れない

写真5・42　キャノピー型フードが適当

流をすっぽり包み込むだけの大きさがなければなりません。

研究の結果，完全無風の状態で上昇する熱気流の広がり角度は約16°になることが知られていますが，実際には横風の影響を受けてもっと広がるので，キャノピーは普通，図5・6の(b)のように熱源の周囲に40°の広がりを持たせた〔熱源の周囲に高さ×0.8倍のかぶりを加えた〕大きさとします。

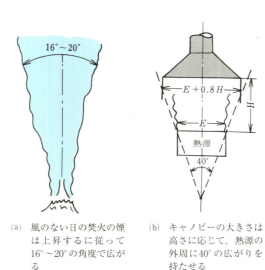

(a) 風のない日の焚火の煙は上昇するに従って16°～20°の角度で広がる

(b) キャノピーの大きさは高さに応じて，熱源の外周に40°の広がりを持たせる

図5・6　キャノピーは上昇する熱気流に合わせ広がりを持たせた大きさにする

〔例23〕有機溶剤作業箇所に設けたキャノピー型を囲い式（LEE）に改造

　有機溶剤は一般的に大変揮発しやすく，発生した濃厚な蒸気は比重が空気より大きく上方には吸引しにくいものです。その上有機溶剤業務には塗装，接着，洗浄，印刷，払拭などの手作業が多く，作業者が上から覗き込む姿勢で行う作業が多いために，たとえ上方に吸引できても作業者の呼吸域が汚染されてしまいます。またキャノピー型フードの開口と発散源との空間は，四

[例24] 連続鋳造装置に設けたキャノピー型フード   97

周全部があいているために水平方向の乱れ気流に対してとくに弱いという欠点があります。率直にいって有機溶剤業務には外付け式上方吸引型のキャノピー型フードは使ってほしくないものです。すでにキャノピーが付いている場合には**写真5・43**のように周囲を透明な難燃性の塩化ビニールカーテンなどで囲って，囲い式に改造してください。

写真5・43　ビニールカーテンで囲い式に
改造したキャノピー型フード

[例24] **連続鋳造装置に設けたキャノピー型フード**（UOC）

　熱気流の例をもう1つ紹介します。

　溶湯の入った高温の金型からは，すさまじい勢いで上昇気流が発生します。**写真5・44**のキャノピーでは煙は完全に吸引されていますが，**写真5・45**のスロット型（OOS）ではこの勢いのよい上昇気流は吸いきれないようです。

写真5・44　強い熱気流は上昇して全部キャノピーに吸引される

写真5・45　キャノピーの開口面を板でふさいでスロット型にしてみたが，強い上昇気流は側方スロットでは吸引しきれない

〔例25〕鋳物工場の注湯作業場に設けたキャノピー型フード（URC）

　小規模な鋳物工場では，1つの場所（土場）で造型から型ばらし，仕上までいろいろな作業が行われます。この工場では土場の上に通したメインダクトにアルミフレキシブルダクトで連結してどこにでも移動できるようにしたキャノピー型フードを設け，注湯が終わった型の上に持ってきて粘結材と発泡スチロール型の燃焼ででる煙とヒュームを取り除いています（**写真5・46**）。

〔例26〕鋳物工場のシェークアウトマシンに設けた囲い式フード

写真5・46　注湯が終わると同時に型の上に移動できるキャノピー型フード

〔例26〕**鋳物工場のシェークアウトマシンに設けた囲い式フード**（LEE）

鋳物工場のシェークアウトマシン（型ばらし機）は発じん量の極めて多い設備ですが，一般には**写真5・47**のように後と両側面を開口面とする外付け式

写真5・47　前面開放だと作業者が中に入ってしまう

側方吸引型のフードにしている例が多いようです。この工場では**写真5・48**のように天井に鉄板製，前面に厚手のビニールシートの扉を設けて，クレーンで型枠を運び込んだら扉を閉めてから機械を動かすことにしました（**写真5・49**）。天井の扉に少し隙間があるのは，クレーンで吊り下げたまま機械を動かす場合があるからです。

写真5・48　囲い式に改良して型枠搬入時だけ開放する

写真5・49　扉を閉めて作業開始

〔例27〕 鋳物工場の砂落し，仕上作業場に設けた外付け式フード（LOF）

　砂落し，仕上も鋳物工場の中で発じんの多い，しかも作業者が発じん源に近付かなければできない衛生上最も問題の多い作業の1つです。この工場では仕上場の中央にメインダクトを設け，どこにでも移動できるようにフレキシブルダクトで連結した側方吸引型フードをそばに置いて仕上作業をしています（写真5・50）。

　フレキシブルダクトを連結する部分が少し太くなっているのは，粗大粉じんをここで取り除いてメインダクトに吸い込ませないようにするための慣性除じん装置の役をさせるためです。また，フレキシブルダクトは3カ月くらいで穴があいてしまいますが，その点は割り切って定期的に新しいものと交換しています。

写真5・50　フレキシブルダクトで移動可能な側方吸引型フード

〔例28〕 スインググラインダーに設けたレシーバー式フード（LRR）

　写真5・51はスイング（吊下げ式）グラインダーにレシーバー式フードを取

り付けた例です。このフードは直径5cmくらいのフレキシブルダクトでパッケージ型除じん装置に直結されており，と石を品物に当てる角度が良い場合には大変効果的に働きます。しかし角度が悪いと**写真5・52**のように粉じんはフードに入らずに周囲に飛散してしまいます。こまめに高さを調節し水平に吊り下げて作業するよう，作業者教育が必要です。

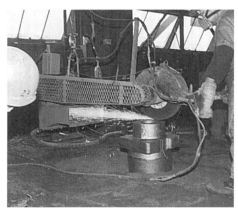

写真5・51 スインググラインダーに取り付けたレシーバー式フード

写真5・52 と石の角度が悪いと粉じんがフードに入らない

〔例29〕 グラインダーに設けたレシーバー式フード (RR)

写真5・53は, グラインダーにつけたレシーバー型の外付け式フードです。見てくれはなかなか良いのですが, 粉じんは大部分が切削面に沿って右の方に飛び, と石車を包んでいるカバーの中には入ってくれません。そこで右に飛ぶ粉じんを止めようとしてゴム板を車の泥除けのようにぶら下げました。しかし, 吸引効果はやはり良くないようです。写真5・54は同じような作業ですが, フードの開口面の中心が研削面の延長線とピッタリ合っています。粉じんは完全にフードに飛び込んでいきます。しかしこれでも非常に強い横風を受けると, とくに微細な粉じんは流されてしまうことがあります。それを防ぐために全体を囲えるように蝶番で移動可能なつい立てをつけてあります (写真5・55)。

写真5・53 粉じんは大部分被研削物に沿って右に飛び, と石車について回ったごく一部だけしかフードに入らない

104　第5章　フードの実例いろいろ

写真5・54　粉じんは全部フードに入る

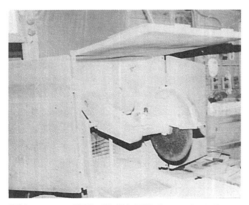

写真5・55　蝶番で取外し可能なつい立てがついていて，全体を囲える

〔例30〕手持ちグラインダー作業用のレシーバー式フード（RR）

　鋳物の仕上げなどによく使われる手持ちグラインダー作業ですが，**写真5・56**のように作業台の上においた被加工物が固定されてしまっては，加工部分によって粉じんの飛散方向が変わるので，せっかく作業台にフードをつ

〔例30〕 手持ちグラインダー作業用のレシーバー式フード　　　105

けても全く役に立ちません。グラインダー作業や吹付け塗装のように有害物質の発散初速度が大きい場合には，フードの吸引気流によって有害物質の飛散の向きを変えることはほとんど不可能で，したがって，飛散する方向にフード開口を設けるいわゆるレシーバー式にしないと効果がありません。被加工物が軽ければ作業台の上で自由に動かせますが，重い場合はそれもできないので，作業台をフードの前で自由に回転できるように改良したのが**写真5・57**です。

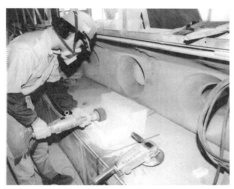

写真5・56　グラインダーの向きによって飛散方向が変わる

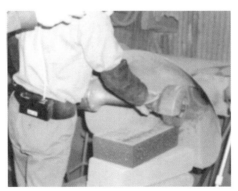

写真5・57　回転作業台を使って飛散方向がフードを向くように作業する

作業者はグラインダーの粉じんがフードに向かって飛ぶような方向に向いて立ち，被加工物の乗った作業台を回転させながら作業をします。

〔例31〕エポキシ接着作業用クリーンベンチ（PLOS）

接着作業には，〔例20〕の換気作業台（DOG）がよく使われますが，写真5・58は作業台の上にプッシュプル式のエアカーテンを作って有害物質がエアカーテンの外に出ないようにした新しいタイプの換気作業台で，極めて作業性のよいものです。

この例のエアカーテンはいわば空気の流れを利用した有害物質の密閉設備で，図5・7の断面図でわかるようにグローブボックス（EX）の箱の側板の役目をプッシュプル気流が果たしているのです。普通のグローブボックスでは手は箱にあけられた孔からしか中に入れられず，作業の必要上中を見ることも覗き窓を通してしかできません。それに対してエアカーテンの場合には気流の壁を通して手を出し入れするのは自由，中を見るのに障害となるものもありません。

この例のエアカーテンをはじめ，プッシュプル気流は正しい使い方をするならば，プル気流だけのフードにない特長があり，今後ますます応用されそ

写真5・58　エアカーテンを利用したクリーンベンチ

〔例32〕ターンテーブル付塗装ブース

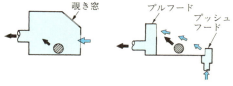

(a) 普通のグローブ　　(b) エアカーテンに
　　ボックス　　　　　　　よる遮断

図5・7　グローブボックスとエアカーテンによる遮断設備

うです。ただしプッシュプル気流を正しく使いこなすにはそれなりの設計法があります。これについては第19章，8（394頁）で説明します。

〔例32〕ターンテーブル付塗装ブース（LOF）

　塗装ブースを使って吹付塗装をする場合，作業者が被塗装物とブースの間に入り込んで（ブースを背にして），塗料のミストを浴びながら作業しているのをよくみかけます。この工場では製品が重量物で運搬にコロコンを使っていますが，塗装ブースの前の部分を切り離しターンテーブルに取り付けて回転できるようにしました。これで作業者はいつも風上側にいてブースに向かって作業できるようになりました（**写真5・59**）。

写真5・59　ターンテーブルを取り付けた塗装ブース

〔例33〕 蛇腹テントで囲ったターンテーブル付塗装ブース
　　　　　（LOF）

　塗装ブースで吹付塗装をする場合のもう1つの悩みの種は，被塗装物がちょっと大きくなるとブースからはみ出してしまって塗装箇所で十分な吸引効果が得られないことです。この例のようにブースの前に蛇腹テントを設けて横風を遮り前面から奥のブースに向かう気流だけにしてやれば，ブースと塗装箇所の距離が離れても気流の速度は変わりません。もちろんこの場合も作業者が常に風上側で作業できるようターンテーブルの使用は欠かせません。ターンテーブルというと大変なもののように聞こえますが，写真のものは床を10cm程直径1.5mの円形に掘り下げた中に50mmのアングルを曲げて作ったレールを敷き，その上にゴム輪のキャスターを4カ所付けた合板の円盤（板の上面が床と平になるように作る）を置いただけの簡単なものです（**写真5・60**）。

　それから，この写真を見ると囲い式ではないかという錯覚を起こしますが，この場合作業者が中に入っているので蛇腹テントはあくまで作業室であってフードではありません。奥にあるブースが外付け式フードと考えるべきです

写真5・60　テントで横風を遮り，ターンテーブルで作業者が常に風上に立って作業する塗装ブース

(362頁，図18・7参照)。したがって，必要排風量は蛇腹テントの断面積×制御風速0.5m/sとなります。また，ブース内の気流速度が一様でプッシュプル型換気装置の性能要件を満たしているなら，密閉式送風機なしのプッシュプル型換気装置（381頁，表19・1）と考えることもでき，その場合には必要排風量は蛇腹テントの断面積×平均風速0.2m/sで済みます。

また，有機溶剤作業場では消防法の規定上フードの材料に可燃物は使えませんので，テントやカーテンには難燃性材料として認定を受けた塩化ビニールシートを使います。

〔例34〕乾燥炉の出入口に設けたキャノピー型フード（URC）

トンネル型乾燥炉に排気筒を付けても臭気が漏れ出してくることがあります。それは炉内の空気の対流のために出入口の下から冷たい空気が吸い込まれ，上から暖まった空気が流れ出すからで，排気筒にファンを付けて強制排気すれば止まりますがそれでは炉内の温度が下がり熱効率が悪くなってしまいます。**写真5・61**のように炉の出入口の外側にキャノピー型フードを取り付け，炉から対流で漏れ出してくる空気だけをそっと吸い取ってやれば炉内の温度を下げずに臭気を止めることができます。

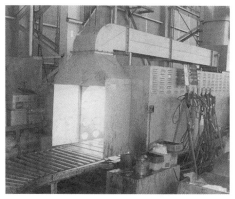

写真5・61　キャノピー型フードで悪臭だけ吸い取る

〔例35〕 事務用スチールキャビネットを利用した囲い式フード（LEE）

フードというものはいつも特別に設計して作らなければいけないというものではありません。要は発散源を通ってダクトに流れ込む安定な気流を作れればよいので，ときには有り合わせの物を利用することもあります。**写真5・62**はプラスチック成型品にメタノールに溶かしたシリコンを塗付する機械を，囲い式フードの中に入れて局排をしているところですが，頻繁に中を見る必要があるのと，ときどき機械の調整をするために開ける必要があるので，既製の事務用スチールキャビネットを利用しました。

写真5・62　事務用のキャビネットを利用した囲い式フード

〔例36〕 スクリーン印刷自然乾燥用フード（LEB）

最後に，少し変わったフードをお目に掛けましょう。スクリーン印刷というのは，学校時代になじみの深いとう写版を工業的にしたもので，アルミニウム製のステッカーをはじめ金属，プラスチック等の表面の耐久性を必要とする印刷に広く使用される方法です。スクリーン印刷法では被印刷物の表面

〔例36〕スクリーン印刷自然乾燥用フード

にインクがかなり厚くのるので,印刷を終わってからインクが乾燥するまで相当時間がかかり,普通の印刷のように印刷を終わってもすぐに重ねることはできません。普通は印刷の終わったものをくっつかないように金網の上に拡げて数cmの間隔で重ねて自然乾燥します。**写真5・63**はこのために工夫されたラック車と呼ばれるもので,キャスターのついた台車の上に,ばねの力で自由に上下できる金網(ラック)が約50段ついています。これを写真のようにスクリーン印刷機の横におき,一杯になるとそのまま動かして乾燥室に入れます。積み重ねられたものの表面のほとんど全部がインクで濡れた状態ですから,自然乾燥中に蒸発する有機溶剤の量は相当なものです。しかも困ったことにラック車の上の大きな空間全体から短時間に一斉に蒸発するので,印刷中の周囲の溶剤蒸気の濃度は,しばしば許容濃度を超えるほどでした。

　フードの計画に当たって問題となったのは,①ラック車は印刷が上がり次第,次々に移動するので,固定的なフードを取り付けることはできない。②外付け式フードでは規則に定められた0.5m/sの制御風速を得るには膨大な排風量が必要で,印刷の品質を保つに必要な空調が不可能になってしまう。

写真5・63　印刷した紙はラック車の金網に積み重ねられていく

③ブースを作ってラック車を中に入れるのが理想的だが，それでは印刷機からインクで濡れた大きな紙をラック車の金網の上に移す作業がうまくいかない。

結局いろいろと考えた末にできあがったフードが**写真5・64**のようなものですが，実はこれはフードではなくて，ラック車全体に気流を均等に分布させるためのプリーナムチャンバーなのです（プリーナムチャンバーについてはまた190頁第9章3．で詳しく説明します）。このプリーナムチャンバーには底にキャスターがついていて必要に応じて移動することができ，天井に設けた固定ダクトとの接続には位置調節ができるようにフレキシブルダクトを使用しました。**写真5・65**は，このプリーナムチャンバーを印刷機のすぐ横に据えつけ，その前にラック車を持ってきて作業しているところです。こうすると，印刷機とプリーナムチャンバー，ラック車，作業者の位置関係は**図5・8**のようになり，印刷機の側板とラック車の背板，それにラック車の一番上に載った紙が，それぞれ左右の側板と天井になって，奥のプリーナムチャンバーとともにブースを形づくることになります。こうして必要な制御風速

写真5・64　スクリーン印刷ラック車フード，実はプリーナムチャンバー，開口面の複雑な仕切りは均一な気流分布を得るための工夫

写真5・65　一番上の印刷物とプリーナムチャンバーとラック車とでブースの形ができる

〔例36〕スクリーン印刷自然乾燥用フード

0.4m/sを得るのに1台当たり約50m³/min，外付け式の半分くらいの排風量で十分な効果が得られました。もちろんそのためには，ラック車の位置を印刷機のすぐ横の一定の位置に持ってくるようにしたり，ラック車の背中をアルミ板でふさいだり，手間はかかりましたが，予想以上の効果がありました。**写真5・66**はこのフードを運転してラック車前の気流分布を発煙管（スモークテスター）で試験しているところですが，煙が紙と紙の間を通ってきれいに吸い込まれていく様子がよくわかります。またこのフードを使用してラック車の周囲の空気中の溶剤蒸気の濃度を以前の1/5に減らしました。

　フードの計画の良否は，局排の効率に最も大きな影響を与える大切なところです。次章では，フードの性能と効率について考えることにしましょう。

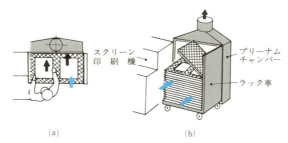

図5・8　印刷機の側板，ラック車の背板，一番上の紙，
　　　　プリーナムチャンバーがブースを形作る

写真5・66　発煙管を使って調べた吸込み気流分
　　　　　　布は理想的であった

第6章

フードの性能の表し方

前章でいろいろなフードの実例を紹介しましたので，効果の良いフードとはどんなものか，またフードには決まりきった形というものはなく，作業の形に合わせて1つひとつオーダーメードで設計しなくてはならないこともわかっていただいたことと思います。

そこで今度は，フードの形，大きさ，設置位置等が決まったものとして，次の段階である制御風速に話を進めましょう。

1. 気流による汚染のコントロール

はじめに定義したように，局所排気とは「フードによって作られた局所的かつ定常的な吸引気流によって，有害物質がまわりに拡散する前に吸引除去し，作業者が汚染空気にばく露されないようにすること」ですが，今回はこれをもう少し詳しく説明します。

たとえば，作業台の上で何かほこりの立つ仕事をしたと考えてください。この場合にほこりが飛び散るもとになるエネルギーとしては，ほこりを立てる仕事によって，ほこりの粒子に直接与えられた発散時の運動エネルギーと，周囲の気流によって与えられるエネルギーとがあります。周囲の気流がない場合には，ほこりは図6・1(a)のように四方八方同じように飛び散ることでしょう。

ところが作業台の片側に図6・1(b)のようにフードをつけて空気を吸入すると，フードの前には左から右に流れる気流ができますから，左の方に飛び

(a) 気流がなければ四方八方に広がる　　(b) フードの気流に押し戻されて，左には飛びにくくなる　　(c) 気流がさらに強くなると，もう左には流れない

図6・1　気流による汚染のコントロール

出したほこりはこの気流のエネルギーによって押し戻され,前のように左には飛びにくくなります。さらに図6・1(c)のようにフードで吸入する気流の量を増して,フードの前の気流を強くしてやると,遂にほこりはほとんど左には飛ばずに,全部右の方に吸われるようになります。

　これがフードによる汚染コントロールの原理で,要するに汚染物質の拡散に必要なエネルギーのうち後の方を気流によってコントロールしようというわけなのです。もちろんいくら気流があっても,室内の乱れ気流のように流れの向きが一定でない気流では,汚染はコントロールできないばかりか,かえって汚染をまき散らすことになります。また気流の強さがあまりムラでは,やはり汚染のコントロールはできません。

　局所排気を効果的にするには向き,強さともに定常的な気流を作ることが第一に大切なのです。

2．制御風速と捕捉風速

　それでは,汚染をコントロールするためにはどれくらいの強さの気流が必要でしょうか。気流の強さを表現するにはいろいろな方法が考えられますが,ここでは気流の速度(風速)で気流の強さを表すことと約束します。ちょうど台風の勢力を表すのと同じです。

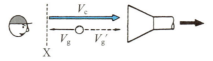

図6・2 汚染物質の飛散速度と吸引速度

では**図6・2**を見てください。発散源から飛びだしたほこりの粒子が作業者の手前Xの位置まで飛んできて、そのときの速度がV_gだったとします。このほこりの粒子をもうこれ以上作業者の方に近づかないように気流で押し戻してやるには、気流の速度V_cが少なくともV_gより大きくなければなりません。V_cがV_gより大きければ、ほこりの粒子はその差V_g'の速度でフードに吸引されます。

この関係を式で表すと次のようになります。

汚染物質がフードに吸引される条件は、

$$\boxed{気流の速度(\vec{V_c})} > \boxed{汚染物質の飛散速度(\overleftarrow{V_g})} \quad \cdots\cdots 6・1式$$

汚染物質がフードに吸引される速度は、

$$\boxed{吸引速度(\vec{V_g'})} = \boxed{気流の速度(\vec{V_c})} - \boxed{飛散速度(\overleftarrow{V_g})} \quad \cdots\cdots 6・2式$$

この関係はちょうど列車の中でかけ足をするのに似ています。新幹線の下りのぞみ号博多行の列車が気流、その中で1号車から後ろに向かって走って

いる人がほこりの粒子です。のぞみ号の中でいくら急いで東京の方に走っても列車の方が速いので，人は東京に近づくことはできません。だんだん博多の方に運ばれてしまいます。しかし，のぞみ号が途中名古屋で停車する際には，一時的に人の走る方が速くなるので，ほんの少しですが東京に近づくこともあります。

図6・2の例のように，発散源から作業者に向かってくる汚染物質を作業者の手前で捉えてフードの方に押し戻すのに必要な気流の速度V_cを「制御風速」と呼び，普通は (m/s) の単位で表します。制御風速という術語は，1955年に筆者が，当時米国で用いられていた control velocity という術語を直訳したもので，その後日本で広く用いられるようになりましたが，ご本家の米国ではその後もっと的確な用語がよいということになり，最近では capture velocity という言葉が使われるようになりました。capture velocity は直訳すれば捕捉風速とでもいうべきでしょうが，意味は control velocity と同じと考えてかまいません。この書物ではこれまで使い慣れた制御風速を使うことにします。

3．捕捉点

汚染物質の飛散をここまででくい止めたい，すなわち汚染物質をそれ以上作業者に近づけたくないという点（図6・3のX点）のことを捕捉点と呼ぶことにします。捕捉点は設計の便宜上定める架空の点ですが，囲い式フードの場合には多くの場合開口面上の点を，外付け式フードの場合にはフードの開

(a) 囲い式の場合には，フード開口面を捕捉点として，ここに制御風速V_cを与える

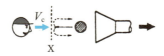

(b) 外付け式の場合には，発散源と作業者の中間のXを捕捉点として，ここに制御風速V_cを与える

図6・3　捕捉点

120   　　第 6 章　フードの性能の表し方

口面から最も離れた作業位置（汚染の発散源と作業者の中間で，作業者に最も近い作業位置）を捕捉点と考えます。汚染をコントロールするには，捕捉点に制御風速以上の速度の気流が起きるように，フードで空気を吸引する必要があります。

4．制御風速の大きさ

捕捉点 X で汚染物質の飛散をくい止めるためには，フード吸引によって起きるその点の気流の速度V_cが，汚染物質の飛散速度V_gより大きくなければならないことは前に述べたとおりですが，飛散速度V_gは，汚染物質が発散する際にその発散の源となる仕事によって与えられた運動のエネルギーに相当する発散初速度と，発散して空気中に浮遊してから，周囲の空気の動きによって与えられる浮遊速度（周囲の乱れ気流の速度）によって決まります。したがって制御風速を定める場合にも汚染物質の発散初速度と周囲の乱れ気流の速度を考慮する必要があります。

これまでの説明でわかったと思いますが，制御風速の大きさは理論的な計算で求められるものではなくて，多分に経験的なものなのです。したがって自分でフードを設計して制御風速を定める場合には，これまで多くの研究者によって集められた資料を参考にしなくてはなりません。また，わが国では有機溶剤業務，特定化学物質のうちいわゆる抑制濃度（これについてはまた後で説明します）の定められていないものに係る業務，粉じん業務等に使用する局所排気装置については，その性能要件として制御風速が定められていますから，それらも参考にしてください。

5．一般的に適用される制御風速

米国の労働衛生工学者 A.D.Brandt[2]は，汚染物質の発散初速度と周囲の乱れ気流の状態によって，**表6・1**のような制御風速を提案しています。この

6．有機則に定められた制御風速　　　　　　　　　121

表6・1　A.D.Brandt が提案した制御風速

汚染物の発生状況	例	制御風速 （m/s）
静かな大気中に，実際上ほとんど速度がない状態で発散する場合	液面から発生するガス，蒸気，ヒューム等	0.25～ 0.5
比較的静かな大気中に，低速度で飛散する場合	ブース式フードにおける吹付塗装作業，断続的容器づめ作業，低速コンベヤー，溶接作業，メッキ作業，酸洗作業	0.5 ～ 1.0
速い気流のある作業場所に，活発に飛散する場合	奥行の小さなブース式フードの吹付塗装作業，樽づめ作業，コンベヤーの落とし口，破砕機	1.0 ～ 2.5
非常に速い気流のある作業場所または高初速度で飛散する場合	研磨作業，ブラスト作業，タンブリング作業	2.5 ～10.0

　表の値は今でも広く使用されており，わが国の厚生労働省令に定められている制御風速もこの値を参考にしています。

6．有機則に定められた制御風速

　有機則第16条では，有機溶剤業務に係わる局所排気装置の性能要件として，フードの型式に応じて**表6・2**のような制御風速を定めています。

　有機則で囲い式フードの制御風速が外付け式フードの制御風速より小さく定められているのは，第4章で述べたように囲い式は周囲の乱れ気流の影響を受けにくく，汚染のコントロールがしやすいことを考慮したためです。反対に外付け式の中で上方吸引型だけ制御風速をとくに大きく定めたのは，第5章〔例23〕（96頁）で説明したようなキャノピー型フードの欠点を考慮したためで，率直にいって外付け式上方吸引型のキャノピー型フードは，有機溶

---

2)　A.D. Brandt, *Industrial Health Engineering*（John Wiley & Son, N.Y., 1947）

剤業務には使ってほしくないものです。

表6・2　有機則第16条の制御風速

型	式	制御風速 (m/s)
囲い式フード		0.4
外付け式フード	側方吸引型	0.5
	下方吸引型	0.5
	上方吸引型	1.0

備　考
1　この表における制御風速は，局所排気装置のすべてのフードを開放した場合の制御風速をいう。
2　この表における制御風速は，フードの型式に応じて，それぞれ次に掲げる風速をいう。
イ　囲い式フードにあっては，フードの開口面における最小風速。
ロ　外付け式フードにあっては，当該フードにより有機溶剤の蒸気を吸引しようとする範囲内における当該フードの開口面から最も離れた作業位置の風速。

7．乱れ気流等の影響をどう考慮するか

　表6・2の制御風速には汚染物質である有機溶剤蒸気の飛散速度が考慮されていないようにみえますが，実は有機溶剤蒸気の発散は蒸発拡散によるので特殊な場合を除いてほとんどゼロとみなしても差し支えないこと，また有機則は屋内作業場，タンク，船倉，坑の内部その他の比較的通風の少ない場所に適用されるので，そのような場所では乱れ気流の速度として普通0.3（m/s）も考えておけば十分であることが考慮されているのです。

　したがって有機溶剤業務でも，たとえば，ブース内で吹付塗装をする際に，物に当たった気流が0.3（m/s）より大きい速度でブース開口面まではね返ってくる場合，または発散源の周囲に0.3（m/s）より大きい速度の乱れ気流がある場合には，制御風速を計画する場合に0.3（m/s）をオーバーする分だけ表6・2の値に加える必要があります。そうでないとできあがったフードを実際に運転した場合に，捕捉点の風速が表6・2の制御風速より小さくなり，局所排気装置の性能要件を満たさないことになります。

　別の言い方をすれば，規則で定められている制御風速は，できあがった局所排気装置を実際に運転した場合に，汚染物質の飛散速度や周囲の乱れ気流がどんな状態であっても，外的条件に関係なく常に捕捉点で測定したフードに向かう気流の速度が，それ以上なくてはならない値なのです。

8．乱れ気流の大きさ

　乱れ気流の原因には，機械の回転や往復運動，作業者やフォークリフトの動き，コンベヤに乗った被加工物の移動など作業に伴って避けられないもの，扉，窓など建物の開口部を開放したために外から入る通風，エアコンや全体換気の給気，暖房用ラジエーターや炉などの高温物体による対流等いろいろありますが，局所排気の効果に最も大きな影響を与えるのは，何といっても

124　　　　　　　　　第6章　フードの性能の表し方

窓，扉からの通風でしょう。冬季に窓を閉め切って暖房している頃に通風が
ほとんどない状態を見て局排を計画し，夏になって窓を開けたら風が吹き込
んで局排の効果がなくなってしまった例は少なくありません。

　乱れ気流の大きさは，実際に作業している状態で微風速計を持ってきて測
定して求めるのが望ましいのですが，それができない場合には**表6・3**の値
を使います。

　自然通風に関する測定データによると，多くの場合屋内の気流は屋外の風
速の0.1～0.3倍で，床面積の非常に広い工場の中央部や物陰では，ほとんど
気流のない部分もできますが，平均して屋内の半分以上の場所では屋外風速
の0.2倍くらいの気流がありました。とくに窓際では屋外とほとんど同じく
らいの気流があることもあります。

　乱れ気流があまり大きいときには，局排で制御風速以上の吸引気流を得る
ことはほとんど不可能で，たとえできたとしても大変な排風量を必要とする

表6・3　乱れ気流のめやす

種　　類	気流の値	摘　　　要
窓を開放したときの屋内気流	屋外風速（V）×0.2	物陰では気流のない部分もできるが，窓際等ではVに近くなる場合も多い。
窓を閉めたときの屋内気流	0.25m/s	とくに静かなときは，0.15m/sとして考えてもよい。
作業者，機械または物体の動きによる気流	0.5m/s	移動速度が約2m/sのとき。
ラジエーター，オープン炉などからの対流による気流	0.15～0.4m/s	熱源の大きさ，温度，建物の高さにより異なる。

8. 乱れ気流の大きさ　　　　　　125

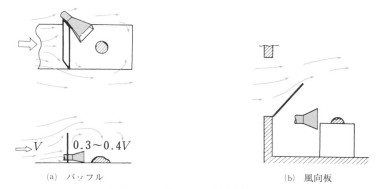

(a) バッフル　　　　　　　　　　　(b) 風向板

図6・4　バッフルと風向板の利用

写真6・1　頭上からの冷風が乱れ気流に

ことになり，ときには気流のために作業に支障を来すことすらあります。

　このようなところでは，やたらに排風量を大きくしようとしないで，バッフル（つい立て）や風向板，カーテンなどを利用して，発散源に強い気流が直接当たらないように工夫してください（図6・4）。

　高温の工場で作業者の頭上から冷風を送ろうとして，吹出し口の位置が悪いために局排の効果が失われた例もあります（写真6・1）。

9. 特化則に定められた制御風速

特化則第7条では，特化物の製造または取扱いに係わる局所排気装置の性能要件として，フードの外側における特化物の濃度がいわゆる抑制濃度（432頁，付録7）を超えないことを定めていますが，いわゆる抑制濃度の定められない特化物については，その物の状態に応じて**表6・4**のような制御風速を定めています。ただし，エチルベンゼンなど12種類の特別有機溶剤（第2類特化物）については，この制御風速でなく有機則の制御風速が適用されます。

ガス状物質と粒子状物質とで制御風速に差をつけたのは，粒子はガスの分子にくらべて質量がはるかに大きく運動のエネルギーも大きいため，フードの吸引気流によって飛散の方向をコントロールするのに，より大きいエネルギーを必要とすると考えたからです。

特化則の制御風速は，フードの型式による差をつけていませんが，気流に

表6・4　特化則第7条の制御風速

物 の 状 態	制 御 風 速 （単位 m/s）
ガ　ス　状	0.5
粒　子　状	1.0

備　考
1　この表における制御風速は，局所排気装置のすべてのフードを開放した場合の風速をいう。
2　この表における制御風速は，フードの型式に応じて，それぞれ次に掲げる風速をいう。
　イ　囲い式フード又はブース式フードにあっては，フードの開口面における最小風速。
　ロ　外付け式フード又はレシーバー式フードにあっては，当該フードにより第1類物質又は第2類物質のガス，蒸気又は粉じんを吸引しようとする範囲内における当該フードの開口面から最も離れた作業位置の風速。

よる汚染コントロールのしやすさを考えると，有機則と同様フードの型式によって制御風速に差をつけた方が合理的であると思います。

また特化則の制御風速も，有機則と同様，周囲の乱れ気流が0.3（m/s）を超えない条件で定められたものであることも忘れてはいけません。

10. いわゆる抑制濃度と制御風速

厚生労働省令では特化物（特化則第7条），鉛および鉛化合物（鉛則第30条），石綿（石綿則第16条）について局所排気装置の性能要件を，制御風速ではなくていわゆる「抑制濃度」で定めています。

いわゆる抑制濃度というのは，発散源の周囲の有害物質の濃度をある値以下に抑えることによって，間接的に作業者の呼吸域の有害物質の濃度を安全な範囲に留めようという一種の管理濃度で，汚染のコントロールの効果を確実に抑える点で，局排の性能要件としては理想的な定め方であるといえます（図6・5）。

しかし，局排の設計の方からみるとこの定め方は困ります。なぜなら抑制濃度は結果であって，その結果を得るためにどう設計するかはまた別問題だからです。というわけで局排の性能要件がいわゆる抑制濃度で定められている場合でも，設計には一応制御風速を仮定して排風量を計算しなければなりません。この場合の制御風速は，**表6・1**の値を使います。

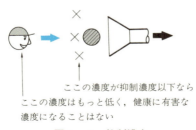

図6・5　抑制濃度

128　　　　　　　　第6章　フードの性能の表し方

　そして完成したフードの性能点検の際にはいわゆる抑制濃度を測定しながら排風量の再調整を行います。これについてはまた第18章で説明します。

　性能が抑制濃度方式で定められている局排については，できあがった後は制御風速は関係なく，濃度が下がっていればよく，反対に制御風速はいくら大きくても濃度が下がらなければだめということです。

11.　粉じん則に定められた制御風速

　粉じん作業の特徴の1つは，有機溶剤業務や特化物業務にくらべて作業の行われる場所や作業形態がバラエティに富んでいることですが，そのために局排で作業者の粉じんばく露を防止するにはフードの型式，設置位置，吸引方向等を限定する必要があります。告示（昭和54年7月23日労働省告示第67号）ではまず特定粉じん発生源の種類ごとに使うのが好ましくないフードの型式を示してそれ以外の型式のフードを設けることを規定し，次に使用して有効なフードの型式ごとに制御風速を定めています。その値を表6・5に示しておきます。表中で制御風速の欄に線の引いてあるものが使ってはいけない型式のフードです。

　表6・5の箇所で行われる特定粉じん作業に対しては，局排装置またはプッシュプル型換気装置を設置することが粉じん則第4条で義務づけられていますが，表6・5以外の粉じん作業のうち主として作業形態や粉じんの発散の仕方のために局排設備等の有効な発生源対策が困難な作業，または粉じんの濃度は高くなくても個人ばく露量が大きいと推定される作業，たとえば坑外で衝撃式さく岩機を用いて掘さくする作業や，屋内，坑内，タンク内，船舶や管，車両等の内部で手持ちグラインダーを用いて行う研磨やばり取り，裁断等の作業等に対しては粉じん則第27条で有効な呼吸用保護具の使用が義務付けられています。これらの作業に対しても有効な発生源対策を行った場合は呼吸用保護具の使用の義務はなくなります。作業能率や安全を考慮すると，何とか工夫して局排等の設備をしたいものです。表6・6はその場合の

11. 粉じん則に定められた制御風速　129

表6・5　粉じん則第11条第1項5号に定めるフードの型式ごとの制御風速

特定粉じん発生源	制御風速（m/s）			
	囲い式フードの場合	外付け式フードの場合		
		側方吸引型	下方吸引型	上方吸引型
1．屋内において　手持式または可搬式を除く動力工具により，岩石または鉱物を裁断する箇所	0.7	1.0	1.0	――
2．屋内において　手持式または可搬式を除く動力工具により，岩石または鉱物を彫り，または仕上げする箇所	0.7	1.0	1.0	1.2
3．屋内において，研磨材の吹き付けにより研磨し，または岩石，もしくは鉱物を彫る箇所	1.0	――	――	――
4．屋内において，研磨材を用いて，手持式または可搬式を除く動力工具により，岩石，鉱物もしくは金属を研磨し，もしくはばり取りし，または金属を裁断する箇所	0.7	1.0	1.0	1.2
5．屋内において，手持式を除く動力工具により，鉱物等，炭素原料またはアルミニウムはくを破砕し，または粉砕する箇所	0.7	1.0	――	1.2
6．屋内において，手持式を除く動力工具により，鉱物等，炭素原料またはアルミニウムはくをふるい分ける箇所	0.7	――	――	――
7．セメント，フライアッシュまたは粉状の鉱石，炭素原料，炭素製品，アルミニウムまたは酸化チタンを袋詰めする箇所	0.7	1.0	1.0	1.2
8．粉状の鉱石または炭素原料を原料または材料として使用する物を製造し，または加工する工程において，屋内の，粉状の鉱石または炭素原料またはこれらを含む物を混合し，混入し，または散布する箇所	0.7	1.0	1.0	1.2

第6章　フードの性能の表し方

特 定 粉 じ ん 発 生 源	制　御　風　速　(m/s)			
	囲 い 式 フ ー ド の 場 合	外付け式フードの場合		
		側方吸引型	下方吸引型	上方吸引型
9. ガラス，ほうろう，陶磁器，耐火物，けいそう土製品，研磨材，または炭素製品を製造する工程において，屋内の，原料を混合する箇所	0.7	1.0	1.0	1.2
10. 耐火れんがまたはタイルを製造する工程において，屋内の，湿潤でない原料を動力により成形する箇所	0.7	1.0	1.0	1.2
11. 陶磁器，耐火物，けいそう土製品，研磨材，または炭素製品を製造する工程において，屋内の，手持式を除く動力工具により製品または半製品を仕上げする箇所で，圧縮空気を用いてちりを払う箇所	0.7	1.0	1.0	——
12. 陶磁器，耐火物，けいそう土製品，研磨材，または炭素製品を製造する工程において，屋内の手持式を除く動力工具により製品または半製品を仕上げする箇所で，圧縮空気を用いてちりを払う箇所以外の箇所	0.7	1.0	1.0	1.2
13. 砂型を用いて鋳物を製造する工程において，屋内の，型ばらし装置を用いて砂型をこわし，または砂落しする箇所	0.7	1.3	1.3	——
14. 砂型を用いて鋳物を製造する工程において，屋内の，手持式工具を除く動力により砂を再生する箇所	0.7	——	——	——
15. 砂型を用いて鋳物を製造する工程において，屋内の，手持式工具を除く動力により砂を混練する箇所	0.7	1.0	1.0	1.2
16. 屋内において，手持式を除く溶射機を用いて金属を溶射する箇所	0.7	1.0	1.0	1.2

11. 粉じん則に定められた制御風速　　131

表6・6　特定粉じん発生源以外の粉じん発生源に設ける局排の制御風速

フードの型式		制御風速（m/s）
囲い式フード		0.7
外付け式フード	側方吸引型	1.0
	下方吸引型	1.0
	上方吸引型	1.2

表6・7　回転体を有する機械に設ける局排の制御風速

フードの設置方法	制御風速（m/s）
回転体を有する機械全体を囲う方法（**図6・6**(a)）	0.5
回転体の回転により生ずる粉じんの飛散方向をフードの開口面で覆う方法（**図6・6**(b)）	5.0
回転体のみを囲う方法（**図6・6**(c)）	5.0

局排の性能要件として規定された制御風速です。

表6・5，**表6・6**の制御風速の定義は前に述べた有機則，特化則の場合と全く同じです。また，研削盤やドラムサンダーのように高速で回転する回転体で研削等の加工をする場合には，粉じんは回転体の接線方向に高速で飛散するので，その向きに合わせて吸引するようにいわゆるレシーバー式フードを設置しないと局排の効果がありません（第4章，3参照，60頁）。そこで，これらの機械に対して局排を設ける場合の制御風速は**表6・7**のように定められました。

表6・7の制御風速は，「回転体を停止した状態におけるフードの開口面での最小風速をいう」と定義されています。普通制御風速は作業が行われている状態で測定します。そうしないと機械の回転等による乱れ気流の影響がわ

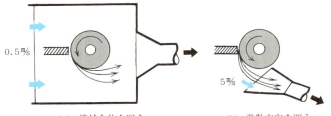

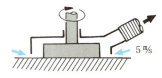

(a) 機械全体を囲う　　(b) 発散方向を囲う

(c) 回転体のみ囲う

図6・6 回転体を有する機械に設けるフードの設置方法

からないからなのです。しかし、グラインダー等の場合、粉じんは相当のスピードで自らフードの中に飛び込んで行くので、乱れ気流の影響はあまり考える必要がありませんし、第一グラインダーを回転させたまま隙間の風速を測定することは大変危険でもあり、停止して測定することにしたわけです。**図6・6**の(b)、(c)の場合、5(m/s)という数字だけで見て随分大きいと驚くかも知れませんが、この場合の制御風速は、粉じんを発散源から吸引するための風速ではなくて、高速でフードの中に飛びこんできた粉じんがはね返って再びフードから飛び出さないように、はね返りを食い止める風速なのです。この点、熱上昇気流を受け止めるキャノピー型フードの場合とよく似ています。したがって、(b)の場合、形は外付け式ですが、制御風速は囲い式と同様、開口面上の最小風速と定義したのです。

(b)、(c)のようなフードでは一般に開口面はそれほど大きくないので、制御風速を得るのに必要な排風量もそれほど大きくなくて済みます。ただし(b)の場合にはフード開口面の大きさが粉じんの飛散方向を全部完全にカバーしていることが必要で、**写真6・2**の歯車研削盤のように送りをかけた場合にグラインダーの当たる角度が変化し広い範囲に粉じんが飛散する場合、開口面が十分大きくないと粉じんを全部捕捉することはできません。

また(c)の回転体のみを囲うフードの場合には、フードの下縁と被加工物の

写真6・2　フードが小さすぎて粉じんの飛散方向を十分カバーしていない

隙間ができるだけ小さくないと粉じんが飛び出してしまいます。米国の基準[3]ではと石車の周速度が30〜60m/sの場合，この型式のフードの制御風速は150〜180m/sと定められており，わが国の値はちょっと小さすぎると思います。

12. グラインダーフードの欠点

工具等の研削や研磨に使われる両頭電動グラインダーはどこの工場でも見かけるもので，これに局排を設置する場合にはグラインダーカバーをフードとして利用することが多いようです。これは大変合理的ですが，実際には粉じんの飛散方向が開口面に向いていないため，うまく吸引できないものがほとんどのようです。

写真6・3もうまく吸引できていない一例です。グラインダーで研削しな

---

3)　ACGIH, *Industrial Ventilation, A Manual of Recommended Practice 23rd edition*, 10〜56（1998）

第6章　フードの性能の表し方

写真6・3　受け台に当たった随伴気流は手前に流れてしまい吸引されない

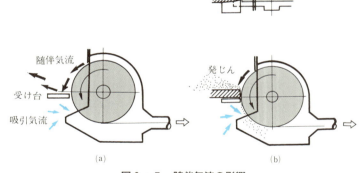

図6・7　随伴気流の影響

がら粉じんの飛散と気流の状態を観察して，次のようなことがわかりました。

まずグラインダーをとめた状態でカバーの開口部の最小風速が5（m/s）以上あっても，運転すると石車の回転に伴って相当量の気流（随伴気流）がカバー上部の開口部から吹き出し，それが受け台に当たって図6・7(a)のように手前（図の左）側に高速度で流れます。この状態で受け台に品物を載せて研削すると，発生した粉じんの大半は受け台の上で随伴気流に巻き込まれ

12. グラインダーフードの欠点

てしまい，カバー下部の開口部に吸引されず図6・7(b)のような状態になります。

随伴気流を全部カバー下部の開口部に吸引するように，と石車と受け台の隙間を広げればよいのでしょうが，それは安全上許されません。現行の研削機用フードの構造規格は元来と石車の破裂飛散に対する安全を目的とした安全カバーがもとになってできているのでやむを得ないかも知れませんが，研

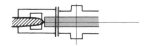

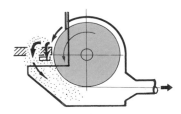

図6・8　随伴気流も吸引するように改良

削時に発生する粉じんを効果的に吸引するには，図6・8のように受け台を安全上許される範囲でできるだけ小さくし，カバー下部の開口を大きく上に上げ，随伴気流が受け台の周囲から吸引されるようにする必要があります。

写真6・4はこのように改善されたグラインダーの例です。

写真6・4　随伴気流の影響を低減した改善例

13. 囲い式フードの制御風速は最小風速

制御風速についてもう少し説明しましょう。

まず有機則と特化則に定められた制御風速に話を戻して、**表6・1**（121頁）と**表6・2**の備考2（122頁）をもう一度読み直してください。

ロの外付け式フードについては、フードの開口面から最も離れた作業位置を捕捉点として、そこの風速を制御風速にしようという、これまで説明したとおりの考え方が述べられています。イの囲い式フードについては、開口面上の点を捕捉点とすることは説明したとおりですが、最小風速を制御風速と定めています。囲い式フードの制御風速はなぜ最小風速と断わらなければならないのでしょうか。

図6・9を見てください。囲い式、とくにブース型のように開口面の大きい場合にはテーク・オフの位置と向きが良くないと、開口面の場所によって吸引気流にムラを生じ、気流の弱いところから汚染物質が飛び出してしまうことがあります。

開口面の吸引気流にムラがあっても、汚染物質を外に漏らさないようにするには、気流の一

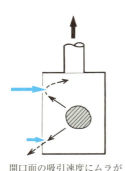

開口面の吸引速度にムラがあると汚染物質は吸引の弱いところから漏れてしまう

図6・9 開口面が大きい場合、吸引気流にムラが発生

番弱いところでも汚染物質を押し戻すだけの風速を確保しなければなりません。そのために，開口面における最小風速を制御風速と定めたわけです。

　実際の囲い式フードの開口面における吸引風速を測る場合には，約束ごととして開口面を面積が等しくなるように16以上に分割して，各セクションの中心の風速を微風速計で測定し，そのうち最も遅い風速を制御風速と比較します（図6・10）。16等分の仕方は，どんな方法でも構いませんが，原則として，各セクションの一辺が0.5mを超えないよう，超える場合には分割の数を増やします。

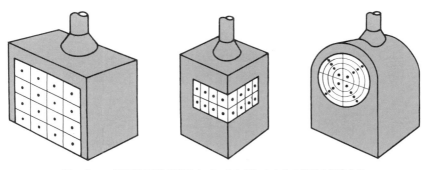

囲い式フードは開口面を16等分して，それぞれの中心の風速を測定する
図6・10　囲い式フードの開口面における吸引気流の測定点

　このように囲い式フードの場合に，開口面における最小風速を制御風速とすることは，理屈にはかなった考え方ですが，制御風速からフードの排風量を計算するためにはちょっと不便があります。この不便を避けるためにも，排風量のムダをなくすためにも，吸引風速のムラをなくすようにテーク・オフの位置，向き，形を工夫してください。

14. 制御風速の本来の意味

　わが国の厚生労働省令の制御風速が米国の労働衛生工学者 A.D.Brandt が

提案した**表6・1**の制御風速を参考にして定められたことは前に述べたとおりですが，Brandtが**表6・1**を提案したときに説明した制御風速の意味は，現在わが国の厚生労働省令の制御風速の備考に書かれていることとは少し違います。この違いは，将来好むと好まざるとにかかわらず，地球環境保護と省エネが切実な問題となり，局排装置の消費電力と運転効率の見直しが求められる時期が来たときに必ず問題となるはずなのでここで少し説明しておきましょう。

　制御風速が捕捉点で有害物質を捉えるために必要な気流の速度で，有害物質の移動速度より大きい必要があることは前に述べたとおりです。一方，高圧容器からのガスの噴出とかグラインダー作業で飛散する大粒径の粉じんという特殊な例を除き，作業環境で問題となるガスやレスピラブル（吸入性）ダストの場合には質量が極めて小さいために，発散時に自分の持つエネルギーだけで移動できる距離も移動速度も極めて小さく，たとえば常温常圧の静止空気中でベンゼン分子がブラウン運動で拡散する速度は毎秒数ミリメートルという小さなものです。ということは有害物質の移動はもっぱらまわりの空気の動きによるものといえます。したがって，局排で有害物質の動きをコントロールするには，乱れ気流と拡散速度の合計より少し大きい速度の気流があればよいということになります。

　ところで，局所排気装置を設計する場合，取り付けるファンの大きさを決めるためにはフードごとに制御風速を出すために必要な気流の量すなわち排風量を決める必要があります。排風量の計算には第7章で説明するように米国の化学工学者 J.M.DallaValle らが研究提案した実験式がもっぱら使われていますが，**表6・1**の Brandt の制御風速は，この実験式に当てはめて排風量を計算するための値として提案されたものなのです。ですから制御風速の本当の意味は排風量計算のためのパラメーターで，この値を式に当てはめて排風量を計画しておけば有害物質の動きをコントロールするのに必要な速度の気流が得られるという設計の目安であって，**常にそれだけの風速が出ていなければ有害物質をコントロールできないという意味のものではありません。**

14. 制御風速の本来の意味

　たとえば，表6・1の二番目の制御風速0.5～1.0 (m/s) の意味は，これくらいの値を使って排風量を計画しておけば，普通の乱れ気流程度の場所でなら吹付塗装，容器詰め，溶接等の作業で発散する有害物質をコントロールするのに必要な気流が確保できるという意味です。

　実際に筆者らが労働省（当時）の委託を受けて多数の作業場の局所排気装置について気流の速度と発散濃度の関係を調べた結果では，フードの形，大きさと位置が適切であれば，囲い式でも外付け式でも有機溶剤やガス状の特化物に対しては最低0.05 (m/s)，粒子状物質に対してでも最低0.1～0.2 (m/s) の気流があれば，完全に発散を止められることがわかりました。しかし最低それだけの気流を起こすためには制御風速を前者で0.25 (m/s)，後者の場合には0.5～1.0 (m/s) として計画された排風量が必要であることも同時にわかりました。

　結論として，制御風速というのは設計のためのパラメーターであって，できあがったフードの性能を決める値ではありません。結果的に常時制御風速以上の速度の気流を作ろうとすれば，制御風速の数倍の速度を仮定して排風量を計画しなければならず，そんなことをしたら「溶剤成分が飛んでしまって製品ができない」，「二次発じんがひどくなってかえって環境が悪くなっ

た」,「局排を回したら寒くて風邪をひいた」,「そんな大きい処理風量の除じん装置を据え付ける場所がない」,「局排のために受電容量を増やそうとしたら電力会社に断られた」というようなとんでもないことになるかも知れません。

最近では有害作業場にも空調が普及してきました。これは総合的な作業環境管理にとって大変好ましいことだと思います。局所排気装置の性能要件としての制御風速は「何時でも何処でもそれ以上でなければならない最低風速である」という解釈もあるようですが,今後局所排気装置を有効に使うためには,制御風速は排風量を計画する際の要件にとどめ,できあがった後の性能は発散濃度または環境状態で評価するという本来の姿にもどすことが必要でしょう。

15. 局排と多様な発散防止措置

平成24年7月に施行された有機則,特化則,鉛則の改正により,これまで発散源を密閉する設備,局所排気装置またはプッシュプル型換気装置を設置しなければならなかった,たとえば第2種有機溶剤を使う作業場所に,労働基準監督署長の許可を受ければ,作業環境測定の評価を第1管理区分に維持できるものであればどんな対策(多様な発散防止措置)でも許されることになりました。

規則で定められた場所に設置する局排は,フード等の構造と制御風速等の性能の要件(340頁2.,プッシュプル型換気装置については381頁3.参照)が厳密に定められており,これらの要件を満たさない局排は法令上は局排とは認められません。そのために作業環境は第1管理区分が続いているのに制御風速が足りないという理由で法違反で是正勧告を受けるという矛盾がしばしば起きました。これは,前節で説明したように本来排風量計算のためのパラメーターである制御風速を常態として上回らなければならない法令上の性能基準としたために起きた矛盾です。

15. 局排と多様な発散防止措置　　141

　では今回の規則改正で，制御風速は足りないけれども作業環境を第1管理
区分に維持できる能力を持った局排はどのように考えれば良いのでしょう
か。法定の性能要件を満たしていない以上局排とは認められません。しかし
第1管理区分を維持するのに十分な能力があるわけですから，労働基準監督
署長の許可を受けて局排に代わる代替措置と認めてもらうことが可能です。
局排であるのに局排の代替措置というのも実に不思議な話ですが，この規則
改正で「制御風速は排風量を計画する際のパラメーター，できあがった局排
の性能は環境状態で評価する」という私達が40年間言い続けてきた「局排を
有効に使うための本来の姿」にもどったといえます。ただしあくまで法令上
は局排の代替措置の1つですから労働基準監督署長の許可が必要なことを忘
れないでください。また，プッシュプル型換気装置についても同じことがい
えます。

　これまでに許可された例としては，①囲い式フードの開口面にエアカーテ
ンを設けて，規定の制御風速より小さい吸引風速で有害物質の漏れ出しを防
ぐいわゆるプッシュプル型しゃ断装置，②大規模な研究施設に設置された多
数のドラフトチャンバーをコンピュータで制御して全体の排風量を必要最小
限に抑える設備，③ニッケルを含む超硬合金の研磨作業で研磨機から発生す
る粉じんを，湿式除じんとろ過除じんの2段の除じん装置を通して除去し，
排気中の粉じん濃度を連続的に監視しながら排気を屋外に排気せずに作業場
内に放出する設備，④有機溶剤，ホルムアルデヒドを取り扱うドラフトチャ
ンバーの排気を2層の活性炭層でクリーンにし，1層目の吸着層と2層目の
バックアップ層の間に設けた濃度センサーで吸着層の破過を連続的に監視し
ながら排気を屋外に排気せずに作業場内に放出する設備などがあります。

　いずれも最新の技術で局排の最大の欠点である過大なエネルギーロスを抑
えようとする意区がうかがわれます。

第7章

捕捉フードの必要排風量の計算
（制御風速法による Q の計算）

1．囲い式フードの必要排風量

　制御風速を決めたならば，次の仕事は，捕捉点に制御風速に相当する吸引気流を起こすための**必要排風量**を計算することです。

　局所排気の必要排風量の計算には，

① 　有害物を吸引捕捉するために必要な制御風速を仮定して実験式を使って計算する方法（制御風速法）

② 　局所排気の対象となる発散源の大きさに単位面積当たりの排風量を乗じる方法

③ 　レシーバー式フードの排風量の計算に応用される流量比法

④ 　有限要素法を応用してコンピューターで気流の分布をシミュレートする方法

などがあります。

　②は米国の ANSI の基準をもとに制定された OSHA のガイドラインに採用されていて，計算は簡単ですが単位面積当たりの排風量の根拠は明らかではありません。

　④は1980年代後半より米国の研究者を中心に，コンピューターを使ってフードの吸引気流の分布をより正確に予測したり，吸引気流による有害物質の移動の状態をシミュレートして最適なフードの形と漏れを防ぐのに必要な最小限の排風量を決める研究が行われ，前章に記した制御風速よりずっと小さい気流速度でも十分な吸引効果を得られることがわかってきました。現時点ではまだ一般的ではないが今後は高性能パソコンの普及で実用化されるものと考えられます。

　本章では，現在一般的に使用されている①捕捉速度または制御風速を仮定して実験式を使って計算する方法（制御風速法）を中心に解説します。

　必要排風量の計算法は，囲い式フードと外付け式フードでは全く異なり，囲い式フードの場合は比較的簡単ですが，外付け式フードの場合はそう簡単

1. 囲い式フードの必要排風量

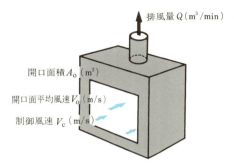

図7・1 囲い式フードの制御風速，開口面風速と排風量

にはいきません。では，まず簡単な方から始めることにしましょう。

図7・1を見てください。面積 A_o の開口面を通って空気がフードに流れ込んでいます。いまその平均風速を V_o とすれば，単位時間にフードに流れ込む空気の体積は $A_o \times V_o$ で表されます。

$$\boxed{フードに流れ込む空気の体積(Q)} \, (\text{m}^3)$$
$$= \boxed{平均風速(V_o)} \, (\text{m}) \times \boxed{開口面積(A_o)} \, (\text{m}^2) \quad \cdots\cdots\cdots 7\cdot1式$$

このフードには開口面のほかには空気の入口はありませんから，フードに流れ込む空気の体積とダクトから出ていく排風量 Q とは等しいはずです。したがって7・1式は次のようになります。ただし一般に風速の単位には毎秒メートル (m/s)，排風量の単位には毎分立方メートル (m³/min) が使われるので，この単位を合わせるために風速には60を掛けます。

$$\boxed{排風量(Q)} \, (\text{m}^3/\text{min})$$
$$= 60 \times \boxed{平均風速(V_o)} \, (\text{m/s}) \times \boxed{開口面積(A_o)} \, (\text{m}^2) \quad \cdots\cdots 7\cdot2式$$

ここで制御風速が開口面上の平均風速であれば話はいたって簡単ですがそうはいきません。前章で説明したように囲い式フードの制御風速 V_c は，開

146　　　　　　　　第7章　捕捉フードの必要排風量の計算

口面上の最小風速で表す約束があります。平均風速 V_o と最小風速である V_c との比を k とすると，7・2式は次のようになります。

　　$\boxed{\text{排風量}(Q)}$ （㎥/min）

　$= 60 \times k \times \boxed{\text{制御風速}(V_c)}$ （m/s）$\times \boxed{\text{開口面積}(A_o)}$ （㎡）

　　　　　　　　　　　　　　　　　　　　…………………………… 7・3式

　これが囲い式フードの必要排風量の計算式です。

　k は開口面上の**気流分布のムラのために計算上必要な補正係数**で，気流分布にムラのない場合には，それが理想的ですが，V_c と V_o は等しくなりますから $k = 1$ です。気流分布にムラがあれば V_c は V_o より小さいので，k は1より大きい値となり，同じ制御風速でも必要排風量は大きくなって不経済です。

2．外付け式フードの必要排風量

　外付け式フードの必要排風量の計算式は，囲い式の場合のように単純ではありません。フードの形や取りつける場所によって計算式を変えなければならないこともあります。なぜそんな必要があるのかを理解するために，もう一度第4章，5で説明した，フードに流れ込む気流の性質を思い出してください。風速(V)と，等速度面の面積(A)との積が気流の量(Q)でしたね。

　この関係を**図7・2**のようなフードに当てはめると，次のような式ができます。

$\boxed{\text{排風量}(Q)}$ （㎥/min）$= 60 \times \boxed{\text{開口面の平均風速}(V_o)}$ （m/s）

　　　　　　　　　　　　　$\times \boxed{\text{フードの開口面積}(A_o)}$ （㎡）

　　　　　　　　　　$= 60 \times \boxed{\text{制御風速}(V_c)}$ （m/s）

　　　　　　　　　$\times \boxed{\text{風速}(V_c)\text{の等速度面の面積}(A_c)}$ （㎡）………… 7・4式

2. 外付け式フードの必要排風量

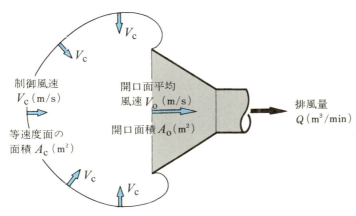

図7・2 外付け式フードの制御風速，開口面風速と排風量

　これが外付け式フードの必要排風量を求める計算式なのです。何だ，案外簡単じゃないかなどと安心しないでください。実はこの式の最後の項，等速度面の面積 A_c を求めるのが大変な仕事なのです。等速度面はもちろん目に見えるものではありませんし，最初の説明に使ったような単純な球面になることも滅多にありません。したがって，制御風速 V_c に相当する等速度面の形状を想像して，その面積 A_c を推定することが，外付け式フードの必要排風量を計算するための決め手になります。

　最近ではコンピューターを使えば，等速度面の形状や面積をかなり正確に推定することも不可能ではなくなりましたが，一般にはそこまでしなくても，これから述べる代表的な，基本的なフードの等速度面の考え方の中から近いものを選んで組み合わせることによって，実用的には十分な正確さで等速度面の面積を推定することができます。

3．円形，長方形フードの等速度面と必要排風量

　前にも出てきた米国の化学工学者 J．M．DallaValle は，自由空間（周囲に何も邪魔物のない空間）に設置された円形および長方形フードについて実験を繰り返した結果，**図7・3〜7・7**のような等速度面の断面図を作り上げました。

　実際のフードの開口面は点ではなくある広がりを持っているため，等速度面は球面ではなくて**図7・2**のようにトマトか柿のような形をしています。そして流線を見ると，気流は前ばかりでなくフードの背後からも流れ込んでいることがわかります。

　このありさまは，フードの形が長方形になってもほとんど同じです。DallaValle はこの研究の結果，円形および長方形フードの等速度面の面積が近似的に，次の式で計算できることを見つけました。

$$\boxed{\text{等速度面の面積}(A_c)}\ (\text{m}^2) = 10 \times \boxed{\begin{array}{c}\text{開口面からの}\\\text{距離}(X)\end{array}}^{2}\ (\text{m})$$

$$+\ \boxed{\text{開口面積}(A_o)}\ (\text{m}^2)\ \cdots\cdots\cdots\cdots\cdots\cdots\cdots\cdots 7・5\,式$$

　これを前の7・4式に代入すると次のようになります。

$$\boxed{\text{排風量}(Q)}\ (\text{m}^3/\text{min}) = 60 \times \boxed{\text{制御風速}(V_c)}\ (\text{m/s})$$

$$\times\left\{10 \times \boxed{\begin{array}{c}\text{開口面からの}\\\text{距離}(X)\end{array}}^{2}\ (\text{m}) + \boxed{\text{開口面積}(A_o)}\ (\text{m}^2)\right\}\ \cdots\cdots\cdots 7・6\,式$$

　この式は，今でも外付け式フードの必要排風量の計算に広く使われています。

　DallaValle は，この研究でもう1つフードの設計になくてはならない重要な法則を見つけました。**図7・3**を見てもう気が付いた方もいると思いますが，この図の中では距離も風速もすべて相対値で表されています。それはフードの形が相似であれば，本当の大きさが大きくても小さくても，流線や

等速度面の形もすべて相似になるからなのです。この関係を「**吸込気流の相似の法則**」と呼ぶことにします。相似の法則のおかげで，フードの気流を研究するときには，実物よりずっと小さい模型（スケールモデル）を使って同じことが観察でき，何千万円もかかる大規模な局排を設計する場合に，模型実験でその効果を事前に確認することもできます。

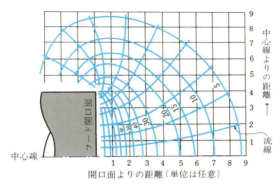

図7・3　**円形フードの流線と等速度面**（等速度面の数字は開口面の平均風速を100とした百分率で表されている）

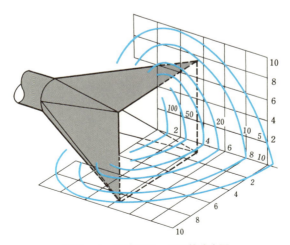

図7・4　**正方形フードの等速度面**

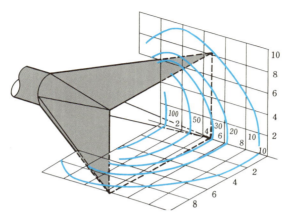

図7・5　長方形（縦横比3：4）フードの等速度面

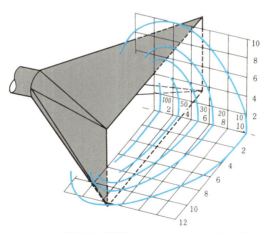

図7・6　長方形（縦横比1：2）フードの等速度面

4. フランジはどれくらい効果があるか

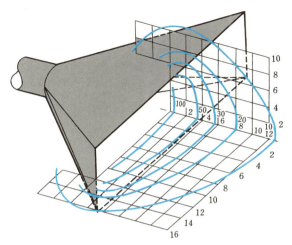

図7・7　長方形（縦横比1：3）フードの等速度面

　図7・4～7・7は，この研究でDallaValleが描いた長方形フードの等速度面の断面図で，開口面の縦横の比をいろいろと変えた場合の結果です。

4. フランジはどれくらい効果があるか

　外付け式フードの周囲にフランジをつけると，排風量を節約できるとよくいわれますが，本当にそうなのでしょうか。

　DallaValleは前回と同じ方法で円形，長方形のフードにフランジをつけて等速度面を求めました。図7・8～7・12はその結果です。「また等速度面か，もう等速度面はあきあきだ」などといわないでよく見てください。目をつぶってこれらの形が頭の中に浮かんでくるようにならなければ局排の設計はできません。

　そのうちに，フードを見るとその前に等速度面と流線の幻が浮かぶようになるでしょう（流線の方はスモークテスターを使えば実際に目で見ることもできます）。そうなったらしめたものです。あなたはもう一人前の局排の専門家

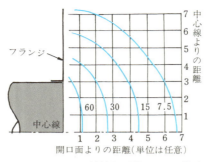

図7・8　フランジ付き円形フードの等速度面

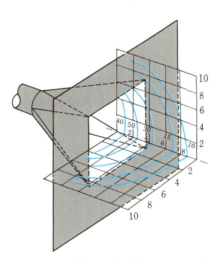

図7・9　正方形フランジ付きフードの等速度面

です。

　DallaValleの実験の結果，フードの開口の周囲に適当な幅のフランジを取りつけた場合には，フランジがない場合に後側からフードの周縁に流れ込んでいた気流がなくなり，等速度面はフードの前の方に伸びることがわかりま

4. フランジはどれくらい効果があるか

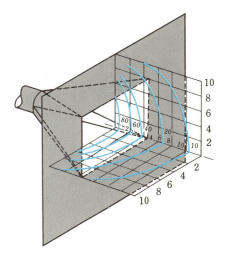

図7・10 長方形（縦横比3：4）フランジ付きフードの等速度面

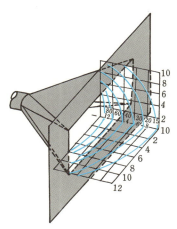

図7・11 長方形（縦横比1：2）フランジ付きフードの等速度面

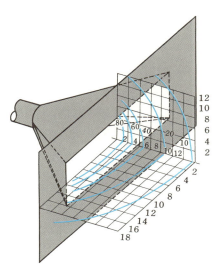

図7・12 長方形（縦横比1：3）フランジ付きフードの等速度面

154 第7章 捕捉フードの必要排風量の計算

した。その結果，フード開口面から X（m）の距離の点を通る等速度面の面積は，フランジのない場合にくらべて約25%ほど小さくなり，排風量もそれだけ少なくて済みます。これを式で書くと次のようになります。

$$\boxed{\text{等速度面の面積}(A_c)}\,(\text{㎡})=0.75\times\left\{10\times\boxed{\text{開口面からの距離}(X)}^2(\text{m})\right.$$
$$\left.+\boxed{\text{開口面積}(A_o)}\,(\text{㎡})\right\}\cdots\cdots\cdots\cdots\cdots\cdots\cdots\cdots 7\cdot7\text{式}$$

したがって，

$$\boxed{\text{排風量}(Q)}\,(\text{㎥/min})=60\times0.75\times\boxed{\text{制御風速}(V_c)}\,(\text{m/s})$$
$$\times\left\{10\times\boxed{\text{開口面からの距離}(X)}^2(\text{m})+\boxed{\text{開口面積}(A_o)}\,(\text{㎡})\right\}\cdots 7\cdot8\text{式}$$

これがフランジ付きフードの必要排風量を計算する式です。

フランジの幅について，DallaValle は開口面積3平方フィート（約0.3㎡，直径0.6mの円形または一辺0.5mの正方形）のフードに対して，フランジの幅は5インチ（12.5cm）あれば十分な効果が期待できると記しています。また他の研究者[4]は，フランジがない場合の流速が5%の等速度面をカバーできるだけの幅のフランジをつけることが望ましいといっています。これらの研究結果を総合するとフランジの幅は，開口が円形のときはその直径分，長方形のときはその幅（辺）分くらい必要ですが，15cm以上あってもあまり効果は増さないので，最大15cmくらいでよいということになります。

またフード開口面の周囲にフランジをつけると，排風量を25%節約できるだけでなく，フードに気流が吸いこまれる際の抵抗すなわち流入の圧力損失も少なくなります。これは，フランジによってフードの後側からくる気流がなくなったために，気流の急激な方向転換によるエネルギーのムダがなくなったためです。

---

4) John L. Alden, *Design of Industrial Exhaust Systems, 2nd Ed.*（The Industrial Press. N.Y., 1948）

5．フードの一方が壁，床，天井等に接している場合

フードの一方が壁，床，天井，作業台等に接していてそちら側からの気流の流入がまったくない場合には，図7・13のようにちょうど2倍の大きさのフードの等速度面を中心から2つに切ったものと考えることができます。

したがって等速変面の面積は，

$$\boxed{\text{等速度面の面積}(A_c)} \ (\text{m}^2) = \frac{1}{2} \times \left\{ 10 \times \boxed{\text{開口面からの距離}(X)}^2 (\text{m})\right.$$
$$\left. + 2 \times \boxed{\text{開口面積}(A_o)} \ (\text{m}^2) \right\} \quad \cdots\cdots 7 \cdot 9\text{式}$$

また排風量は，

$$\boxed{\text{排風量}(Q)} \ (\text{m}^3/\text{min}) = 60 \times \boxed{\text{制御風速}(V_c)} \ (\text{m/s})$$
$$\times \left\{ 5 \times \boxed{\text{開口面からの距離}(X)}^2 (\text{m}) + \boxed{\text{開口面積}(A_o)} (\text{m}^2) \right\} \cdots 7 \cdot 10\text{式}$$

フードのすぐ横に大きなつい立てを置いたり，カーテンを吊って，片方の

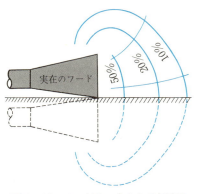

図7・13 フードの一方からの気流の流入がない場合の等速度面

側面から入ってくる気流を完全にシャットアウトした場合の，必要排風量も7・10式で計算できます。

上の考え方はフランジ付きフードの一方が壁，床，天井等に接している場合にも当てはまります（160頁表7・1⑤）。

6．スロット型フードの等速度面と必要排風量

細長いスロット形の開口を持ったフードの等速度面はスロットを中心とした円柱面と考え，テーブルやつい立て，それにフランジのような気流を制限するものがついている場合には，それによって円柱の一部が切り取られたと考えます（図7・14）。

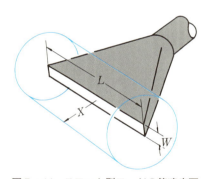

図7・14　スロット型フードの等速度面

したがって，自由空間におかれたスロット型開口の等速度面の面積 A_c は，理屈では $2\pi XL = 6.28XL$ になるはずですが，実際のスロット型フードでは等速度面が正確な円柱ではなく，またフードの厚みがあるためにこれより小さく，研究の結果では，スロット型フードの必要排風量は，スロットの幅と長さの比が0.2以下の場合には，次の式で計算すればよいといわれています。

全円柱と考えた場合，

$$\boxed{排風量(Q)}\ (\text{m}^3/\text{min})\ = 60 \times 5.0 \times \boxed{制御風速(V_c)}\ (\text{m/s})$$

$$\times \boxed{開口面からの距離(X)}\ (\text{m}) \times \boxed{スロットの長さ(L)}\ (\text{m}) \cdots 7 \cdot 11式$$

3/4円柱，1/2円柱，1/4円柱と考えた場合には7・11式の係数5.0の代わりに，4.1，2.8，1.6を使います。

7. キャノピー型フードの等速度面と必要排風量

Thomas[5]はタンクの上に設けたキャノピー型フードについて研究し，排風量 Q を求める計算式として7・12式の実験式を作りました。

$$\boxed{排風量(Q)}\ (\text{m}^3/\text{min})\ = 60 \times 14.5 \times \boxed{\begin{array}{c}キャノピーとタンク\\の空間の高さ(H)\end{array}}^{1.8}\ (\text{m})$$

$$\times \boxed{\begin{array}{c}キャノピーの直径\\または辺長(W)\end{array}}^{0.2}\ (\text{m}) \times \boxed{制御風速(V_c)}\ (\text{m/s}) \cdots\cdots\cdots 7 \cdot 12式$$

この式はトーマスの式と呼ばれ，H/W が0.75以下のときに使われ，キャノピーの開口が円形か正方形のときにはよく合いますが，長方形の開口に対してはあまりよく合いません。DallaValle はキャノピーの排風量の実験式として次の7・13式を考えました。この式は長方形の開口に対しても使えますが，H/L が0.3以下でないと当てはまらないといわれています。

$$\boxed{排風量(Q)}\ (\text{m}^3/\text{min}) = 60 \times 1.4 \times 2 \times \Big\{ \boxed{キャノピーの長さ(L)}\ (\text{m})$$

$$+ \boxed{キャノピーの幅(W)}\ (\text{m}) \Big\}$$

$$\times \boxed{\begin{array}{c}キャノピーとタンク\\の空間の高さ(H)\end{array}}\ (\text{m}) \times \boxed{制御風速(V_c)}\ (\text{m/s}) \cdots\cdots\cdots 7 \cdot 13式$$

また上の2つの式はいずれも，キャノピー型フードを捕捉フードとして使

---

5) F.A.Thomas, "Canopy Exhaust Hoods" *Heating & Ventilating* 43. No.4 (1950)

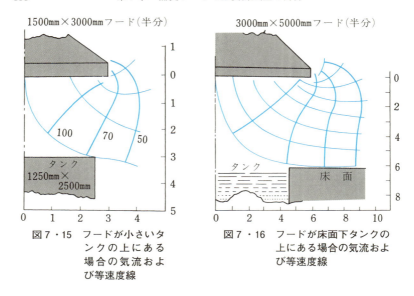

図7・15 フードが小さいタンクの上にある場合の気流および等速度線

図7・16 フードが床面下タンクの上にある場合の気流および等速度線

う場合の，制御風速から必要排風量を計算する式ですが，キャノピー型フードは捕捉フードとして使われるほかに，第4章，3で説明したようにレシーバー式フードとして，たとえば電気炉，キューポラ，るつぼ炉，火床などの熱源から熱浮力で上昇する煙，粉じん等の排出に利用されることが少なくありません。むしろこの方がキャノピー型フードに合った使い方であるといえます。この場合の必要排風量の計算には前の7・12式，7・13式の両式はいずれも適当でなく，後で説明する流量比法（第8章参照）を使う方がずっと合理的といえます。

したがって，キャノピー形フードを捕捉フードとして使う場合の排風量は，H/L が0.3以下の場合には7・13式を，そうでない場合には7・12式を使って計算することにします。またトーマスの7・12式も当てはまらないような高い場所にキャノピー形フードを取りつけるのは好ましくありません。

また，キャノピー形フードをレシーバー式フードとして使う場合の排風量は，流量比法を使って計算することにし，これについては第8章でくわしく説明します。

8. 排風量の計算式のまとめ

　以上随分いろいろの場合について等速度面と排風量の関係を勉強してきました　が，この章の最初に申し上げたように，等速度面の形状を推定することは正確な排風量計算のためにぜひ必要なことなので，このところはよく復習してください。そうすれば，ここで出てこなかった形のフードにぶつかってもあわてずに済むと思います。

　実際の設計の際に使いやすいよう，いろいろのケースに対する排風量の計算式を**表7・1**に整理しておきます。

表7・1　フードの型式別排風量計算式一覧表

フ ー ド の 型 式	例　　図	排 風 量　Q(㎥/min)
①　囲い式	開口面積：$A(\text{㎡})=L(\text{m})\times W(\text{m})$ $A=\dfrac{\pi}{4}\cdot d^2$	$Q=60\cdot A\cdot V_o$ 　$=60\cdot A\cdot V_c\cdot k$ V_o：開口面の平均風速(m/s) V_c：制御風速(m/s) k　：風速の不均一に対する補正係数

160　　　　第7章　捕捉フードの必要排風量の計算

フードの型式	例　　図	排風量　$Q(\text{m}^3/\text{min})$
② 外付け式 自由空間に設けた円形または長方形フード	$A=\dfrac{\pi}{4}\cdot d^2$ 距離：$X(\text{m})$ $A=L\cdot W$ 縦横比：$W/L>0.2$	$Q=60\cdot V_c\cdot(10X^2+A)$
③ 外付け式 自由空間に設けたフランジつき円形または長方形フード	$A=\dfrac{\pi}{4}\cdot d^2$ $A=L\cdot W$ $W/L>0.2$	$Q=60\cdot0.75\cdot V_c\cdot(10X^2+A)$
④ 外付け式 床，テーブル，壁等に接して設けた長方形フード	$A=L\cdot W$ $W/L>0.2$	$Q=60\cdot V_c\cdot(5X^2+A)$
⑤ 外付け式 床，テーブル，壁等に接して設けたフランジつき長方形フード	$A=L\cdot W$ $W/L>0.2$	$Q=60\cdot0.75\cdot V_c\cdot(5X^2+A)$

8. 排風量の計算式のまとめ　　161

フードの型式	例　　図	排風量　$Q(\text{m}^3/\text{min})$
⑥　外付け式 　　スロット型フード	$W/L \leqq 0.2$ A（全円柱）	$Q = 60 \cdot 5.0 \cdot L \cdot X \cdot V_c$
⑦　外付け式 　　台の縁等に接して設け 　　たスロット型フード	$W/L \leqq 0.2$ A（$\frac{3}{4}$円柱）	$Q = 60 \cdot 4.1 \cdot L \cdot X \cdot V_c$
⑧　外付け式 　　床，テーブル，壁面等 　　に設けたスロット型フ 　　ード	$W/L \leqq 0.2$ A（$\frac{1}{2}$円柱）	$Q = 60 \cdot 2.8 \cdot L \cdot X \cdot V_c$
⑨　外付け式 　　床，テーブル，開放槽 　　の縁等に設けたバッフ 　　ル付きスロット型フー 　　ド	$W/L \leqq 0.2$ A（$\frac{1}{4}$円柱）	$Q = 60 \cdot 1.6 \cdot L \cdot X \cdot V_c$
⑩　外付け式 　　長方形または円形キャ 　　ノピー型フード	キャノピー周長：$P = 2(L+W)$ 高さ係数：$H/L \leqq 0.3$	$Q = 60 \cdot 1.4 \cdot P \cdot H \cdot V_c$

フードの型式	例 図	排風量 $Q(\mathrm{m^3/min})$
⑪ 外付け式 正方形または円形キャノピー型フード （全側面開放）	$0.3 < H/W \leq 0.75$	$Q = 60 \cdot 14.5 \cdot H^{1.8} \cdot W^{0.2} \cdot V_c$
⑫ 外付け式 正方形または円形キャノピー型フード （3側面開放）	$0.3 < H/W \leq 0.75$	$Q = 60 \cdot 8.5 \cdot H^{1.8} \cdot W^{0.2} \cdot V_c$

9．排風量の計算演習

前節で捕捉フードの必要排風量の計算の方法を勉強しましたので，今度はその練習問題をやってみましょう．最初はやさしい問題からスタートします．

〔練習問題1〕
図7・17のような化学反応装置の投入口から原料（特定化学物質の粉末）を

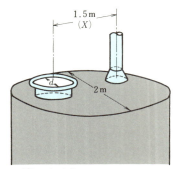

投入口の直径　$d：0.3\mathrm{m}\phi$
図7・17　化学反応装置の投入口

9．排風量の計算演習　　　163

投入する作業で，原料の飛散を防止するために反応装置にダクトを接続して
内部の空気を吸引 減圧することにしました。この場合，原料の飛散を防ぐの
に必要な吸引空気量を計算しなさい。ただし，原料はクラフト紙の袋に詰め
られており，投入作業は，まず開袋した後，袋の口を投入口の中に押し込ん
で行うように手順が定められています。

〔例　解〕

投入口をフードの開口面と考えると，紙袋の口を投入口の中に押し込んで
原料を投入するならば発散源はフード開口面の内側になるので，反応装置全
体を囲い式フードと考えることができます。したがって必要排風量は，**表
7・1の①式**で計算できます。

制御風速 V_c は，取り扱う物質が特定化学物質の粉末ですから，特化則の規
定（第6章，9，126頁，**表6・4**参照）に従って1（m/s）となり，開口面
の面積は直径が0.3mですから $A = \dfrac{1}{4} \times \pi \times d^2 = 0.07$（㎡）となります。投
入口とダクトのテーク・オフの距離 X は，この計算には必要ないようにも思
われますが，実は X があまり小さいと開口面上の気流の分布に不均一を生
じるので，囲い式フードの排風量を計算する際には，これを考慮して補正係
数を決める必要があります。この例のように A に対して X が比較的大き
く，フードのふところが広い場合には，開口面上の気流分布はほぼ均一とな
るので，$k = 1$ として差し支えないでしょう。したがって，

$$Q = 60 \times A \times V_c = 60 \times 0.07 \times 1 = 4.2 \ (\text{㎡/min})$$

となります。

（**参　考**）　実物について開口面の風速分布等を測定した結果，最小1.0（m/s），
最大1.15（m/s），平均1.1（m/s），排風量は4.7（㎡/min）でした。この程度の気流
の不均一はやむを得ないものと考えると，囲い式フードの排風量を計算する場合に
は，風速分布にムラがないと考えられる場合でも，$k = 1.1$ くらいにとることが必要
かも知れません。

〔練習問題2〕

写真7・1のような混合機（ヘンシェルミキサー）の投入口にステアリン

写真7・1　混合機の投入口

酸鉛を含む塩化ビニル安定剤を投入する作業で安定剤の飛散を防止するために投入口を開口面とする囲い式フード（ブース型）としました。必要排風量を計算しなさい。投入口の大きさは0.4（m）×0.5（m）です。

〔例　解〕

鉛則では局所排気装置の性能を制御風速でなく，いわゆる抑制濃度（第6章，10参照）で規定しているため，排風量の計算には，まず制御風速を定める必要があります。制御風速はフードの形状，周囲の気流等の状況，作業の形態（有害物の発散速度等）等を考慮して定めなければなりませんが，この場合には比較的せまい室内で乱れ気流はほとんどなく，発散速度も大きくないので，121頁，**表6・1**を参考にして $V_c=0.5$（m/s）とします。投入口以外に開口がないとすると開口面の面積は $A=0.4\times0.5=0.2$（㎡）となります。

さて補正係数 k の値をいくらにするかが問題ですが，写真を見てわかるように開口面が広くフードのふところが狭いことから，気流の分布に相当ムラを生じることが予想されます。仮に $k=1.5$ として計算してみますと，

$Q=60\times A \times V_c \times k = 60\times0.2\times0.5\times1.5 = 9$（㎥/min）となります。

(参　考)　補正係数 k については，現在まで十分な実験データが得られていないので，多分に設計者の経験と勘に頼って決められているのが現状です。そのために設計者によってできあがった局排の性能に大変な差を生じるわけです。

さてできあがった実物について風速分布等を実測したところ**表7・2**のような結果が得られました。

9. 排風量の計算演習

表7・2　風速分布測定結果

測定位置	風速(m/s)	測定位置	風速(m/s)
1	0.85	9	0.63
2	0.8	10	0.64
3	0.82	11	0.64
4	0.82	12	0.65
5	0.75	13	0.6
6	0.77	14	0.5
7	0.75	15	0.5
8	0.72	16	0.55

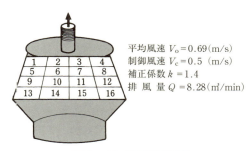

平均風速 $V_o = 0.69$ (m/s)
制御風速 $V_c = 0.5$ (m/s)
補正係数 $k = 1.4$
排風量 $Q = 8.28$ (m³/min)

図7・18　風速測定位置

なぜ開口面の風速分布を求めるのに16カ所以上の風速を測定する必要があるのか，なぜ制御風速として0.5 (m/s) をとるのか，その理由については第6章，13を参照してください。

実測の結果，実際の補正係数 k は1.4，開口面のうちダクトのテーク・オフに近い位置では吸引気流の速度が0.85 (m/s) あるのに，手前の方では0.5 (m/s) しかないこと，すなわち気流の分布に大変ムラのあることがわかりました。

〔練習問題3〕

図7・19のように，製缶定盤の上に小物機械部品（幅35cm，奥行20cm，高さ15cm）を載せて，アーク溶接をする作業に対して側方吸引型の外付け式フードを計画しました。このフードの必要排風量を計算しなさい。ただし作業中の作業者の姿勢は変わらないものとします。

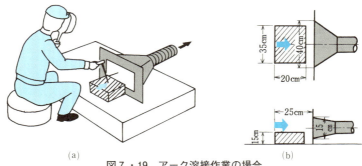

(a) (b)

図7・19 アーク溶接作業の場合

〔例 解〕

一般的な外付け式フードの例です。フードについているフランジの大きさが不明ですが、フードの寸法から見て10cm程度の幅と考えるのが常識的でしょう。さて排風量の計算にどの式を使うかですが、フードにフランジがついており、かつ下端が定盤に接しているので表7・1の⑤式と考えることもできますが、開口面の下端が定盤の面よりフランジの幅だけ浮いており、下からの気流も全くないわけではないので、③式を使った方が良いでしょう。そうすると、$A = 0.4 \times 0.15 = 0.06$（m²），$X = 0.25$（m）です。

制御風速については屋内等で行われるアーク溶接は、粉じん則別表第1第20号で規定された粉じん作業ですが、粉じん則別表第2の特定粉じん作業には該当しないので第6章、11，表6・6の値を使います。ここでは機械の動き等による乱れ気流があまり大きくないものとして、外付け式側方吸引型で $V_c = 1.0$（m/s）とします。したがって、

$Q = 60 \times 0.75 \times V_c \times (10X^2 + A)$

$ = 60 \times 0.75 \times 1.0 \times \{10 \times (0.25)^2 + 0.06\}$

$ = 31$（m³/min）

（参 考） 表7・1⑤式を適用する場合には制御風速を与える点を図7・20のように定盤上の点と考え $X = 0.3$（m）とし、また開口部の下のフランジの斜線の部分も開口面積に加えて $A = 0.4 \times 0.25 = 0.1$（m²）として計算します。そうすると、

$Q = 60 \times 0.75 \times 1.0 \times \{5 \times (0.3)^2 + 0.1\} = 24.75 \ (\text{m}^3/\text{min})$

となり，③式を使った場合より小さい結果となります。なぜ X を0.3(m)とし，フランジの斜線の部分を開口面積に加えて計算した方がよいのかは，前に説明した等速度面の形を想像していただけば納得がいくと思います。もっとも実際の等速度面は被加工物のために気流の流線が曲げられるために，こんなに単純な形にはなりません。

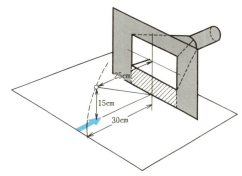

図7・20　表7・1⑤式を適用する場合

〔練習問題4〕

図7・21は，有機溶剤で洗浄した部品を自然乾燥させるための換気作業台で，テーブルの大きさは幅0.7m×奥行0.6m，テーブルはステンレスの金網が張ってあって全面が開口，前面を除く三方が風を避けるために高さ0.3mのつい立てで囲まれており，品物はそれ以上の高さには積み上げません。

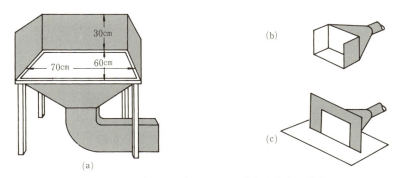

図7・21　三方をつい立てで囲んだ換気作業台の場合

168 第7章 捕捉フードの必要排風量の計算

〔例　解〕

表7・1⑤式で計算します。有機溶剤業務に係わる局排の制御風速は外付け式下方吸引型の場合0.5（m/s）以上と定められている（第6章，6，**表6・2**参照）ので，$V_c = 0.5$（m/s）となります。開口面はテーブル全面ということなので $A = 0.42$（㎡），また品物はつい立ての高さより高くは置かないということですから $X = 0.3$（m），したがって，

$$Q = 60 \times 0.75 \times V_c \times (5X^2 + A)$$
$$= 60 \times 0.75 \times 0.5 \times (5 \times 0.09 + 0.42)$$
$$= 19.6 \fallingdotseq 20 \text{（㎥/min）}$$

（参　考）　この換気作業台を後に倒すと**図7・21**(b)のようになります。**表7・1**⑤式のフード(c)と少し違いますが，(c)の左右のフランジが90°前に出た分だけ等速度面の左右がなくなり，(c)のフランジの上の部分がなくなった分だけ等速度面が増え，それで相殺されたと考えて**表7・1**⑤式を使いました。限られた実験式を使って排風量の計算をする場合，この程度の応用動作が必要です。

〔練習問題5〕

写真7・2のように有機溶剤を用いて線材の脱脂洗浄を行う開放槽（幅2ｍ，奥行0.8m）の片側に幅10cmのスロット型フードを設けて，槽から発生する有機溶剤の蒸気を局所排気することにしました。ただし乱れ気流の影響を避けるために槽の三方は写真のように高さ0.8mのつい立てで囲まれています。

〔例　解〕

表7・1⑨式で計算できます。有機溶剤業務に係る局排の制御風速は外付け式側方吸引型の場合0.5（m/s）以上と定められている（第6章，6，**表6・2**参照）ので，$V_c = 0.5$（m/s）となります。したがって，

$$Q = 60 \times 1.6 \times L \times X \times V_c$$
$$= 60 \times 1.6 \times 2 \times 0.8 \times 0.5$$
$$= 77 \text{（㎥/min）}$$

9．排風量の計算演習　　　　　　　　169

写真7・2　三方をつい立てで囲んだ脱脂洗浄槽の場合

（参　考）　この例の場合スロットの上だけでなく開放槽の左右両側もつい立てで囲まれているので，等速度面はスロットを中心線とした1/4円柱と考えて差し支えありませんが，左右両側のつい立てがない場合には，L が X にくらべてよほど大きくない限り，左右両側から流れ込む気流のために，等速度面は1/4円柱の両端に1/2球面が付加した形となり，1/4円柱として計算した排風量では所定の制御風速を満足する吸引速度は得られません。

スロット型フードの必要排風量を公式どおり計算したら，風量は出ているのに制御風速が出なかったがなぜだろうかという質問をときどき受けますが，前にも説明したとおり，スロット型フードの必要排風量を求める⑨式は，スロットを中心とす

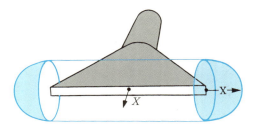

図7・22　両側につい立てが無いスロット型フードの等速度面

170　第7章　捕捉フードの必要排風量の計算

る半径 X の円柱面を等速度面と考えて導かれたものです（第7章，6参照）。

ところが実際には円柱の両端からも空気は流れ込むので，本当の等速度面は図7・22のように円柱の両端に半径 X の半球面がついた形になるはずです。この部分の面積は左右両方合わせると半径 X の球の表面積 $4\pi X^2$ ですが，X がスロットの長さ L に比べて小さいときにはこれを無視しても大勢には影響しません。しかし X がある程度大きくなると円柱の表面積に比べてこの部分の面積が無視できなくなるため，公式どおりの計算では排風量が不足し，制御風速が出ないことがあります。実用的に⑨式が使えるのは，スロットの幅 W が$0.2L$以下で，X が$0.4L$まで，そうでない場合は外付け式の⑤式を使う必要があります。

このことは表7・1の⑥〜⑨式すべてに当てはまります。したがってスロット型の外付け式フードを設置する場合には，できるだけこの例のように両側についたてを取りつけることが望まれます。

〔練習問題6〕

図7・23のような槽の中に，特定化学物質を含有する粉状の原料2種を開袋投入し，加温しながらスコップで混合する作業に対して上方吸引型の外付け式フードの設置を計画しました。この場合に必要な排風量を計算しなさ

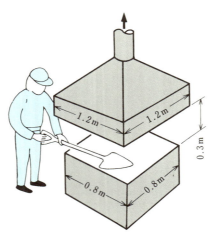

図7・23　上方吸引型の外付け式フードの場合

い。ただし加温による上昇気流は無視して差し支えないものとします。

〔例　解〕

高さ係数 H/L ＝0.3/1.2＜0.3ですから**表7・1**の⑩式を使って計算します。キャノピー周長 P ＝ 4 ×1.2＝4.8（m），制御風速 V_c は粉状の特化物ですから 1（m/s）とします。したがって，

$$Q = 60 \times 1.4 \times P \times H \times V_c$$
$$= 60 \times 1.4 \times 4.8 \times 0.3 \times 1$$
$$= 120 （\text{m}^3/\text{min}）$$

（**参　考**）　この例の設計者は多分，加温しながら混合するという作業条件から加温による上昇気流の発生を考えてキャノピー型の外付け式フードを計画したのだと思いますが，上昇気流が無視できる程度の加温の場合には，キャノピーの使用は好ましくありません。その理由は，乱れ気流の影響を受けて有害物質が横流れしやすいことと，大きな排風量を必要とすることです。この点は**表7・1**の⑫式の図のように 1 側面をふさぐと Q は約60（m³/min）と半分で済み，さらに 3 側面をふさいでブース型とすれば Q は約20（m³/min）と1/6で済みます。この例でキャノピー型の効率のよくないことがわかると思います。したがって，キャノピー型のフードを設置する場合には，できるだけ周囲をカーテン，つい立て等で囲むべきです。

また対象となるプロセスが高温で熱による上昇気流が相当ある場合には，排風量 Q は熱による上昇気流の量より大きくして，上昇してフードに入ってくる熱気流を溢れさせないようにすることが大切で，この場合の排風量の計算には第 8 章で勉強する流量比法を使った方が確実です。

10.　このフードは外付け式か囲い式か？

必要排風量を計算する際にどの式を使うべきか随分迷うことがあります。たとえば自動洗浄装置のトリクレン槽とコンベヤーの上に低いキャノピー型フードを設けたら，計算した以上に吸引風速が大きすぎ，製品の品質管理上具合が悪い点が生じた，必要排風量の計算は公式どおりにやったのになぜ

だろうかという質問を受けたことがありますが，その現場を見せてもらったところ，次のようなことがわかりました。

フードは図7・24(a)のようにトリクレン槽の上に設置されており（コンベヤは図では省いてある），必要排風量は図の H, W, L, それに制御風速 V_c として有機則の上方吸引型外付け式フードの値1.0（m/s）を用いて，低いキャノピー型フードの式で計算されていました。低いキャノピー型フードの排風量の計算式が，図の陰の部分を開口面と考えて導かれたことは前に説明したとおりです。

ところが実際には，フードの長辺には横からの乱れ気流を防ぐためにバッフル板が吊り下げられていました（図7・24(b)）。この場合，有機溶剤の発散源であるトリクレン槽の開口は，バッフル板とフード，それに槽自身で形づくられた空間の中にすっぽりと入っています。すなわちフードとバッフル板とトリクレン槽とでできた囲い式フードで，発散源を包み込んだと考えることができます。そうすると本当の開口面は図7・24(c)の陰の部分，また制御風速は0.4（m/s）で済むことになります。

この例のように，フードだけでは外付け式に見えるものが，実際には囲い式として機能していることもよくあります。

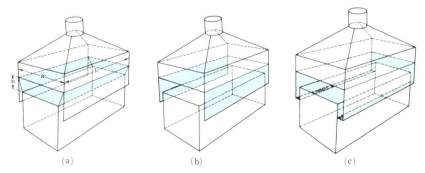

図7・24　実際には囲い式として機能

11. 外付け式の方が排風量が少なくて済む？

　次の質問は，**表7・1**の③フランジ付き外付け式フードの必要排風量の計算式

$$\boxed{\text{排風量}(Q)}\ (\text{m}^3/\text{min})\ =60\times0.75\times\boxed{\text{制御風速}(V_c)}\ (\text{m/s})$$

$$\times\left\{10\times\boxed{\text{開口面からの距離}(X)}^2(\text{m})+\boxed{\text{開口面積}(A_o)}\ (\text{m}^2)\right\}\cdots 7\cdot 8\,\text{式}$$

で，開口面からの距離 X がうんと小さくなると必要排風量 Q は，同じ大きさの開口面を持つ囲い式フードの Q より小さくなってしまうが，それでよいのかという質問です。

　7・8式の0.75という係数は，外付け式フードにフランジがない場合に後側からフードの周縁に流れ込む気流を，フランジでカットするために等速度面が0.75倍に縮小したことを表すものです。**図7・25**は前に出てきた Dalla-Valle の実験によるフランジの効果を示す図を描き直したもので，図の等速度面を表す曲線のうち破線の部分が，フランジの効果によってカットできる部分です。この図で残りの実線の部分が，元の面積のちょうど0.75倍になるのは X が開口面の直径よりやや小さいときであることがわかります。

　このように X が小さくなるほどフランジの効果は小さくなり，質問のように X がうんと小さい場合にはフランジがあってもなくても必要排風量はそれほど変わらなくなります。そして X が0になると囲い式フードの式で求めた必要排風量と同じになります。結局，どんなに X が小さくても，フランジがついていようがいまいが，外付け式フードの必要排風量が囲い式フードの必要排風量より少なくなることはないのです。

　実用的には，外付け式フードの式で計算した Q が，囲い式の式で計算した Q より小さくなるときには，囲い式の式で計算した Q を必要排風量とすべきです。

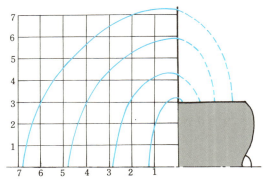

図7・25 フランジ付き円形フードの等速度面（フランジによって破線の部分がなくなる）

このことは、フランジ付きだけでなく、テーブル上の外付け式フード、スロット型フードにも当てはまります。

12. キャノピー型フードの Q の計算式について

キャノピー型フードの Q を求める DallaValle の実験式（表7・1の⑩参照、161頁）について第7章、7の説明が他の本に書かれていることと食い違っているという指摘がこのあたりで出てくると思いますので、この点について説明しておきます。たとえば「昭和41年に出版された旧労働省編の『局所排気装置の標準設計と保守管理〈基本編〉』では DallaValle の実験式 $Q=60\cdot1.4\cdot P\cdot H\cdot V_c$ の P をタンクの周長としているのに、この本ではキャノピー周長としているが、間違いではないか。」という疑問であると思うのですが、DallaValle はキャノピーの外周とタンクの外周とを結んだ面を、あたかも囲い式フードの開口面のように考え、その面上の平均風速 V_o を制御風速と考えたからなのです。

すなわち $1.4\cdot H\cdot P$ というのはこの開口面の面積を表す実験式なのです（図7・26）。米国ではこのように囲い式フードの開口面上の平均風速を制御風速とするのが一般的です。ところが、わが国の厚生労働省令では囲い式フードの

12. キャノピー型フードの Q の計算式について

制御風速は開口面上の最小風速と定義されています（第6章，13参照）。

したがって，もし DallaValle の考え方を使うならば Q を求めるためには風速の不均一に対する補正係数 k を掛けることが必要です（第7章，1参照）。捕捉式のキャノピー型フードは実際には外付け式フードです。厚生労働省令では外付け式フードの制御風速は，開口面から最も離れた作業位置の風速と定義されていますから，キャノピー型の場合にはタンクの縁のところの風速 V_c でなければなりません。またこの V_c は当然開口面上の最小風速になるはずです。

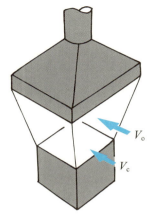

図7・26 「$1 \cdot 4 \cdot H \cdot P$」はこの開口面の面積を表わす

補正係数 k は，高さ係数 H/L が大きくなるほど大きくしなくてはなりませんが，キャノピーの大きさも H が大きくなるほど大きくなるので（第5章〔例22〕，図5・6参照，96頁），筆者は Dalla-Valle の実験式の P をタンク周長とせずに，キャノピー周長としたのです。こうすればタンクとキャノピーの周長の比が補正係数に相当することになります。参考までにタンク外周に40°の広がりを持たせてキャノピーを設けた場合，高さ係数を0.3とすると補正係数は約1.25となります。

昭和41年に出版された旧労働省編の『局所排気装置の標準設計と保守管理〈基本編〉』の式を使って設計したら，できあがったフードの Q は設計どおりなのに予定した制御風速が得られないという質問をしばしば受けますが，その理由もこれでわかっていただけたことと思います。

第 8 章

レシーバー式フードの
必要排風量の計算
（流量比法による Q の計算）

1. 流量比法の考え方について

　溶融炉のような高温物体から発生する煙やほこりは，熱気流に乗ってすさまじい勢いで上昇します。このように汚染気流に強い指向性のある場合には，フードは開口をその気流の向きに合わせて，気流をすっぽり包み込むようないわゆるレシーバー式フード（receiving hood）とした方が良いことは前に説明したとおりです。

　この場合には煙は吸引気流によってフードに吸い込まれるというよりも，煙自身の浮力によってフードに押し込まれてくるといった方が良いでしょう。したがって，有害物質を吸引するために必要な制御風速という考え方は，この場合には当てはまりません。ではレシーバー式フードの必要排風量はどのようにして決めたらよいでしょうか。

　大阪府立大学の林太郎教授は，制御風速を使わずに必要排風量を計算する**流量比法**という方法を研究しました。この方法は制御風速という考え方がなじまないレシーバー式フードの必要排風量の計算法として優れた方法です。以下流量比法の考え方を簡単に説明することにします。

　熱上昇気流は上に昇るにしたがって周囲からの気流を巻き込んでふくらみます。したがって，煙を漏らさずに全部フードに吸引するためにはそれ以上

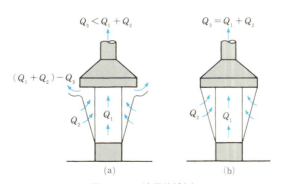

図 8・1　流量比法(1)

1．流量比法の考え方について   179

の排風量が必要です。

図8・1を見てください。炉から発生する熱気流を Q_1，周囲から巻き込まれてくる誘導気流を Q_2，フードの排風量を Q_3 とすると，Q_3 が $Q_1 + Q_2$ より小さいときには，上昇気流は完全にはフードに吸い込まれず，$(Q_1 + Q_2) - Q_3$ の分だけがフードから溢れ出してしまいます（図8・1(a)）。Q_3 がちょうど $Q_1 + Q_2$ と等しいときには上昇気流は全部フードに吸い込まれます（図8・1(b)）。これがレシーバー式キャノピー型フードで熱上昇気流を吸引する場合の気流がフードから溢れ出さないためのギリギリ限界の条件で，式で書くと次のようになります。

$$
\boxed{\begin{array}{l}\text{レシーバー式フードの}\\ \text{必要排風量}\ (Q_3)\end{array}} = \boxed{\begin{array}{l}\text{汚染源から発散する}\\ \text{汚染気流の量}(Q_1)\end{array}} + \boxed{\begin{array}{l}\text{周囲から巻き込まれる}\\ \text{誘導気流の量}(Q_2)\end{array}} \quad \cdots\cdots 8・1式
$$

8・1式の Q_2 と Q_1 の比を**漏れ限界流量比**と呼び，K_L という記号で表します。K_L を使って8・1式を書き直すと次のようになります。

$$
\boxed{\begin{array}{l}\text{レシーバー式フードの}\\ \text{必要排風量}\ (Q_3)\end{array}} = \boxed{\begin{array}{l}\text{汚染源から発散する}\\ \text{汚染気流の量}(Q_1)\end{array}} \times \left(1 + \boxed{\text{漏れ限界流量比}(K_L)}\right) \quad \cdots\cdots 8・2式
$$

ところで，図8・1(b)はフードの周囲に全く乱れ気流がない理想的な状態を考えたのですが，実際には乱れ気流のために上昇気流は横流れを起こし，$Q_3 = Q_1 + Q_2$ ではまだ煙がフードから溢れてしまう心配があります（図8・2(a)）。

第8章　レシーバー式フードの必要排風量の計算

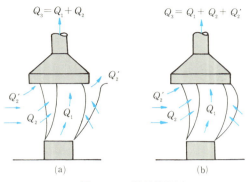

図8・2　流量比法(2)

図8・2(a)のようにフードの周囲に横からの乱れ気流があっても煙を完全にフードに吸引するためには，横からフードに割り込んでくる乱れ気流Q_2'の分だけ，さらに排風量を増やさなければなりません（図8・2(b)）。

ということは，8・2式のK_Lに乱れ気流の強さで決まる**漏れ安全係数 m**を掛ける必要があるということです。$K_L × m$ は**設計流量比**と呼ばれK_Dという記号で表されます。この関係を式に表すと次のようになります。

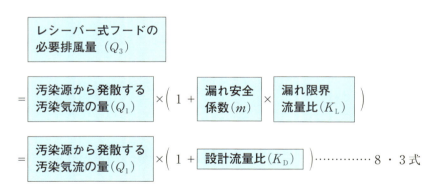

これが，流量比法で必要排風量を計算する際の基本となる式です。

2．熱源に設けたキャノピー型フードの必要排風量

　流量比法の応用例として，溶融炉，熱処理炉，焙焼炉等の熱源に設けたレシーバー式キャノピー型フードの排風量の計算方法について説明しましょう。

　熱源から対流によって上昇する熱気流が上に昇るほど，周囲からの誘導気流を巻き込んで広がることは前に説明したとおりですが，この状態をもう少し詳細に観察すると，熱気流は熱源のすぐ上で少し広がり，次に多少収縮し，それから再び広がりながら上昇します。この場合，周囲に大きな乱れ気流がないならば広がりの角度が約20°であることも第5章〔例22〕で説明したとおりです。実際にはどんなに風の少ない室内でも多少の乱れ気流はあるので，その影響も考慮して，レシーバー式キャノピー型フードは普通図8・3のように熱源の周囲に40°の広がりを持たせた（熱源の周囲に高さの0.8倍のかぶりを加えた）大きさとします。

　また，キャノピー型フードは，できるだけ熱源の真上の低い位置に設けた方が効果があることは当然ですが，とくに熱源からフードの下端までの高さHと，熱源の大きさE（熱源を上から見た形が円形の場合は直径，正方形の場合は辺の長さ，長方形の場合は短辺の長さ）の比，すなわち**高さ比**が0.7より大きくなると急激に漏れ限界流量比K_Lが大きくなって効率が悪くなるので，高さ比H/Eができるだけ0.7以下になるように高さを決めるべきです。

　高さ比H/Eが0.7以下か0.7より大きいかで，漏れ限界流量比の計算式も変わります。

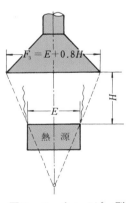

図8・3　キャノピー型フードの大きさと高さ

3．熱上昇気流の量の求め方

　流量比法を用いて必要排風量を計算するためには，まず汚染源から発散する汚染気流の量 Q_1 を知ることが必要ですが，この場合には熱源から上昇する熱気流の量が Q_1 に相当します。

　熱上昇気流の量を求める計算法は，前にも出てきた Hemeon や，大気汚染の拡散モデルの研究でわが国でも有名な Sutton もいろいろな実験式を提案していますが，ここでは林太郎教授の提案した計算式を用いて計算する手順を説明しましょう。

① 　**フードの仮想高さ** Z の値を**表8・1**の計算式を使って計算します。Z の計算式は高さ比 H/E により異なります。

表8・1　仮想高さ Z の計算式

高　さ　比	$H/E \leqq 0.7$	$H/E > 0.7$
Z の計算式	$Z = 2E$	$Z = 0.74(2E + H)$

② 　**上昇気流と周囲の空気の温度差** Δt の値を**表8・2**の計算式を使って計算します。式中の t_{m} は熱源の温度（℃）です。

表8・2　温度差 Δt の計算式

高　さ　比	$H/E \leqq 0.7$	$H/E > 0.7$
Δt の計算式	$\Delta t = t_{\mathrm{m}} - 20$	$\Delta t = (t_{\mathrm{m}} - 20)$ $\{(2E + H)/2.7E\}^{-1.7}$

③ 　熱源の形から**表8・3**で**縦横比** γ を求めます。

表8・3　熱源の縦横比 γ

熱源を上から見たときの形	熱源の縦横比 γ
円形，正方形	1
円に準ずる形	短径／長径
長　　方　　形	短辺／長辺

④ 次の8・4式に上の値を代入して，**熱上昇気流の量**を計算します。

$$\boxed{\text{熱上昇気流の量}(Q_1)}\ (\text{㎥/min}) = 0.57 / \boxed{\text{熱源の縦横比}(\gamma)}$$

$$\times \left(\boxed{\text{熱源の投影面積}(A)}\ (\text{㎡}) \times \boxed{\text{熱源の縦横比}(\gamma)} \right)^{0.33}$$

$$\times \left(\boxed{\text{温度差}(\Delta t)}\ (\text{℃}) \right)^{0.45} \times \left(\boxed{\text{仮想高さ}(Z)}\ (\text{m}) \right)^{1.5} \cdots\cdots\cdots\cdots 8・4 式$$

4．熱上昇気流に対する漏れ限界流量比の求め方

熱上昇気流と周囲から流れ込む誘導気流の温度差が大きい場合には，気流束の周囲で局部的な渦流を生じるために，温度差のない場合に比べて誘導気流の量が増加し，結果的に漏れ限界流量比 K_L の値を大きくしないと，気流がフードから溢れてしまいます。

表8・4は熱上昇気流をキャノピー型フードで吸引する場合の漏れ限界流量比 K_L の計算式で，この場合の K_L は熱源の形，縦横比 γ，フードの高さ比 H/E とかぶり比 F_3/E（F_3 はフードが円形の場合は直径，正方形の場合は一辺の長さ，長方形の場合は短辺の長さを表す），それに温度差 Δt 等の関数になります。**表8・4**の計算式はいずれも，林教授の研究されたものを筆者が使いやすい形に整理し直したもので，実用的には温度差が750℃くらいまで適用できます。

第8章　レシーバー式フードの必要排風量の計算

表8・4　熱上昇気流に対する漏れ限界流量比 K_L の計算式

（林　太郎　空気調和・衛生工学51，No.3，53より抜粋，整理）

高さ比 熱源の形	$H/E \leqq 0.7$	$H/E > 0.7$
円　　形	$K_L = \{0.08(H/E + 1)^{2.6} - 0.02\}$ $\times \left\{ \dfrac{1.05}{(F_3/E)^{1.4}} + 0.4 \right\} + 0.0012 \Delta t$	$K_L = 0.21\{(0.5H + E)/F_3\}^{1.4} + 0.21$ $+ 0.0012 \Delta t$
円　に 準ずる形	$K_L = \{0.08(H/E + 1)^{2.6} - 0.02\}$ $\times \left\{ \dfrac{1.05}{(F_3/E)^{1.4}} + 0.4 \right\}$ $\times |2.5(\gamma + 0.01)^{0.06} - 1.5|$ $+ 0.0012 \Delta t$	$K_L = [0.21\{(0.5H + E)/F_3\}^{1.4} + 0.12]$ $\times |2.5(\gamma + 0.01)^{0.06} - 1.5|$ $+ 0.0012 \Delta t$
正　方　形	$K_L = \{1.4(H/E)^{1.43} + 0.25\}$ $\times \left\{ \dfrac{0.82}{(F_3/E)^{3.4}} + 0.18 \right\} + 0.0012 \Delta t$	$K_L = 0.32\{(0.5H + E)/F_3\}^{3.4} + 0.2$ $+ 0.0012 \Delta t$
長　方　形	$K_L = \{1.4(H/E)^{1.43} + 0.25\}$ $\times \left\{ \dfrac{0.82}{(F_3/E)^{3.4}} + 0.18 \right\}$ $\times (0.53 \gamma + 0.47) + 0.0012 \Delta t$	$K_L = [0.32\{(0.5H + E)/F_3\}^{3.4} + 0.2]$ $\times (0.53 \gamma + 0.47) + 0.0012 \Delta t$

5．熱上昇気流に対する必要排風量計算の手順

　熱源からの上昇気流をキャノピー型フードで吸引する場合の必要排風量 Q_3 を流量比法で求めるには，次の手順で計算をします。

① 　計算に必要な諸元，E（熱源の幅），F_3（フード開口面の幅），H（フードの設置高さ），γ（熱源の縦横比），F_3/E（フードのかぶり比），t_m（熱源の温度），Δt（気流の温度差）等を求めます。

② 　8・4式を使って熱上昇気流の量 Q_1 を計算します。

③ 　**表8・4** の式を使って漏れ限界流量比 K_L を計算します。

④ 　**表8・5** から漏れ安全係数 m の値を選ぶ。ただし乱れ気流の大きさは，あらかじめ微風速計で測定して求めておきます。

表8・5　乱れ気流の大きさと漏れ安全係数

乱れ気流の大きさ（m/s）	漏れ安全係数
～0.15	5
0.15～0.3	8
0.3 ～0.45	10
0.45～0.6	15

⑤ 　Q_1，m，K_L を次の8・5式に代入して，必要排風量 Q_3 を計算します。

| キャノピー型フードの必要排風量 (Q_3) |

$$= \boxed{\text{熱上昇気流の量}(Q_1)} \times \left(1 + \boxed{\text{漏れ安全係数}(m)} \times \boxed{\begin{array}{c}\text{漏れ限界}\\\text{流量比}(K_L)\end{array}}\right) \cdots 8\cdot5\text{式}$$

第9章

フードの形と省エネ対策

1． 排風量節約の必要性

　局所排気装置を計画する際に大切なことはいろいろあるでしょうが，なかでも最小の排風量で汚染をコントロールすることは最も大切なことのひとつです。以前局排の性質が十分よく知られていない頃には，安全のためと称してやたらに排風量を大きくする傾向が見られましたが，それではダクト，ファン等も大きくなって設備費がムダなばかりでなく動力費も不経済です。その上最近のように工場にも冷暖房が普及してくると熱損失も意外にかさみます。空気の比熱は約0.24kcal/kg，比重は約1.2kg/㎥ですから，真夏，真冬に屋内外の温度の差が10℃あるときは，たとえば排気量が100（㎥/min）多ければ，1日8時間に何と約140,000kcalの熱を余計に損することになります。

　ある印刷工場では，印刷インクに第2種有機溶剤を使っているため，有機則の改正でそれまで使っていた全体換気をやめて局排をつけることになりました。ところが製品の品質保持上，用紙の伸び縮みを防ぐためにどうしても有機溶剤蒸気を最も発散する印刷ローラー付近の温湿度を調整する必要があり，局排の設置と同時に，取り入れる空気（Make up air，メークアップ・エアといいます。）の温湿度調整のために新たに大型の空調設備を入れることになりました。結局，空調設備が局排設備の2倍強，空調動力費が局排の約4倍もかかることになりました。

　わが国にくらべてエネルギーコストの比較的安い米国でも，最近では必要以上に排風量の大きい局排の見直しが行われ，排気をきれいに処理してからもう一度屋内に戻したり，排気と給気の熱交換によって熱損失を防ぐ試みが盛んに行われています。

　また局排が予定の機能を発揮するためには，フードから吸い出されるのと同じ量の空気（メークアップ・エア）がどこからか入ってこなければなりません。適当な給気口が設けられてない（ほとんどの局排がそうです）場合には，メークアップ・エアは窓わくの隙間からすごい勢いで吸い込まれるので，冬

など近くにいる作業者は，隙間風をまともに受けることがよくあります。

2．囲い式フードの排風量の節約法

では排風量を節約するにはどうしたらよいでしょうか。囲い式フードの場合，必要排風量 Q は，次の式で表されます（第7章1参照）。

排風量（Q） （㎥/min）

$=60 \times k \times$ **制御風速（V_c）** （m/s）$\times$ **開口面積（A_o）** （㎡）……9・1式

この式から囲い式フードの排風量 Q を節約するには，開口面積 A_o と風速の不均一に対する補正係数 k を小さくすれば良いことがわかります。

カバー型フードは開口面積 A_o が小さいので，その点有利ですし，フードのふところが大きく開口面積が小さいと，後で述べるプリーナム効果も発揮されて補正係数 k も小さくて済みます。

しかしカバー型でも開口面に近い位置に機械設備の部分などがあって気流が妨げられるとその部分の風速が低下してしまいます。したがって，カバー型フードを計画する際には次の点に注意しましょう。

(1) カバーは少し大きめにし，内部の空積を大きくしてプリーナム効果を発揮させる。

(2) カバーの開口部と機械設備の部分とが接近しすぎないようにする。

ただし，カバー内で発生した粉じんが堆積して機械の可動部分の摩耗を早める等の不都合が予想される場合には，プリーナム効果を多少犠牲にして，カバー内部の流速を大きくすることもやむを得ません。

ブース型フードの場合には，まず開口面積 A_o をできるだけ小さくすることです。そのために，ムダな開口部をふさぐ，あるいはビニール等のカーテンを吊るなどの方法を検討してください。

ブース型フードで補正係数 k を小さくするにはいろいろな方法が考えられ

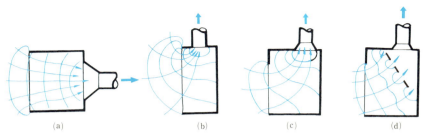

図9・1 ブースのkを小さくする方法

ます。まずダクトのテーク・オフの位置が大切です。大きなテーク・オフを開口面の真正面に設けた場合には，気流の流線と等速度面は図9・1(a)のようにほぼ理想的な形となります（この場合のkは1.1くらい）。しかしこのような取付け方では場所をとって仕方がありません。図9・1(b)はよく見かける形ですが，最もよくない形です。なぜかは等速度面の形を見て考えてください。この形では開口面の上と下では風速が10倍も違うはずです。このような事態を避けるには，①ブースの奥行きをできるだけ深くし，②開口面の上部をできるだけふさぎ，③テーク・オフはできるだけ奥につけ，かつ，④テーパーにする（図9・1(c)参照）ことが必要です。さらにテーク・オフの前面にじゃま板を設けてプリーナムチャンバーを作るとよいでしょう（図9・1(d)参照）。

3．プリーナムチャンバーの利用

プリーナムチャンバーをうまく利用すると開口面の吸引風速のムラをなくすことができます。プリーナムチャンバーというのは，いわば吸引のエネルギーを貯えておくダムのようなもので，その働きは次のようなものです。

図9・2(a)のような配管をしてCから空気を吸引します。この場合AとBの2つの口から吸い込まれる空気の量は同じになるでしょうか。AからCの方がBからCよりパイプの長さが短く抵抗が少ないので当然Aからはたく

3. プリーナムチャンバーの利用

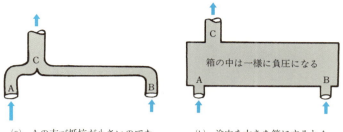

(a) Aの方が抵抗が小さいのでたくさん吸い込まれる

(b) 途中を大きな箱にするとA, Bから同じように吸い込む

図9・2 プリーナムチャンバーの働き

さん吸い込まれ，Bからはあまり吸い込まれないはずです。

ではAとBから同じように吸い込ませるにはどうしたら良いでしょうか。それにはAからCまでの抵抗とBからCまでの抵抗とを等しくすることが必要です。その方法として，①CをAとBの中心に持ってきてACとBCの長さを同じにする，②BCの配管をACの配管より太くしてBCの抵抗を減らす，③ACの配管の途中に何かじゃま物をつめ込んでACの抵抗を増やす，などが考えられますが，そのほかに**図9・2**(b)のように配管の代わりに大きな断面を持った箱にしてもよいのです。その理由は箱の断面積が大きいために箱の中をCに向かって流れる気流の速度が小さくなり，そのためにAC, BCの間の抵抗（圧力損失といい，気流速度の2乗に比例します。これについては第13章で詳しく説明します。）がA, Bから箱に流れ込むときの抵抗（流入の圧力損失といい，流れ込む速度の2乗に比例します。）にくらべて極めて小さくなり，その結果ACの抵抗もBCの抵抗もほぼ同じになるからです。したがってプリーナムチャンバーを有効に使うためには，箱の断面をある程度大きくする必要があります。プリーナムチャンバーの断面を流入口面積の5倍以上（流速を1/5以下）にすれば効果があるといわれています。**写真9・1**はスクリーン印刷台に設けたフードでプリーナムチャンバーを利用した外付け式スロット型フードの例です。

192　第9章　フードの形と省エネ対策

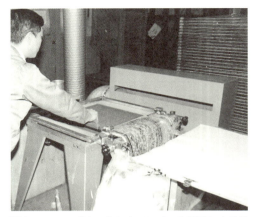

写真9・1　プリーナムチャンバーを利用した外付け式スロット型フード

4．外付け式フードの排風量の節約法

　今度は外付け式フードの排風量を節約する方法について考えてみましょう。外付け式フードの排風量 Q の計算式の代表的なものは次の式です（第7章，2参照）。

$$\boxed{排風量(Q)}\ (\text{m}^3/\text{min}) = 60 \times \boxed{制御風速(V_c)}\ (\text{m/s})$$

$$\times \left\{ 10 \times \boxed{開口面からの距離(X)}^2\ (\text{m}) + \boxed{開口面積(A_o)}\ (\text{m}^2) \right\} \cdots\cdots 9・2式$$

　この式をはじめとして，外付け式フードの排風量の計算式にはどれにも，距離 X（キャノピー型フードの場合には高さ H）に関する項が含まれています。このことから外付け式フードの排風量 Q を節約するには，フード開口面から発散源までの距離 X（キャノピー型の場合には高さ H）を小さくする必要のあることがわかります。とくにスロット型，キャノピー型以外の外付け式フードでは，距離 X は2乗できいてくるので，この点に注意することが大切です。

4. 外付け式フードの排風量の節約法

　もちろん外付け式フードの場合にも，開口面A_oが小さい方がQも小さくて済みますが，囲い式の場合と違って，外付け式の場合にあまり開口面積を小さくし過ぎると，発生源を完全に吸引気流で覆うことができず，有害物質が捉えられずに逃げていってしまいます。

　要約すると，外付け式フードの排風量を節約して効果を上げる秘訣は，次のようなことです。

① できるだけこぢんまりした，しかも発散源の形と大きさに合ったフードを，開口面を発散源にできるだけ近づけて設ける。

② フードの形は，円形とか長方形とかの，きちんとした形にこだわる必要はない。

③ できれば発散源の一部だけでも，フード開口の中に入るように設ける。

④ フードの大きさは，有害物が漏れない程度の大きさがあれば，小さい方がよい。

⑤ 作業のじゃまにならない範囲で，できるだけフランジ，つい立て，カーテン等を利用して，周囲から流れ込むムダな気流を少なくする。

⑥ 有害物質の発散の向きが決まっている場合には，開口面がその向きを覆うように，いわゆるレシーバー式のフードを設ける。

　ここまで勉強したところで，もう一度前に戻って，**フードの基本計画**（第4章，6），**フードの実例いろいろ**（第5章）を読み直していただくと，今勉強

したことがさらによく理解できると思います。要するに局排フードは，オーダーメードの洋服のように着る人のボディーラインにピタッとフィットするのがスマートなのだといえるでしょう。

これでフードの形，制御風速，必要排風量の計算等フードに関する話を一通り終わりました。皆さんの工場にある局排フードはいかがでしょうか。もし吸引が十分でないようなら，もう一度これまで学んできた知識を使って，排風量を計算し直してみてください。もし排風量が不足で十分な吸引気流が得られていないようなら，ファンは予定どおりの能力を発揮しているでしょうか。フードをもっと発散源に近づけることはできませんか。開口面はもう少し小さくできませんか。フードにフランジやバッフル板をつけることはできませんか。カーテンやつい立ては使えませんか。もう一度検討してみましょう。これまでに学んだ知識がきっと役に立つはずです。

第10章

ダクトの設計

1．ダクトの太さの決定

フードの設計を終わったら，次はダクトの設計にかかりましょう。

ダクトの設計はダクトの太さを決めることから始まりますが，まず最初に理解しておいていただきたいのはダクトの断面積と排風量と流速の関係で，次のような式で表されます。

$$\boxed{\text{排風量}(Q)}\ (\text{m}^3/\text{min})\ =60\times\boxed{\text{ダクト内の平均風速}(V_\text{d})}\ (\text{m/s})$$

$$\times\boxed{\text{ダクト断面積}(A_\text{d})}\ (\text{m}^2)\ \cdots\cdots\cdots\cdots\cdots\cdots\cdots\cdots\cdots 10\cdot1\text{式}$$

したがって，同じ排風量ならダクトが太いほど流速は小さく，ダクトが細いほど流速は大きくなります。後で説明するようにダクトの中を空気が流れる場合の摩擦抵抗は流速の2乗に比例するので，摩擦抵抗を小さくして動力費を節約するにはダクトを太くして流速を小さくした方が得です。しかし空気の中に粉じんのような粒子状のものが含まれている場合には，それがダクト内の曲り角などに溜まってつまりを起こさせないためにはダクトを細くして流速を大きくしなければなりません。

またダクトを太くすれば当然場所もとりますし，施工費も高くつきます。反対に鋳物砂やグラインダーの研磨粉のように硬い粒子状物質を，つまりを避けるためにあまり大きい流速で流せば，ダクトの内面が早く摩耗して寿命が短くなります。

とくに材厚が薄いスパイラルダクトの場合には，粉じんが高速度で内面をこすって流れると短期間で摩耗してしまうので，10mを超える搬送速度は避けるべきです。

ダクトの太さは，このようないろいろな要素を勘定に入れて決定しなければなりません。

2. つまりを防ぐ搬送速度

　風の強い日に舗装されていない道を歩いていると，目も開けられないほど土ぼこりの立つことがあります。しかし風が弱まるとそれまで立っていたほこりもおさまって空気はきれいになるでしょう。ダクトの中でもこれと同じことが起こります。

　局排で粉じんを吸引除去する場合に，ダクト内に粉じんを積もらせないために必要な風速を**搬送速度**と呼び，V_Tという記号で表します。

　搬送速度という術語は，もともと粉体や粒体をパイプを通して運搬する空気輸送の用語として用いられていた英語のtransport velocity（またはconveying velocity）を直訳したもので，気流の力で粒子状物質を運搬するのに必要な最小速度という意味です。局排ダクトの場合にも粉じんをつまらせずに運搬するという意味でこの術語を借用しているわけです。したがって，以前は気流の中に含まれている物質が重いほど，付着しやすいほど，搬送速度を大きくする必要があると考え，**表10・1**のような搬送速度を使ってダクトの太さを決めることが一般に行われていました。

　先に搬送速度を決めてダクトの太さを計算する方法では，設計寸法に合わせて半端な太さのダクトを作る必要があります。ところが最近では熟練した

198　　　　　　　　　第10章　ダクトの設計

表10・1　一般的な搬送速度

汚　染　物　質	例	搬送速度(m/s)
ガス，蒸気，ミスト	各種のガス，蒸気，ミスト	5〜10
ヒューム，きわめて軽い乾燥粉じん	酸化亜鉛，酸化アルミニウム，酸化鉄等のヒューム，木，ゴム，プラスチック，綿等の微細な粉じん	10
軽い乾燥粉じん	原綿，おがくず，穀粉，ゴム，プラスチック等の粉じん，バフ研摩粉じん，メタリコン粉じん	15
一般工業粉じん	毛，木屑，かんな屑，サンドブラスト，グラインダー粉じん，耐火れんが粉じん	20
重い粉じん	鉛粉，鋳物砂，金属切り粉	25
重くて湿った粉じん	湿った鉛粉，鉄粉，鋳物砂，窯業材料	25以上

　板金職人の不足と廉価で質のよい既製品のダクトの出現でこの方法は使われにくくなり，逆に既製品の寸法に合わせて先にダクトの太さを決め，後から搬送速度を計算することが一般的になりました。

3．既製（スパイラル）ダクトと継手

　図10・1は局排に最近よく使われるようになったスパイラルダクトの例です。断面が円のものは直径7.5cmから1m以上の太いものまで，40cm以下は2.5cmとび，それ以上は5cmとびの直径のものが既製品で市販されています。

　また，ベンド（曲がり角度45°および90°，曲率1.0および1.5），45°合流継手（Y管），拡大縮小用の異径継手（片落管，レジューサー），さし込み継手（ニップル），などいろいろ便利な部品（**図10・2**）もあります。

　また，既製品のダクトには断面が小判形のオーバルダクト（202頁，**表10・3**参照）も市販されており，天井裏とか梁の隅のようなせまい場所に太いダクトを通さなければならないときに便利です。もちろんオーバルダクト用にもいろいろな既製の継手があります。

3. 既製（スパイラル）ダクトと継手

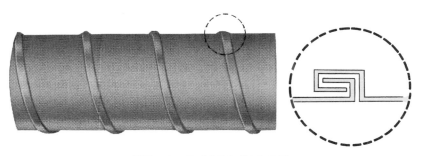

図10・1　スパイラルダクトの例

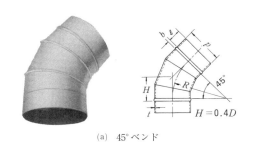

(a) 45°ベンド

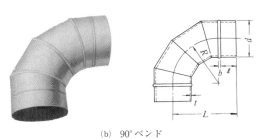

(b) 90°ベンド

図10・2　既製スパイラルダクト用継手の例
（山田㈱カタログより抜粋）

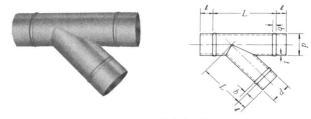

(c) 45°合流継手（Y管）

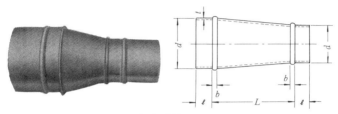

(d) 異径継手（片落管，レジューサー）

図10・2　既製スパイラルダクト用継手の例
（山田㈱カタログより抜粋）

4．フレキシブルダクト

　最近ではプラスチックの技術が進歩したおかげでいろいろと便利なものが作られるようになりました。フレキシブルダクト（ダクトホース）もその1つといえるでしょう。耐久性の点ではまだ心配が残りますが，傷んだら取り替える消耗品と割り切ってしまえば，レイアウト変更が頻繁に行われる作業場や，可動式のフードと固定式の主ダクトの接続など，局排設計を機動的にするために大変役立ちます。

　フレキシブルダクトは，塩ビ製が主流ですが，亜鉛鉄板製，ステンレス鋼板製，アルミ板製のものも市販されており，呼称径3〜50cmくらいのものまでメーカーによって規格化されています。例としてダクトホースD型のメーカー資料を掲げておきます。

表10・2 ダクトホースD型の規格
（東拓工業㈱カタログより抜粋）

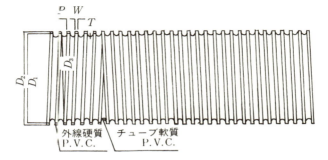

呼称 (㎜)	内径 L_1 (㎜)	ヒダ内径 D_3 (㎜)	外径 D_2 (㎜)	ピッチ P (㎜)	肉厚 T (㎜)	外線巾 W (㎜)
32	32.4±0.5	32.4	38.6±1.0	7.5±0.4	0.6±0.2	2.8±0.2
38	37.3±0.5	37.3	44.5±1.0	7.9±0.4	0.7±0.2	3.2±0.2
50	50.8±1.0	48.0	59.8±1.5	11.0±0.4	0.8±0.2	4.1±0.3
65	64.0±1.0	60.5	73.2±1.5	11.1±0.4	0.9±0.2	4.1±0.3
75	76.5±1.0	73.5	85.9±1.5	11.7±0.4	1.0±0.2	4.1±0.3
90	90.0±1.0	84.5	100.0±1.5	12.0±0.4	1.0±0.2	4.4±0.3
100	103.0±1.5	96.0	113.0±2.0	12.0±0.4	1.0±0.2	4.4±0.3
125	127.3±1.5	123.0	137.3±2.0	12.1±0.4	1.0±0.2	4.4±0.3
150	151.4±1.5	147.0	162.0±2.0	13.5±0.4	1.0±0.2	4.8±0.3
175	176.6±1.5	171.0	187.8±2.0	13.7±0.4	1.0±0.2	5.1±0.3
180	180.5±1.5	173.4	191.9±2.0	13.7±0.4	1.0±0.2	5.2±0.3
200	205.0±1.5	197.0	216.8±2.0	14.3±0.4	1.0±0.2	5.4±0.3
250	252.1±2.0	244.0	263.9±2.5	13.9±0.4	1.0±0.2	5.4±0.3
275	278.0±2.0	276.0	290.6±2.5	15.3±0.5	1.0±0.2	5.9±0.3
300	303.0±2.0	297.0	315.6±2.5	15.7±0.5	1.0±0.2	5.9±0.3

　フレキシブルダクトは，無理な力が掛かるとつぶれたり，変形したり，破損しやすいので，急な曲がりを避け，力が掛からないような配置をしなければなりません（216頁，**写真10・3**参照）。

表10・3 オーバルダクトの規格寸法
(㈱栗本鉄工所カタログより抜粋)

 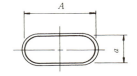

呼 称 短径×長径 $a \times A$	実 寸 (mm) $a' \times A'$	相当直径 (mm)	呼 称 短径×長径 $a \times A$	実 寸 (mm) $a' \times A'$	相当直径 (mm)
150×550	155×546	305	350×660	367×663	515
630	625	320	740	742	545
700	704	340	820	821	575
780	783	360	900	901	605
			980	981	630
200×520	205×518	340	1060	1060	655
600	597	365	1140	1139	675
680	676	390	1220	1220	700
760	755	410	1300	1300	720
830	834	420	1380	1379	740
910	913	445			
990	994	465	400×630	420×632	535
1070	1072	485	710	711	570
1150	1152	500	790	791	605
1230	1232	520	870	871	635
			950	950	665
250×570	260×565	400	1030	1030	690
640	644	430	1110	1109	715
720	724	455	1190	1190	740
800	803	480	1270	1269	765
880	882	500	1350	1349	785
960	962	520			
1040	1042	540	450×760	473×760	625
1120	1121	560	840	841	660
1200	1200	575	920	920	690
1280	1281	590	1000	999	720
			1080	1078	750
300×610	313×614	450	1160	1160	775
690	693	490	1240	1239	805
770	772	515	1320	1318	830
850	851	540			
930	932	565	500×810	526×811	680
1010	1011	590	890	890	715
1090	1090	610	970	969	745
1170	1170	630	1050	1048	780
1250	1251	650	1130	1130	810
1330	1330	665	1210	1209	835
1410	1410	685	1290	1288	865

5．ダクトの太さと省エネ対策

　有機溶剤のようにつまる心配のないガス，蒸気に対してはスペースが許すならばできるだけダクトを太くし，流速を小さくした方が得です。ダクトの摩擦抵抗，したがって，圧力損失は流速の2乗に比例し，動力もこれに比例します。流速はダクト断面積に反比例するので，ダクトの直径を2倍にすれば流速は1/4，圧力損失，所要動力は1/16で済みます。

　最近では省エネの観点から局排の運転コストを下げるために，つまる心配のない有機溶剤等の局排ダクトについては，搬送速度を3～4（m/s）とする設計がよく行われています。また粉じんに対してもこれまでは，吸引ダクトの最下流，ファンの直前に除じん装置を設けて，ここまではすべての粉じんを搬送するよう搬送速度を大きくする設計が行われていましたが，むしろフードのテーク・オフに近い部分，すなわち吸引ダクトのできるだけ上流の部分にごく簡単な重力沈降室を設けて粒径の大きい粒子を取り除き，粒径が小さく沈降しにくい粉じんだけを除じん装置まで搬送して除じんするようにした方が得です。こうすれば，重力沈降室で除けなかった小粒径の粉じんはもともとダクト内に堆積しにくいので，搬送速度を5～10（m/s）くらいに小さくしてもつまることはなく，圧力損失を小さくして動力費を節約することができます。またダクトの摩耗も少なくすることができます。その上除じん装置には粒径の大きい粒子は入ってこないので，除じん装置のつまりによる故障も予防できます。ただし，吸引ダクトの上流に設けた重力沈降室には掃除口を設けて，中に溜まった粗い粉じんを定期的に取り除くようにする必要があります。

　設備費の点では，ダクト工事費は大体ダクトの直径に比例するので余計必要ですが，圧力損失が小さくなるとファンは低風圧のもので済み，結局設備費全体としてはそれほど高くならないで済みます。筆者の経験では多くの場合搬送速度を10（m/s）以上にすると多翼（シロッコ）型ファンでは静圧が足りずリミットロードファン等を使わなければなりませんが，搬送速度を5

（m/s）にすると静圧の小さい多翼型ファンでも済みます。

6．ダクトの断面積と直径の計算

搬送速度を決めたら次にダクトの断面積を求めます。

$$\boxed{\text{ダクト断面積}(A_\mathrm{d})}\ (\text{m}^2)=\boxed{\text{排風量}(Q)}\ (\text{m}^3/\text{min})\div 60$$

$$\div\boxed{\text{搬送速度}(V_\mathrm{T})}\ (\text{m/s})\ \cdots\cdots\cdots\cdots\cdots\cdots\cdots\cdots 10\cdot 2\,\text{式}$$

ダクトの断面が円形の場合には10・2式で求めた断面積から，次の式で直径を計算します。

$$\boxed{\text{円形ダクトの直径}(D)}\ (\text{m})=\sqrt{\frac{4}{\pi}\times\boxed{\text{ダクト断面積}(A_\mathrm{d})}\ (\text{m}^2)}$$

$$=1.13\times\sqrt{\boxed{\text{ダクト断面積}(A_\mathrm{d})}\ (\text{m}^2)}\ \cdots\cdots\cdots\cdots\cdots 10\cdot 3\,\text{式}$$

ダクトがあまり大きくない場合には，10・3式で得られたダクトの直径を100倍して単位を(cm)に直しておいた方が便利でしょう。また計算で得られた直径があまり半端なときには，ダクトの工作に不便のないようにきりのよい数字にまるめますが，その場合，直径を大きい方にまるめるか，小さい方にまるめるかは，圧力損失と粉じんの堆積を考え，ガス，蒸気の場合には大きい方，粉じんの場合には小さい方にまるめることにします。

7．角形ダクト，オーバルダクトの相当直径

角形ダクトの場合には，ダクトの縦と横の寸法を掛けたものが断面積だと考えがちですが，実はそう簡単にはいきません。円形ダクトの場合には気流はダクト断面の全体をほぼ同じ速度で通りますが，角形ダクトの場合には断面の四隅の部分は気流が通りにくく，言い換えれば円形ダクトの場合には，

7. 角形ダクト，オーバルダクトの相当直径

ダクトの断面は全部気流の通路として利用されますが，角形ダクトの場合には隅のところに気流の通路として利用されない部分ができてしまい，実際に利用される断面積は縦と横の寸法を掛けた値より小さいのです。そのために角形ダクトの中を通る気流の速度は見掛けより大きく（隅の部分では小さく）なります。この違いは縦と横の差が大きくなるほど（ダクトの断面が偏平になるほど）大きくなります。

(a) 円形ダクトは全断面が利用されるが　　(b) 角形ダクトは隅の部分が利用されない

図10・3　角形ダクトは利用される断面積が小さい

角形ダクトの断面のうち気流の通路として利用される部分の面積と等しい面積を持つ円の直径を**相当直径**（または等価直径）と呼ぶことにします。相当直径というのは言い換えれば，ある断面の角形ダクトと同じ搬送速度を得られる円形ダクトの直径であり，また後で説明するように，ある断面の角形ダクトと摩擦抵抗（したがって圧力損失）の等しい円形ダクトの直径であるとも

206   第10章　ダクトの設計

いえます。

　角形ダクトの相当直径は次の10・4式で計算することができますが，計算が面倒ならば**表10・4**を使って求めることもできます。たとえば40cm×30cmの角形ダクトの実際の断面積は1200cm²ありますが，**表10・4**を使って求めた相当直径は37.8cmとなります。直径37.8cmの円の面積は1122cm²ですからその差　78cm² が隅の役に立たない部分ということになります。

$$
\boxed{\text{相当直径}(D_e)} \ (\text{cm})
$$

$$
=1.3 \times \left(\boxed{\text{一辺の長さ}(a)} \ (\text{cm}) \times \boxed{\text{もう一辺の長さ}(b)} \ (\text{cm}) \right)^{0.625}
$$

$$
\div \left(\boxed{\text{一辺の長さ}(a)} \ (\text{cm}) + \boxed{\text{もう一辺の長さ}(b)} \ (\text{cm}) \right)^{0.25}
$$

　　　　　　　　　　　　　　　　　　　　　　　　　　10・4式

オーバルダクトの相当直径は前出の**表10・3**で求めます。

　10・4式に出てくる0.625乗や0.25乗という指数計算は関数電卓を使えば簡単にできます。たとえば上の $a=40$cm，$b=30$cmの例で，$(a \times b)^{0.625}$ を求めるには，まず $a \times b$ を計算し答えの1200が表示されている状態で関数キー $\boxed{x^y}$ を押し，続けて0.625を入力し $\boxed{=}$ を押します。答えは84.04です。

7．角形ダクト，オーバルダクトの相当直径

表10・4　角形ダクトの相当直径表 （㎝）

a＼b	10	12	14	16	18	20	22	24	26	28	30	32	34	36	38	40	42	44	46	48	50
10	10.9																				
12	11.9	13.1																			
14	12.9	14.2	15.3																		
16	13.7	15.1	16.3	17.5																	
18	14.5	16.0	17.3	18.5	19.7																
20	15.2	16.8	18.2	19.5	20.7	21.9															
22	15.9	17.6	19.1	20.4	21.7	22.9	24.1														
24	16.6	18.3	19.8	21.3	22.6	23.9	25.1	26.2													
26	17.2	19.0	20.6	22.1	23.5	24.8	26.1	27.2	28.4												
28	17.7	19.6	21.3	22.9	24.4	25.7	27.1	28.2	29.5	30.6											
30	18.3	20.2	22.0	23.7	25.2	26.7	28.0	29.3	30.5	31.6	32.8										
32	18.8	20.8	22.7	24.4	26.0	27.5	28.9	30.1	31.4	32.6	33.8	35.0									
34	19.3	21.4	23.3	25.1	26.7	28.3	29.7	31.0	32.3	33.6	34.8	36.0	37.2								
36	19.8	21.9	23.9	25.8	27.4	29.0	30.5	32.0	33.3	34.6	35.8	37.0	38.2	39.4							
38	20.3	22.5	24.5	26.4	28.1	29.7	31.2	32.7	34.1	35.5	36.7	38.0	39.2	40.4	41.6						
40	20.7	23.0	25.1	27.0	28.8	30.5	32.1	33.6	35.1	36.4	37.8	39.0	40.2	41.4	42.6	43.8					
42	21.1	23.4	25.6	27.6	29.4	31.2	32.8	34.4	35.9	37.3	38.6	39.9	41.1	42.4	43.6	44.8	45.9				
44	21.5	23.9	26.1	28.2	30.0	31.9	33.5	35.2	36.7	38.1	39.5	40.8	42.0	43.4	44.6	45.8	46.9	48.1			
46	21.9	24.3	26.7	28.7	30.6	32.5	34.2	35.9	37.4	38.9	40.3	41.7	43.0	44.3	45.6	46.8	47.9	49.1	50.3		
48	22.3	24.8	27.2	29.2	31.1	33.1	34.9	36.6	38.2	39.7	41.2	42.6	43.9	45.2	46.5	47.8	48.9	50.2	51.3	52.6	
50	22.7	25.2	27.6	29.8	31.8	33.7	35.5	37.3	38.9	40.4	42.0	43.5	44.8	46.1	47.4	48.8	49.8	51.2	52.3	53.6	54.7
52	23.1	25.6	28.1	30.3	32.4	34.3	36.2	38.0	39.6	41.2	42.8	44.3	45.7	47.1	48.3	49.7	50.8	52.2	53.3	54.6	55.8
54	23.4	26.1	28.5	30.8	32.9	34.9	36.8	38.7	40.3	42.0	43.6	45.0	46.5	48.0	49.4	50.6	51.8	53.2	54.3	55.6	56.8
56	23.8	26.5	28.9	31.2	33.4	35.5	37.4	39.3	41.0	42.7	44.3	45.8	47.3	48.8	50.1	51.5	52.7	54.1	55.3	56.5	57.8
58	24.2	26.9	29.3	31.7	33.9	36.0	38.0	39.8	41.7	43.4	45.0	46.6	48.1	49.6	51.0	52.4	53.7	55.0	56.2	57.5	58.8
60	24.5	27.3	29.8	32.2	34.5	36.5	38.6	40.4	42.3	44.0	45.8	47.3	48.9	50.4	51.8	53.3	54.6	55.9	57.1	58.5	59.8
62	24.8	27.6	30.2	32.6	35.0	37.1	39.2	41.0	42.9	44.7	46.5	48.0	49.7	51.2	52.6	54.2	55.5	56.8	58.0	59.4	60.7
64	25.2	27.9	30.6	33.1	35.5	37.6	39.7	41.6	43.5	45.4	47.2	48.7	50.4	52.0	53.4	55.0	56.4	57.7	59.0	60.3	61.6
66	25.5	28.3	31.0	33.5	35.9	38.1	40.2	42.2	44.1	46.0	47.8	49.5	51.1	52.8	54.2	55.7	57.2	58.6	59.9	61.2	62.5
68	25.8	28.7	31.4	33.9	36.3	38.6	40.7	42.8	44.7	46.6	48.4	50.2	51.8	53.5	55.0	56.6	58.0	59.5	60.8	62.1	63.4
70	26.1	29.1	31.8	34.3	36.8	39.1	41.3	43.3	45.3	47.2	49.0	50.9	52.5	54.2	55.8	57.3	58.8	60.3	61.7	63.0	64.3
72	26.4	29.4	32.3	34.8	37.3	39.6	41.8	43.8	45.9	47.8	49.7	51.5	53.2	54.9	56.5	58.0	59.6	61.1	62.6	63.9	65.2
74	26.7	29.7	32.5	35.2	37.6	40.0	42.3	44.4	46.4	48.4	50.3	52.1	53.9	55.6	57.2	58.8	60.4	61.9	63.3	64.8	66.1
76	27.0	30.0	33.0	35.6	38.1	40.5	42.8	44.9	47.0	49.0	50.8	52.7	54.6	56.3	57.9	59.5	61.2	62.7	64.1	65.6	67.0
78	27.3	30.5	33.3	36.0	38.5	40.9	43.3	45.5	47.5	49.5	51.5	53.3	55.2	57.0	58.6	60.3	62.0	63.4	64.9	66.4	67.9
80	27.6	30.7	33.6	36.2	38.9	41.3	43.8	46.0	48.0	50.1	52.0	53.9	55.6	57.6	59.3	61.0	62.7	64.1	65.7	67.2	68.7

表10・4　角形ダクトの相当直径表（cm）（つづき）

b \ a	50	55	60	65	70	75	80	85	90	95	100	110	120	130	140	150	160	170	180	190	200
50	54.7																				
55	57.3	60.1																			
60	59.8	62.8	65.7																		
65	62.2	65.3	68.3	71.1																	
70	64.3	67.7	70.7	73.7	76.5																
75	66.6	70.0	73.2	76.3	79.2	82.0															
80	68.7	72.2	75.4	78.8	81.8	84.7	87.5														
85	70.7	74.3	77.7	81.0	84.2	87.3	90.2	92.9													
90	72.6	75.1	79.9	83.3	86.6	89.7	92.7	95.6	98.4												
95	74.4	78.3	82.0	85.5	88.9	92.1	95.2	98.2	101	104											
100	76.2	80.2	84.0	87.6	91.1	94.4	97.6	101	104	107	109										
105	77.9	82.0	85.9	89.7	93.2	96.7	100	103	107	109	112										
110	79.6	83.8	87.8	91.6	95.3	98.8	102	106	108	112	114	120									
115	81.2	85.5	89.6	93.2	97.3	101	104	108	111	114	117	123									
120	82.7	87.2	91.4	95.5	99.3	103	107	110	113	117	119	125	131								
125	84.3	88.8	93.1	97.3	101	105	109	112	116	119	122	128	134								
130	85.8	90.4	94.8	99.0	103	107	111	114	118	120	124	130	136	142							
135	87.2	91.9	96.4	101	105	109	113	116	120	123	127	133	139	145							
140	88.6	93.4	98.0	102	107	111	115	118	122	126	129	135	142	147	153						
145	90.0	94.9	99.6	104	108	113	116	120	124	128	131	138	144	150	156						
150	91.3	96.3	101	106	110	114	118	122	126	130	133	140	146	153	158	164					
160	93.9	99.1	104	109	114	118	122	126	130	134	137	144	151	157	163	169	175				
170	96.5	102	107	112	117	121	125	130	134	138	141	149	155	161	168	174	180	186			
180	98.9	104	110	115	119	124	129	133	137	141	145	153	160	166	173	179	185	191	197		
190	101	107	112	117	122	128	132	136	141	145	149	156	164	171	178	184	190	196	202	208	
200	103	109	115	120	125	130	135	139	144	148	152	159	168	175	182	188	195	201	207	213	219
210	106	111	118	123	128	133	138	143	147	152	156	163	172	179	187	193	200	206	212	218	224
220	108	114	120	125	131	136	141	146	150	155	159	167	176	183	191	197	204	210	217	223	229
230	110	116	122	128	133	138	143	150	153	158	162	171	179	187	195	202	209	216	222	228	234
240	112	119	124	130	136	141	146	151	156	161	165	174	183	191	199	206	213	220	227	233	239
250	114	120	126	132	138	143	149	154	159	164	168	178	186	194	202	210	217	224	233	238	244
260	115	122	128	134	140	146	151	156	162	166	171	181	190	199	206	214	221	228	236	242	249
270	117	124	130	137	143	148	154	159	164	169	174	184	193	201	210	218	225	233	240	247	253
280	119	126	132	139	145	151	156	162	167	172	177	186	196	205	213	221	229	237	244	251	258
290	121	128	134	141	147	153	159	164	170	175	180	190	199	208	217	225	233	241	248	255	262
300	122	129	136	143	149	155	161	167	172	177	183	193	202	211	220	229	237	244	252	259	266

8．角形ダクトの寸法の決め方

角形ダクトの寸法は次の手順で決めます。

①　排風量 Q と搬送速度V_Tから10・2式を使って断面積A_dを求める。

②　断面積A_dから10・3式を使って相当直径D_eを求める。

③　設置場所のスペース等を考慮して角形ダクトの一辺の長さ a を決め，10・4式または**表10・4**を使って a と相当直径D_eからもう一方の辺の長さ b を求める。

相当直径は10・3式の答えをまるめないで使い，**表10・4**の中にちょうど合う数字のない場合には，ガス，蒸気に対しては大きい方で近い数字，粉じんに対しては小さい方で近い数字を使います。

9．搬送速度の修正

以上の手順でダクトの太さが決定されたわけですが，数字をまるめたり，表にある近い値を採用したために最終的に決まったダクトの断面積は10・2式で計算したときの値とは違うのが普通です。そこで最終的にダクトの断面を決定したら，その寸法からもう一度真の断面積と搬送速度を計算し直してください。圧力損失等の計算にはその値を使います。

直径または相当直径から断面積を求めるには**表10・5**を利用すると便利です。

210　　第10章　ダクトの設計

表10・5　円の直径－面積－円周長

直径 (cm)	面積 (㎡)	円周長 (cm)	直径 (cm)	面積 (㎡)	円周長 (cm)	直径 (cm)	面積 (㎡)	円周長 (cm)
1	0.000079	3.142	42	0.1385	131.9	122	1.169	383.3
2	0.000314	6.283	44	0.1521	138.2	124	1.208	389.6
3	0.000707	9.425	46	0.1662	144.5	126	1.247	395.8
4	0.001257	12.57	48	0.1810	150.8	128	1.287	402.1
5	0.001963	15.71	50	0.1963	157.1	130	1.327	408.4
6	0.002827	18.85	52	0.2124	163.4	132	1.368	414.7
7	0.003848	21.99	54	0.2290	169.6	134	1.410	421.0
8	0.005027	25.13	56	0.2463	175.9	136	1.453	427.3
9	0.006362	28.27	58	0.2642	182.2	138	1.496	433.5
10	0.007854	31.42	60	0.2827	188.5	140	1.539	439.8
11	0.009503	34.56	62	0.3019	194.8	142	1.584	446.1
12	0.01131	37.70	64	0.3217	201.1	144	1.629	452.4
13	0.01327	40.84	66	0.3421	207.3	146	1.674	458.7
14	0.01539	43.98	68	0.3632	213.6	148	1.720	465.0
15	0.01767	47.12	70	0.3848	219.9	150	1.767	471.2
16	0.02011	50.27	72	0.4071	226.2	152	1.815	477.5
17	0.02270	53.41	74	0.4301	232.5	154	1.863	483.8
18	0.02545	56.55	76	0.4536	238.8	156	1.911	490.1
19	0.02835	59.69	78	0.4778	245.0	158	1.961	496.4
20	0.03142	62.83	80	0.5027	251.3	160	2.011	502.7
21	0.03464	65.97	82	0.5281	257.6	162	2.061	508.9
22	0.03801	69.11	84	0.5542	263.9	164	2.112	515.2
23	0.04155	72.26	86	0.5809	270.2	166	2.164	521.5
24	0.04524	75.40	88	0.6082	276.5	168	2.217	527.8
25	0.04909	78.54	90	0.6362	282.7	170	2.270	534.1
26	0.05309	81.68	92	0.6648	289.0	172	2.324	540.4
27	0.05726	84.82	94	0.6940	295.3	174	2.378	546.6
28	0.06158	87.96	96	0.7238	301.6	176	2.433	552.9
29	0.06605	91.11	98	0.7543	307.9	178	2.488	559.2
30	0.07069	94.25	100	0.7854	314.2	180	2.545	565.5
31	0.07548	97.39	102	0.8171	320.4	182	2.602	571.8
32	0.08042	100.5	104	0.8495	326.7	184	2.659	578.1
33	0.08553	103.7	106	0.8825	333.0	186	2.717	584.3
34	0.09079	106.8	108	0.9161	339.3	188	2.776	590.6
35	0.09621	110.0	110	0.9503	345.6	190	2.835	596.9
36	0.1018	113.1	112	0.9852	351.9	192	2.895	603.2
37	0.1075	116.2	114	1.021	358.1	194	2.956	609.5
38	0.1134	119.4	116	1.057	364.4	196	3.017	615.8
39	0.1195	122.5	118	1.094	370.7	198	3.079	622.0
40	0.1257	125.7	120	1.131	377.0	200	3.142	628.3

10. ダクトの太さの決定演習

ここで前節で勉強したダクトの寸法決定の練習問題をやってみましょう。

〔練習問題1〕

写真10・1のような粉体混合機(ヘンシェルミキサー)の投入口にステアリン酸鉛を含む塩化ビニル安定剤を投入する作業で，安定剤の飛散を防止するために投入口を囲い式フード(ブース型)としました。このフードに接続する円形ダクトの直径を決めなさい。ただし，ダクトに吸引された粉じんが途中に堆積せずに全部除じん装置まで搬送されるようにしなさい。

投入口の大きさは0.4(m)×0.5(m)，制御風速は0.5(m/s)，気流分布の不均一に対する補正係数は1.4とします。

写真10・1　粉体混合機の投入口を開口面にした囲い式フード

〔例　解〕

まず必要排風量は，

$Q = 60 \times A \times V_c \times k = 60 \times 0.2 \times 0.5 \times 1.4 = 8.4 \fallingdotseq 9$ (m³/min)

となります(V_cを0.5，kを1.4とする理由については第7章，9〔練習問題2〕の例解参照)。

次に搬送速度V_Tはステアリン酸鉛を含む塩化ビニル安定剤ということで

すが，まあ，一般工業粉じんと考えて，10（m/s）として計算します。したがってダクト断面積A_dは，

$$A_d = Q \div 60 \div V_T = 9 \div 60 \div 10 = 0.015 \quad (\text{m}^2)$$

円形ダクトの直径Dは，

$$D = 1.13 \times \sqrt{A_d} = 0.138 \quad (\text{m})$$

さて，これを15（cm）に切り上げるか12.5（cm）に切り下げるかは，粉じんのつまりと圧力損失のバランスを考えて決めなければなりません。

（参　考）　Dを15（cm）とするとA_dは0.01767（m²），V_Tは8.5（m/s）となります。Dを12.5（cm）とするとA_dは0.01227（m²），V_Tは12.2（m/s）となり，圧力損失はDを15（cm）としたときの約2倍となります。

実際の設計の際には，ダクトの長さ，曲り等を決めてから圧力損失を概算し，使用する排風機の特性を調べて，圧力損失が大きくても差し支えなければDを12.5（cm），圧力損失が小さい方がよければDを15（cm）とします。

〔練習問題２〕

吹付け塗装作業を行うために**写真10・2**のように縦1（m），横2（m）の開口面を持つ囲い式フード（ブース型）を設けました。このフードに接続するダクトの断面を決定しなさい。

気流分布の不均一に対する補正係数は1.1とし，排風機は，できれば設置スペースのいらない軸流式のダクトファンを使いたいと思います。

写真10・2　吹付け塗装作業用の囲い式フード（ブース型）

〔例　解〕

必要排風量は，

$$Q = 60 \times A_o \times V_c \times k$$
$$= 60 \times 2 \times 0.4 \times 1.1 = 53 \quad (\text{m}^3/\text{min})$$

搬送速度V_Tは，有害物質が有機溶剤です

から，圧力損失を小さくするために5（m/s）として計算すると，ダクト断面積A_dは，

$$A_d = Q \div 60 \div V_T = 53 \div 60 \div 5 = 0.177 \ （\text{m}^2）$$

したがって円形ダクトの直径Dは，

$$D = 1.13 \times \sqrt{A_d} = 1.13 \times \sqrt{0.177} = 0.4754 \ （\text{m}）$$

したがって円形ダクトの直径は45～50cmの間で，使用するダクトファンの直径に合わせて決めれば良いでしょう。

〔練習問題3〕

練習問題2のダクトの先を，建家のはりの上を通して設置したいと考えたが，はりの部材間の間隔が0.3mしかありません。その間を通して設置できる角形ダクトの断面を決定しなさい。

〔例　解〕

表10・4で短辺30（cm）の下を探してください。相当直径D_eを45.0（cm）とすると長辺は58（cm），D_eを50.0（cm）とすると長辺は74（cm）となります。したがって，角形ダクトの短辺は設置スペースに合わせて30（cm）とし，長辺は立ち上がりの円形ダクトの直径に合わせて58～74（cm）の間で決めれば良いでしょう。

もし角形ダクトでなくオーバルダクトを使うなら，**表10・3**で探してください。呼称短径300では300（mm）の隙間にはおさまりません。D_eを50（cm）とすると250×880（実寸260×882）となります。

11. ダクト系の配置

フードの入口から排気口までの空気の通路をダクト系と呼びます。ダクト系の配置を決めるにはまず空気清浄装置，排風機等の設置場所を決めなければなりません。点検，掃除，補修等が安全にできて，フードの設置場所にできるだけ近い場所を選びます。また排風機の騒音が問題となることがあるので，この点にも注意してください。

これらの設置場所が決まったら，次にダクトの引き方を考えます。ダクト

214　　　　　　　　　　第10章　ダクトの設計

はフードから立ち上げて天井に近い所を通すか，立ち下げて床の上に通すのが普通ですが，ときには床下に通したり，ピットを掘ってその内におさめたりすることもあります。

　ダクトの配置を決める際には，

①　圧力損失を小さくするためにできるだけ短くて済むような配置にする。

②　ベンド（曲がり）や立上りの数はできるだけ少なくて済むようにする。

③　長い横引きダクトには粉じんの堆積を防ぐために1/100程度の下り勾配をつける。

④　曲がりの前後や長い直管部の途中には，適当な間隔で掃除口を設ける。

⑤　ベンドはできるだけ曲率半径を大きくなめらかに曲げる。

⑥　ダクト断面はできるだけ急激な変化を避ける。

等に注意します。

12. ダクトの材料と構造

　ダクトの細部設計はこの講座の目的ではないので専門書[6],[7],[8]にゆずり，設計の良否を見分けるために最小限必要なことだけにとどめます。

　ダクトの材料には，有機溶剤等の腐蝕，摩耗のおそれのないものに対しては亜鉛メッキ鋼板（トタン板），塩酸，硫酸のような強酸，トリクロルエチレン，テトラクロルエチレンのような塩酸を遊離する塩素系溶剤にはステンレス鋼板か硬質塩ビ板，か性ソーダ等のアルカリには鋼板，鋳物砂のような摩耗の心配のある粒子や，高温ガスの排気には黒皮鋼板を使います。また特殊な例として電離放射性物質の排気用には，重質コンクリートダクトを使います。

　トタン板か鋼板でダクトを作る場合，使う板の厚さは**表10・6**の値以上のものを選びます。

---

6)　飯野　香「ダクトの設計」（昭51，理工図書）153～183頁
7)　井上宇市編「ダクト設計施工便覧」（昭55，丸善）
8)　池本　弘「空調設備のダクト施工」（昭54，井上書院）

表10・6　ダクト材料の最小板厚

断面の形	大きさ	板厚 番手(No.)	板厚 厚さ(mm)
円形	直径(cm)20以下	24	0.6
	20〜45	22	0.8
	45〜75	18	1.2
	75以上	16	1.5
角形	長辺(cm)45以下	22	0.8
	45〜120	18	1.2
	120以上	16	1.5

ダクトには，補強のために適当な間隔で山型鋼（アングル）を巻いたり，立はぜ，立リブ（**図10・4**）を入れます。補強の間隔は円形ダクトの場合，直径25cm以下なら約2mおき，それ以上は約1mおきにしますが，この間隔はむしろ材料の板の大きさによって自然に決まってしまいます。

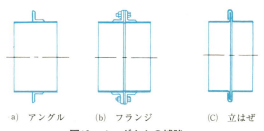

a) アングル　　(b) フランジ　　(C) 立はぜ

図10・4　ダクトの補強

角形ダクトの場合には，板の角から直角に折り曲げて力筋（ダイヤモンド・ブレース）を入れたり，プレスで押して骨（エンボス）を入れると良いでしょう（**図10・5**）。

補強が足りないと施工の際にダクトが変形して，漏れを生じたり，吸引ダクトの場合にはダクト内の減圧のために潰れてしまうことがあります。

フードの位置が固定できない等の理由で，メインダクトとの接続にフレキ

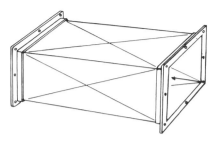

図10・5　ダイヤモンド・ブレース

シブルダクト（ダクトホース）を使わなければならないこともあります。フレキシブルダクトはどうしても耐久力が弱く，圧力損失も大きいので，使用は必要最小限に留め，できるだけゆるやかなカーブになるようにして使いたいものです（写真10・3）。

　粉じんを吸引するダクトには，搬送速度を十分とったつもりでも，ベンドや立上りの下に粉じんが堆積してつまりを生じることがあります。一度どこかにつまりを生じるとその抵抗のために排風量が減ってダクト内の気流速度が落ち，つまるはずのない部分にまで粉じんの堆積が始まります。排風機の

写真10・3　フレキシブルダクトの設置例

13. ベンド，合流，取り合わせ　　　　217

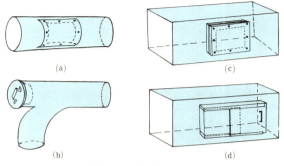

図10・6　掃除口の形

　性能低下，集じん機のつまり，ダンパーの調節不良，メークアップ・エアの不足等々，ダクト内の気流速度を低下させてつまりを起こす原因はたくさんあります。そこで搬送速度は十分とったつもりでもベンド，合流，立上り等の前後には必ず十分大きい掃除口をつけてください。また長い水平ダクトにも，中の掃除ができるような間隔で掃除口を設ける必要があります（**図10・6**）。

13. ベンド，合流，取り合わせ

　ベンド（ダクトの曲がり部分，エルボーともいう），合流（ブランチともいう），取り合わせ（ダクトを排風機，空気清浄装置と接続したり，角形ダクトと円形ダクトとを接続するために，ダクトの断面を変えること，異形継手ともいう）等は，できるだけ気流の向きや速度が急激に変化しないようになだらかに作ります。急激な変化は圧力損失や粉じんが堆積する原因になります。
　ベンドはできるだけ大曲がりに，曲率半径をダクト直径の2倍以上にするのが理想的です（**写真10・4**）。
　えび（海老）継ぎでベンドを作る場合には，直径15（cm）以下のダクトにはえびを3個以上，直径15（cm）より大きいときは5個以上とします（**図10・7**）。

合流もできるだけ気流の向きや速度が急激に変化しないような形にします（図10・8，写真10・5）。

写真10・4　理想的なえび継ぎベンドの形

(a)　不良　　　　(b)　$D ≦ 15$cmのとき　　(c)　$D > 15$cmのとき
　　　　　　　　　　　えび3個以上　　　　　　えび5個以上

図10・7　ベンドの形

 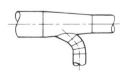 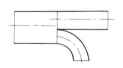

(a)　不良　　　　(b)　良（円形ダクト）　　(c)　良（角形ダクト）

図10・8　合流の形

写真10・5　理想的な合流の形

14. ダンパー

　排風量の調節に使うダンパーを調整ダンパー（ボリュームダンパー，VD），流路の切替に使うダンパーを締切りダンパー（チャッキダンパー，CD）と呼びます。ダンパーには差込み（スライド）ダンパー，可動羽根が1枚のバタフライダンパー，可動羽根が複数の平行翼ダンパーなどがあり，バタフライダンパーは主として円形ダクトに，平行翼ダンパーは長方形ダクトに使われ，防火用を兼ねた構造のものもあります。材料も，亜鉛鉄板製，ステンレス鋼板製，硬質塩ビ製があります。調整用ダンパーは，メーカーがある程度規格化していますが，ユーザーの注文でダクトサイズに合わせて製作してくれるメーカーもあります。

　調整ダンパーに，開度指示ダイアル付きで，調整がスムーズに行えるようにウオームギア機構で可動羽根の開度を微調整でき，かつ，調整後に不用意に動かされないようロック機構の付いたものが望まれます。

(a) 円形バタフライダンパー　　　　　　(b) 平行翼ダンパー

写真10・6　ダンパーの例

15. 排気口，給気口

　排気口にもとくに決まった形があるわけではありません。要は雨が排風機の方に入らないような，排気がなるべく大気中によく拡散するような，排気騒音が出ないような，排気抵抗が大きくないような形が望ましいわけです(**写真10・7**)。

　直管は排気の拡散は良好ですが雨水が入りやすいので，途中に雨止めを設けます。エルボーは比較的構造が簡単で使いやすいのですが，ルーバーと同様外の風を正面から受けると排気が妨げられる欠点があります。以前からよく使われているウェザーキャップ（陣笠）は圧力損失が大きく，排気が下向きに地面に向かって降りてくるので良くないといわれ，1978年以降のACGIHのマニュアルでは「推奨しない」こととされています。要はせっかく局所排気で外に運び出した汚れた空気が再び舞い戻ってこなければ良いので，あまり複雑な形は避けた方が良いようです。

　排気口は，有効な空気清浄装置をつける場合にはどこに設けても構いませんが，そうでない場合にはなるべく高い位置に出して排出された汚染物質が

再び舞い戻ってこないようにします。有機則では有効な空気清浄装置を使用するか，排気口濃度が作業環境評価基準で定められた管理濃度の1/2未満でない場合には，排気口の位置を屋根より1.5（m）以上高くするように規定しています（図10・9）。

(a) 直管

(b) エルボー

(c) ルーバー

写真10・7　いろいろな排気口の形

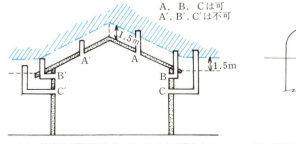
(a) 斜線部が「屋根から1.5m以上」に該当する。

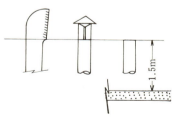
(b) 開口部の最下部まで1.5m以上

図10・9　排気口の高さ

排気音が問題となる場合には排気口にサイレンサーを設けることも必要です。

排気口と同様局排の性能を左右する大切なものでありながら，つい忘れられてしまうものに新鮮空気すなわちメークアップ・エアの給気口があります。局排が性能を十分発揮するためには排気されるのと同量の新鮮な空気が外から補給されなければなりません。フードやダクトがどんなによく設計されていても十分な給気がなければ室内の圧力はだんだんマイナスになり，しまいには排風機の静圧（これについては第14章で勉強します。）と釣り合ったところで，それ以上空気は動かなくなります。

最近のアルミサッシなどの建具にはほとんど隙間がないので，専用の給気口を設けないと局排の性能が発揮できないことがよくあります。

給気口は圧力損失を小さく抑えるため，流入速度ができるだけ0.5（m/s）以下になるような大きさにし，高温作業場で外気による冷却効果を求めるような特別の場合を除き，一般に外から入ってくる気流が直接作業者の身体に当たらないような位置に設けます。

精密工業，食品工業，医薬品工業その他ほこりを嫌う工場では，給気口に除じんのためのフィルターを設けたり，建物の外周の空気が汚染されているようなときにはきれいな空気の取り入れられる場所まで給気ダクトを設けることもあります。

第11章

局排設置届，摘要書と
配置図，系統線図

224　　　　　第11章　局排設置届，摘要書と配置図，系統線図

1．局排装置の配置図とダクト系統線図の意味

　フード，ダクト等の形，大きさ，設置位置等が決まったら，設置届に必要な局排装置の配置図とダクト系統線図を作ります。これらの図は必要排風量と圧力損失を間違いなく計算し，ちょうどよい能力の排風機を選定するための基礎資料となるもので，いわゆるフードやダクトの製作図とは全然違います。

　装置の細部設計や施工を専門業者にまかせる場合には，業者から提出された図面を流用してももちろん差支えありませんが，必要排風量と圧力損失の計算に必要な寸法，数値が全部入っていないと困ります。反対に，製作に必要な数字はこれらの図の中には入れない方が混乱を生じなくて良いでしょう。

　232頁でくわしく説明しますが，局所排気装置を設置する際には所定の様式に従って設置届を作成し，工事開始の30日前までに所轄の労働基準監督署に提出して事前審査を受けることが法令で定められています。局排装置の配置図と系統線図は，この設置届と一緒に提出する局所排気装置摘要書の一部として，摘要書に記載されている排風量や圧力損失，使用する排風機の仕様等の算出の根拠を説明するための図面でもあります。

　局排装置の施工業者の中にも，この理由がよくわからずに，必要なデータが抜けていたり，どこに入っているのかわからない図面を出してくるところがありますが，そういう業者に引っ掛かると後日設置届を提出する段になって，監督署との間にトラブルを生じたりして，担当者は大変な苦労をすることになります。

　配置図の方は，フード，ダクト，空気清浄装置，排風機，排気ダクト，排気口，それにもし給気口や給気ダクト，給気ファン等を設ける場合には，それらも含めて，局所排気装置全体の形状，寸法，配置がわかるような図面のことで，平面図と側面図を適当な縮尺で描きます。

　系統線図というのは，フードから排気口までを含むダクト系のつながり方をわかりやすく線で表した図のことで，圧力損失を計算する際の基本データ

2. 配置図，系統線図の描き方

になります。

　配置図は普通，投影図法の三角法か一角法を使い，縮尺も正確に描きますが，系統線図の方は各部分のつながりがわかれば正確な縮尺は必要ないので，見やすいようにデフォルメして描きます。

　たとえていうなら，配置図の方は国土地理院発行の5万分の1の地形図で，系統線図の方は時刻表や電車の壁にはってある鉄道路線図のようなものです。

2. 配置図，系統線図の描き方

　図11・1はある局所排気装置の実体図の例です。実体図というのは目で見たとおりを絵にしたもので，このように簡単な装置の場合には，実体図に寸法等を記入して配置図にすることもできます。実体図は，とくに製図の知識がなくても描くことができますが，装置が複雑になると大変手間がかかります。

　図11・2は三角法で描いた正式の配置図です。製図の知識のある人には実体図よりもこの方が描きやすいでしょう。複雑な装置の場合には実体図よりも投影図の方が描くのも楽です。

　系統線図の描き方に特別のきまりはありませんが，後で勉強する圧力損失

226　第11章　局排設置届，摘要書と配置図，系統線図

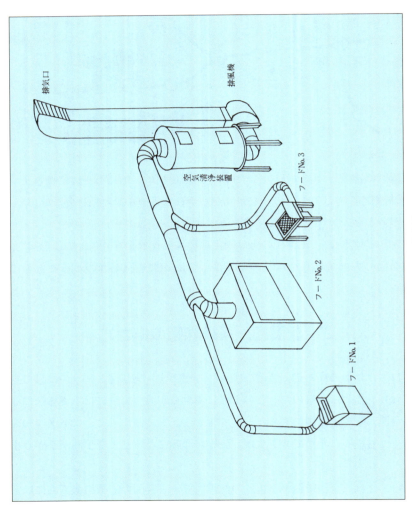

図11・1　実体図

2．配置図，系統線図の描き方　　227

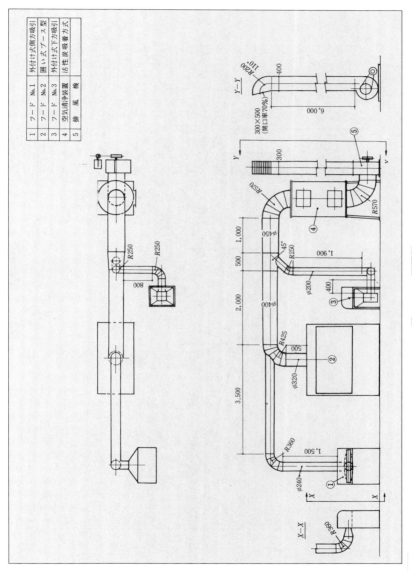

図11・2　配置図

228　第11章　局排設置届，摘要書と配置図，系統線図

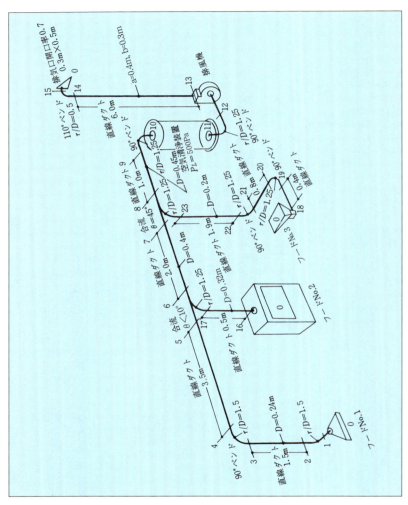

図11・3　系統線図(1)

2. 配置図, 系統線図の描き方

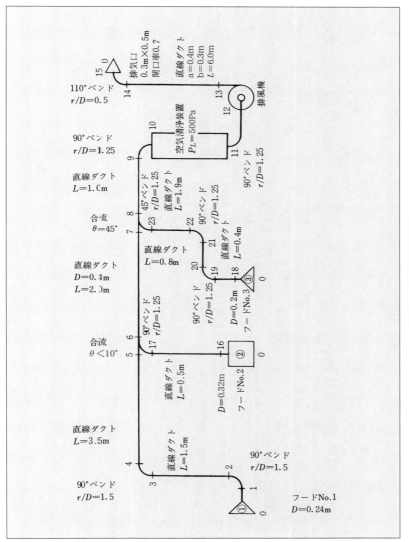

図11・4 系統線図(2)

第11章 局排設置届, 摘要書と配置図, 系統線図

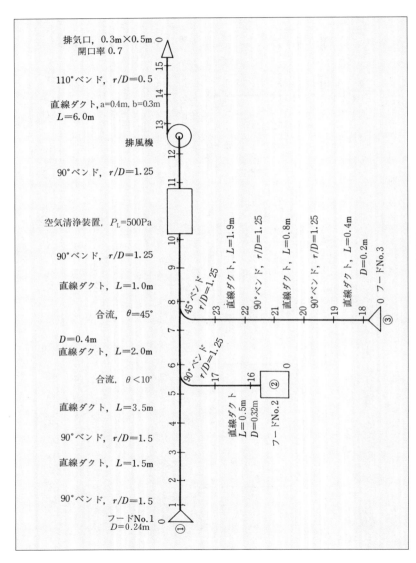

図11・5 系統線図(3)

2．配置図，系統線図の描き方　　231

の計算の際の便利さを考えて，ダクト系各部分の形，寸法，つながり方を見やすくまとめるだけのものですから，簡単な方が良いと思います。**図11・3**は実体図的な描き方で，見てわかりやすい長所がありますが，描くのに手間がかかります。**図11・4**は単純な線図で，この方が簡単に描けるでしょう。

　系統線図は，ベンドをその角度に曲げて描いたり，水平ダクトを横線で，垂直ダクトを縦線で描く必要もないので，できるだけ直線に伸ばして**図11・5**のような描き方をしても構いません。系統線図で使う各部分のシンボルには，囲い式フードは四角形，外付け式フードは三角形，空気清浄装置は長方形，ファンは同心円，排気口は外向きの三角形，ダクトは太い実線などが一般的です。

　線図が引けたら，圧力損失の計算に使うために，フードの入り口から排気口まで，フードのテーク・オフ，ベンド，合流，拡大・縮小管（テーパー管），取り合わせ等，ダクトの断面積や形状の変化する箇所に区切りを入れて一連の通し番号（線区番地）を付けます。線図番地の間を「ダクト系の部分」と呼び，第13章で説明するように圧力損失の計算はこの部分ごとに行います。

　番地は系統の外を0番地とし，排風機から一番遠いフードのテーク・オフを1番地，それからメインダクトに沿って排風機，排気口と順につけ，排気口の外に出たところで再び0番地になります。メインダクトの系統の番地をつけ終わったら，同様にして枝ダクトの系統にも番地をつけます。

　番地と番地の間には，その部分の名称，直径，長さ，ベンドの曲率，合流角度等，後でその部分の圧損係数を求めるのに必要なデータを書き添えておきます。

　なぜこんな手数のかかることをするのかというと，後で圧力損失の計算をする際の混乱や，間違いを防ぐためなのです。

3．設置届の法的意義

配置図と系統線図ができたら次はダクト系の圧力損失を計算することになりますが，その計算は摘要書とも関係するので，ここで局排装置の設置届と摘要書について説明しておきましょう。

有機則，鉛則，特化則，粉じん則等の厚生労働省令の規定に基づいて局排を設置する際には，安衛法第88条の規定によって，工事開始の30日前までに設置届に必要な図面と摘要書を添付して，労働基準監督署長に届出をし，計画の内容について審査を受けなければなりません。

局排設備は小規模なものでも数十万円，ちょっと規模が大きくなれば数百万円，数千万

円を超えることも珍しくありません。それが十分な技術的検討をしないで設置され，後で期待した効果が得られないことがわかってやり直しという事態が生じるようなことがあっては大変です。そのような不幸な事態を避けることが設置届の目的なのです。

法的には設置届をしないで設置された局排設備は，局排とは認められませんし，もし性能が不十分であれば直ちに改善を命ぜられるケースも少なくありません。そこで局排設備を計画したら必ず設置届を提出して，審査を受けてから工事に取り掛かってください。

4．設置届の記載のしかた

図11・6，11・7 は安衛則で定められた設置届と摘要書の書式で，厚生労働省の HP からダウンロードできます（https://www.mhlw.go.jp/bunya/

様式第20号（第86条関係）

機械等設置・~~移転~~・~~変更~~届

事業の種類	金属製品製造業	事業場の名称	中央機械工業㈱	常時使用する労働者数	100名
設置地			主たる事務所の所在地	東京都港区芝5ー35ー4 電話03（3452）×××	
計画の概要	機械部品の塗装を行う作業場に局所排気装置を設置する				
種類等	第2種有機溶剤（トルエン・キシレン）を含有する塗料	取扱量	250kg／月		
製造し、又は取り扱う物質等及び当該業務に従事する労働者数			従事労働者数		
			男	女	計
			3	0	3
参画者の氏名		参画者の経歴の概要			
工事着手予定年月日	○年○月○日	工事落成予定年月日	○年○月○日		

○年○月○日

事業者　職　氏名　中央機械工業㈱　代表取締役　山川一夫　㊞

図11・6　機械等設置届

234　　第11章　局排設置届，摘要書と配置図，系統線図

roudoukijun/anzeneisei36/01.html）。様式第20号の設置届についてはとくに説明の必要もないでしょう。

　使用している物と有害業務の内容がわかるように簡潔に記載し，欄内に記入しきれないときは別紙にして添付します。ただし，後で説明するように全体換気装置でもよいと規定されているところに，全体換気装置に代えて局排を設置する場合には，性能等の規定が若干異なることがあるので，**全体換気装置に代えて設置する局排**であることがわかるように「計画の概要」に記入する必要があります。

5．摘要書の記載のしかた

　摘要書は，局排装置の設計結果の概要を記載するもので，図面と設計計算書を別紙にして添付します。今回はまずフードの設計のところまでの記載のしかたを勉強しましょう。

　①欄には届出の対象となる局所排気装置がどの厚生労働省令の規定に基づくものか，安衛則別表第7（416頁，**付録2参照**）を見て該当する号別区分を記入します。たとえば有機溶剤を取り扱う作業場所に設置する局排の場合には13，特定化学物質を製造する作業場所に設置する局排の場合は16，粉じん作業場に設置する局排の場合は24と記入します。

　②欄には作業工程の名称を記入します。有機溶剤業務の場合には有機則第1条第1項第6号（420頁，**付録3参照**），鉛業務の場合には鉛則第1条第5号（423頁，**付録4参照**），粉じん作業の場合には粉じん則別表第1，別表第2（427頁，**付録6参照**）を見て，該当する作業の号別と作業名を記入してください。

　第3種有機溶剤業務の場合には有機則第6条の規定によって，タンク等の内部で吹付け作業を行う場合には局排設置の義務があり，第16条で定められた制御風速（第6章，6参照）を確保する必要がありますが，吹付け以外の作業に対して局排を設置する場合には全体換気装置の換気量に相当する性能を確保すればよいので，そのことがわかるように記入してください。臨時また

5．摘要書の記載のしかた

局所排気装置摘要書

様式第25号　（別表第7関係）

別 表 第 7 の 区 分	13					①
対 象 作 業 工 程 名	有機則第1条第1項6号リ　金属機械部品の吹付塗装					②
局所排気を行うべき物質の名称	第2種有機溶剤（トルエン，キシレン）					③
局所排気装置の配置図及び排気系統を示す線図	別添計算書3頁目に記載					④

フード	番　　　　　号	1	2	3			⑤
	型　　　　　式	囲 い 式 **外付け式** （側方・**下方**・上方） レシーバー式	囲 い 式 外付け式 （側方・下方・上方） レシーバー式	囲 い 式 **外付け式** （側方・**下方**・上方） レシーバー式	囲 い 式 外付け式 （側方・下方・上方） レシーバー式	囲 い 式 外付け式 （側方・下方・上方） レシーバー式	⑥
	制御風速(m/s)	0.5	0.4	0.5			⑦
	排風量(m³/min)	24	53	20			⑧
	フードの形状，寸法，発散源との位置関係を示す図面	別添計算書1頁目及び2頁目に記載					⑨

局所排気装置	の設計値	装置全体の圧力損失(hPa)及び計算方法					⑩
		ファン前後の速度圧差(hPa)	⑪		ファン前後の静圧差(hPa)		⑫

設置ファン等の仕様	排風機	最大静圧(hPa)	⑬	ファン型式	タ ラ リ エ シ ー ボ ル ド ル コ ジ ェ ッ ト ミ ア ロ ア ー ロ ホ イ 遠 斜 心 軸 ア キ シ ャ （ガイドベーン（有，無）） その他（　　　　　）	⑲
		ファン静圧(hPa)	⑭		
		排風量(m³/min)	⑮		
		回転数(rpm)	⑯		
		静圧効率(%)	⑰		
		軸動力(kw)	⑱		
	ファンを駆動する電動機	型式	定格出力(kw)	相　電圧(V)　定格周波数(Hz)　回転数(rpm)		⑳

㉑ 空気清浄装置	除じん装置	定格処理風量(m³/min)		圧力損失の大きさ(hPa)　（定格値）　　　　（設計値）	
		前置き除じん装置の有無及び型式	有　（型式　　　　　　　　　　　　　　　　　　　　　）　無		
		主　方　式		粉じん取出方法	
		形状及び寸法		粉じん落とし機械	有（自動式・手動式）　無
		集じん容量(g/h)			
	排ガス処理装置	ガス中に液を分散させる方式 ガス・液ともに分散させる方式 液中にガスを分散させる方式 吸　　着　　方　　式 その他（　　　　　　）	吸収液又は吸着剤	水 水酸化ナトリウム 消　石　灰 アンモニア水 硫　酸 活　性　炭 その他（　　）	処理後の措置	再　生・回　収 焼　　　　　却 埋　　　　　没 廃棄物処理業者への委託処理 その他（　　　）

図11・7　局所排気装置摘要書

は短時間有機溶剤業務を行う場合も同様です。

粉じん作業の場合には発生源の種類によって設置してよいフードの型式と，制御風速の規定が異なる（第6章，11参照）ので，発生源の種類が粉じん則別表1または2の何号に該当するかがはっきりわかるように記入しなければなりません。

③欄には局排の対象となる有害物の名称を記入するのですが，有機溶剤，特化物等は物質によって制御風速等の規定が異なるので，商品名ではなく規則にある種，類別（第1類，第1種等）と名称がわかるように記入します。

④欄の局排装置の配置図は，前に説明したとおりフード，ダクト，空気清浄装置，排風機，排気ダクト，排気口を含む局排装置全体の形状，寸法，配置がわかるような図面のことで，普通この欄内には入り切らないので，別紙として添付します。排気系統を示す線図は，上記の配置図をダクト系の圧力損失等の計算に便利なように書き直した系統線図のことで，これも別紙として添付します。

フードの⑤欄には，1つの局排系統に2つ以上のフードが連結されている場合に，間違えないように番号をつけて記入します。もちろんこの番号は，上記の配置図，線図等の中でフードにつけた番号にあわせることが必要です。

⑥欄は，フードの型式，吸引方向等該当するものを◻で囲みますが，これは⑦欄の制御風速を決めるもとになるものです。

次に⑦欄に制御風速の設計値を記入します。この値は，①，②，⑤欄に記入した作業，有害物質の種類，フードの型式，吸引方向等に基づいて，規則で定められた制御風速以上でなければなりません。鉛化合物，特化物等の局排の性能が制御風速でなく，いわゆる抑制濃度（第6章，10参照）で規定されている場合には，有害物質の発散と周囲の気流の条件を考慮して決めます（121頁，**表6・1**参照）。またエチルベンゼンなど12種類の特別有機溶剤（第2類特化物）については有機則の制御風速が適用されることに注意してください。

⑨欄のフードとその設置位置を示す図面は，フードの開口面積A_o，外付け

式フードの場合には開口面と制御風速を与えるべき発散源との距離 X など，⑦欄に記入した制御風速 V_c から必要排風量 Q を計算するのに必要な数値を明示したものでなければなりませんが，欄内に記入できないので別紙として添付します。これは④欄の配置図の中のフードの図面でも代用できないことはありませんが，排風量計算の根拠を明らかにするためには，フードの部分だけを簡単な実体図に書き直し，吸引気流の向きを白矢印，汚染気流を黒矢印，開口面を色で塗るなどの工夫をして，別図とした方が良いでしょう。

筆者の事務所では設置届，摘要書に必要図面とともに，設計計算の内容が一目で理解できるように工夫した局所排気装置計算書という書式を作って添付していますが，239，240頁，**図11・8**，**図11・9**はその1頁目と2頁目で（3頁目以下はダクト系の圧力損失の計算），これに⑨欄のフードとその設置位置を示す図面，排風量の計算を記入しています。

最後に⑧欄に，ここで計算して得た必要排風量の値を記入します。

局排設置届には，いま説明した摘要書，計算書，局排の図面とともに，局排の対象となる有害業務を行う設備等の図面，その有害業務を行う作業場所の図面（その作業室内の設備等の配置がわかる図面），敷地内に建物がいくつかある場合にはその配置図，工場と四隣との関係，周囲の状況のわかる図面（工場周辺の案内図と思えばよい）および有害物質の発散を抑制する方法を記した書面を添付します。また建築物や他の機械等の設置届と一緒に局排設置届を出す場合には，添付書類のうち重複するものについてはどちらか一方に添付するだけで良いことになっています（342頁，**表17・1**参照）。

6．局排装置計算書の書き方
（その1，フードの必要排風量）

次の**写真11・1**，**11・2**，**11・3**は局所排気装置計算書（239頁，**図11・8**）の作業工程欄に記載されている作業(1)，(2)，(3)に相当するものです。計算書1頁目の上の4行は，説明の必要はないでしょう。

ラッカーの調合作業（**写真11・1**）の作業台にはスロット型の外付け式フードと周囲についたてが設けてあります。これを気流の方向と排風量計算の数値を含んだわかりやすい実体図に直して左下に，排風量 Q の計算方法を右下に記入します。残る2つのフードについても同様です。

写真11・1　ラッカーの調合用作業台

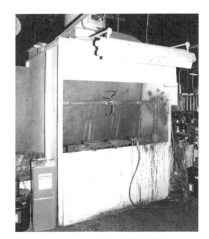

写真11・2　吹付け塗装用ブース

写真11・3　油落とし用換気作業台

6．局排装置計算書の書き方（その1，フードの必要排風量）　239

局所排気装置計算書　（1）

事業所名	中央機械工業㈱	適用法令	有機溶剤中毒予防規則
所在地	東京都港区芝5-35-4	作業工程	(1)金属塗装用ラッカーの調合 (2)金属機械部品の吹付塗装 (3)機械加工した部品の洗浄脱脂
設置場所	仕上工場A棟塗装作業場	設計者	中村　一郎
有害物質	第2種有機溶剤（トルエン、キシレン）	設計年月日	○．○．○

フードの 型式 設置位置 吸引方向	No. 1	型式	外付け式（スロット型）		
		吸引方向	側　方	制御風速	V_c : 0.5 m/s
	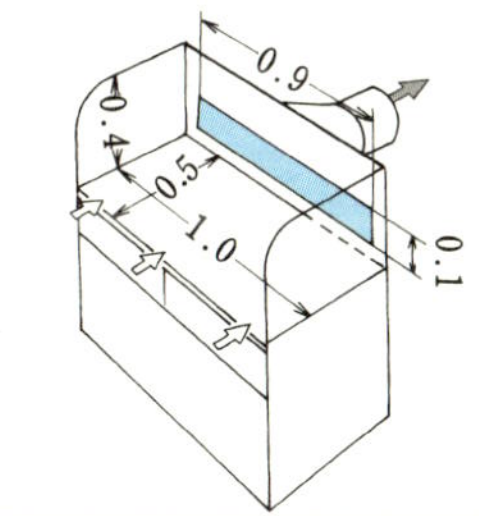	吸引距離	X :　0.5　m	開口面積	A_o : 0.09㎡

排風量の計算

風速の不均一に対する補正係数 k :

$$W = 0.1\text{m}, \quad L = 1.0\text{m}^{(注)}$$

$$Q = 60 \cdot 1.6 \cdot L \cdot X \cdot V_c$$
$$= 60 \times 1.6 \times 1.0 \times 0.5 \times 0.5$$
$$= 24 \ (㎥/\text{min})$$

注）図面で見るとスロット開口の長さは0.9mですが、気流は左右のついたての間全体を流れ等速度面もついたての間全体に形成されるので、$L = 1.0$m とします。

図11・8　局排装置計算書（1頁目）

（2）

フードの型式 設置位置 吸引方向					
No. 2	型式	囲い式（ブース型）	吸引方向	制御風速	V_c : 0.4m/s
			吸引距離	開口面積	A_o : 2.0㎡
		排風量の計算 風速の不均一に対する補正係数 k : 1.1 $Q = 60 \times A_o \cdot V_c \cdot k$ $= 60 \times 2.0 \times 0.4 \times 1.1$ $= 52.8 \fallingdotseq 53$ （㎥/min）			
No. 3	型式	外付け式（換気作業台）	吸引方向	F 方	
			吸引距離	X : 0.3 m	制御風速 V_c : 0.5m/s
				開口面積 A_o : 0.42㎡	
		排風量の計算 風速の不均一に対する補正係数 k : $Q = 60 \times 0.75 \cdot V_c \cdot (5X^2 + A)$ $= 60 \times 0.75 \times 0.5 \times (5 \times 0.09 + 0.42)$ $= 19.6 \fallingdotseq 20$ （㎥/min）			

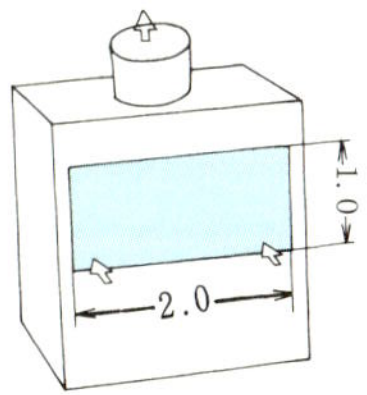

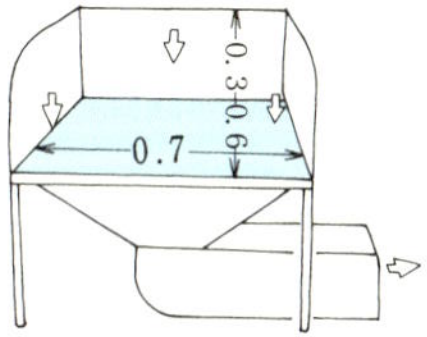

図11・9 局排装置計算書（2頁目）

7. 局排装置計算書の書き方（その2，圧損計算の準備） 241

排風量の計算が終わったら，その答えを摘要書（235頁，**図11・7**）の⑧欄に記入します。

7. 局排装置計算書の書き方
（その2，圧損計算の準備）

局排装置計算書の3頁目（**図11・10**）は，前に説明したダクト系統線図の記入用紙です。

系統線図は，前に説明したように本来は摘要書の③欄に記入すべきものなのですが，③欄に入り切らないのと，圧力損失の計算の際の便利さを考えて，局排装置計算書3頁目に記入して添付します。

次に局排装置計算書の4頁目（**図11・11**）は，ダクト系の圧力損失の計算用紙で，後で圧力損失の計算をする際に便利なように，3頁目の系統線図を見ながら必要な数値を転記しておきます。

まず左からA列には，先ほど系統線図上でダクトにつけた番地に従って番地とその部分の名称を，たとえば0～1，フードNo.1と記入します。P_{L1}というのは，本書では後に使う目的で，この部分の圧力損失を表わす記号を付けましたが，監督署に提出するものには付けなくても構いません。B列には，ダクトの直径D（角ダクトの場合には縦×横の寸法と相当直径D_e），C列にはダクト断面積A_dを記入します。角ダクト，オーバルダクトの場合には相当直径D_eの円の面積を記入します。よく縦×横で求めた本当の面積を記入する人がいますが，これは誤りです。なぜ本当の面積でなく相当直径の円の面積を使わなければいけないか，その理由のわからない人はもう一度，相当直径（第10章，6参照）のところを読み直してください。

$$\boxed{\text{ダクト断面積}(A_d)}\ (\text{m}^2) = \boxed{\text{ダクトの直径}(D)}^2\ (\text{m}^2) \times 3.14 \div 4 \cdots 11\cdot1\text{式}$$

断面積を求めるには第10章，9，**表10・5**（210頁）を利用すると便利です。

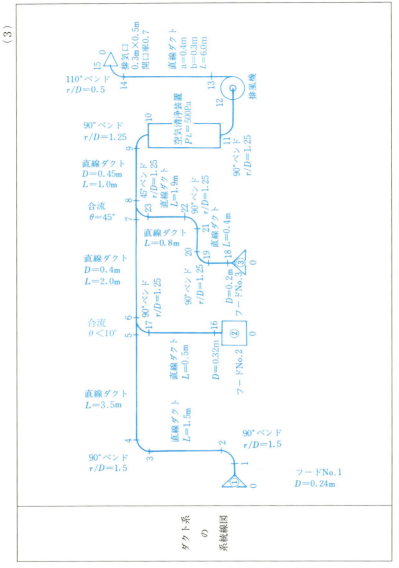

図11・10　局排装置計算書（3頁目）

7. 局排装置計算書の書き方（その 2．圧損計算の準備）　　243

(4)

	A	B	C	D	E	F	G	H	I	J	K
1	線図番地	ダクト直径Dまたは相当直径 D_e (m)	ダクト断面積 A (m²)	排風量 Q (m³/min)	搬送速度 V_T (m/s)	速度圧 P_v (Pa)	ダクト各部の形状等 寸法等	圧損係数 ζ	圧力損失 P_L (Pa) 部分	累計	静圧 P_s (Pa)
2	0〜1 フードNo.1 P_{L1}	0.24	0.045	24	8.8						
3	1〜2 90°ベンド P_{L2}	0.24	0.045	24	8.8		$r/D=1.5$				
4	2〜3 直線ダクト P_{L3}	0.24	0.045	24	8.8		$L=1.5\mathrm{m}$				
5	3〜4 90°ベンド P_{L4}	0.24	0.045	24	8.8		$r/D=1.5$				
6	4〜5 直線ダクト P_{L5}	0.24	0.045	24	8.8		$L=3.5\mathrm{m}$				
7	5〜6 合流 P_{L6}	0.24	0.045	24	8.8		$\theta<10°$				
8	6〜7 直線ダクト P_{L7}	0.4	0.126	77	10.2		$L=2.0\mathrm{m}$				
9	7〜8 合流 P_{L8}	0.4	0.126	77	10.2		$\theta=45°$				
10	8〜9 直線ダクト P_{L9}	0.45	0.159	97	10.2		$L=1.0\mathrm{m}$				
11	9〜10 90°ベンド P_{L10}	0.45	0.159	97	10.2		$r/D=1.25$				
12	10〜11 空気清浄装置 P_{L11}	0.45	0.159	97	10.2						

図11・11　局排装置計算書（4頁目）
（第1ステップ：線図番地から搬送速度まで）

244   第11章　局排設置届，摘要書と配置図，系統線図

　D列には，その部分を流れる排風量 Q を，E列には，その排風量 Q とダクト断面積A_dから計算した搬送速度V_Tを記入しておきます。

$$\boxed{搬送速度(V_T)}(m/s) = \boxed{排風量(Q)}(㎥/min) \div 60$$

$$\div \boxed{ダクト断面積(A_d)}(㎡) \cdots\cdots\cdots\cdots\cdots\cdots\cdots\cdots\cdots 11・2式$$

　G列には，直線ダクトの長さ L，ベンドの曲率 r/D，合流部分の合流角度 θ，拡大管，縮小管のテーパー θ 等をメモとして記入しておくと，後で圧損係数を決めるのに便利です。

　7行目G列の5～6番地合流の角度 θ が<10°となっているのは実体図（226頁図11・1）または配置図（227頁図11・2）でわかるようにフード①からの細い主ダクトがフード②からの太い枝ダクト（45°ベンド）の曲がり部分に同じ向きで合流しているからです。なぜ細い方が主ダクトで太い方が枝ダクトなのかは第13章6．円形合流ダクトの圧力損失(271頁)で説明します。

第12章

圧損計算のための基礎知識

1. 空気の流れと圧力損失

　いよいよこれから圧力損失の計算にとりかかることになりますが，そのために空気の性質について2，3の原理的なことを理解しておかなければなりません。圧力損失の計算は難しいものと初めから決めてかかっている人もいるようですが，原理をよく理解しておけば決してそんなに難しいものではありません。

　ダクトの中の空気の流れは，道路を走る自動車の流れとよく似ています。まっすぐな広い道路では，車の数は多くてもお互いにぶつかる心配もなくスムーズに走れますが，途中に一車線でもふさがっていたり道幅が狭いところがあると，車の流れは急に悪くなり，スピードを落とさなければなりません。

　道幅は同じでも急カーブや交差点では当然スピードを落とす必要があるでしょう。急な坂道を上るときにも当然スピードが落ちます。

　車の流れと同じように，ダクトの中を流れる空気の流れやすさ，流れにくさも，流れる場所の太さや形によって違います。ダクトの中を流れる空気の流れにくさのことを，ダクトの「通気抵抗」(flow resistance) と呼びます。

　通気抵抗のあるダクトの中に抵抗に逆らって空気を流すためには，その抵抗に打ち勝つエネルギーがいります。ちょうど車が走るのにエネルギーがいるのと同じことです。車が道を走るためのエネルギーは，燃料の形でエンジンに供給されますが，気流のエネルギーは排風機（ファン）によって圧力の形で供給されます。ダクトの中の気流は「圧力」という燃料を使って走ってい

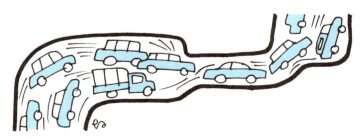

るといえるでしょう。ダクトの通気抵抗が大きいほど、圧力を余計消費します。これを「圧力損失」(pressure loss) と呼びます。

2．空気の持つ圧力の表し方

　空気の圧力の単位には、パスカル、気圧、kg/cm²、ミリバール、mmHg、等々いろいろありますが、局排の設計で扱う空気の圧力は大変小さなもので、測定には通常 U 字形のガラス管に水を入れて水面の高さの差で圧力を求める水柱マノメーターと呼ばれる方法を使います。水柱マノメーターの原理は、U 字形のガラス管（または透明なビニール管）に半分位まで水を入れると、右と左の水面は同じ高さになります（図12・1(a)）。ところがその片方の先端にホースをつないで吹くと、圧力のかかった方の水面は押し下げられ、その分だけ反対側の水面が押し上げられます（図12・1(b)）。そして強く吹くほど左右の水面の高さの差は大きくなります。それは強く吹くほど図の右側の水面にかかる圧力が大きくなるからです。このときの圧力は水面の高さの差に比例するので、その差が何ミリメートルあるかをはかって圧力を表すことができます。以前は圧力の単位として水柱ミリメートル（またはミリメートル水柱、㎜水柱または mmH₂O）という単位が使われていました。水面の高さの差 1㎜ がどれ位の圧力かというと、1 平方メートルに 1 kgf の力がかかっている状態で、SI 単位の 9.8Pa（パスカル）、天気予報でおなじみのヘクトパスカルでは 0.098hPa、逆に

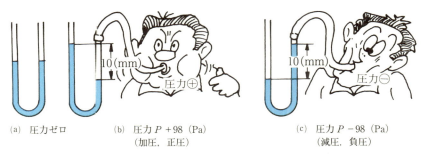

図12・1　水柱マノメーターによる圧力のはかり方

248 第12章 圧損計算のための基礎知識

SI 単位の 1 Pa は0.102㎜水柱，1 hPa は10.2㎜水柱に相当します。

　今度は反対にマノメーターの右側につないだホースの先端を吸うと，右側の水面は吸い上げられ，左側の水面はその分だけ下がります（**図12・1**(c)）。

　図12・1ではマノメーターのホースをつないでいない左側の水面は大気圧に開放されていますから，(b)のようにホースをつないだ右側の水面が左側の水面よりも低いということは，ホースを通して水面に加えられた圧力が大気圧より大きいことを表しています。このような大気圧より大きい圧力を普通加圧または正圧といって＋（プラス）の記号で表します。反対に(c)の場合には水面に加えられた圧力が大気圧より小さいので，減圧または負圧といい，－（マイナス）の記号で表します。

3．静圧，速度圧，全圧

　流体力学の専門書のなかには，空気（流体）の持つ圧力（pressure）のことを水頭（head）と書いてあるものがありますが，これはマノメーターの水を擬人化して，水面を人の頭にたとえたものです。

　図12・1(b)，(c)でマノメーターの右側，ホースをつないだ方の水面には圧力がかかっていますが空気は流れていません。このような空気の流れに無関係の圧力を「静圧」（static pressure）と呼び，P_sという記号で表すことにします。

　ゴム風船を一杯ふくらませたとき，中の空気は圧力を持っていますが，この圧力は流れとは関係がないので静圧です（**図12・2**(a)）。ところが，風船を針でつついて小さな孔をあけると，そこから空気がシューッと流れ出して中の圧力はその分だけ減少します。空気が小さな孔から流れ出すためには当然それだけのエネルギーが必要ですが，この場合には風船の中の静圧が，孔から流れ出る気流の運動エネルギーに変わり，その分だけ中の静圧が減少したのです。

　ところで風船から吹き出す気流を手のひらで受けると，手のひらに風を感

3. 静圧，速度圧，全圧

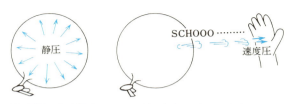

(a) 風船の中は静圧　　(b) 吹出した気流は速度圧

図12・2　静圧は気流のエネルギーに変わる

じますね（**図12・2**(b)）。これは手のひらに気流が当たって気流の持っている運動エネルギーに相当する圧力を生じたからなのです。この圧力は気流の速度に関係するので，気流の動圧または速度圧（velocity pressure）と呼び，P_Vという記号で表すことにします。

　もう一度整理すると，風船の中で静止している空気は静圧P_Sを持っており，この静圧P_Sに気流の運動エネルギーである速度圧P_Vに変わることができるということです。もっとわかりやすいたとえ話をすると，風船の中で静止している空気は，静圧というガソリンを満タンにして止まっている自動車で，これが走り出したときには速度圧というエネルギーが出ますが，その分だけ静圧というガソリンが使われてしまうというわけです。

　次に走っている自動車が持っている全エネルギーはどれだけかについて考えてみましょう。走っているのですから速度に関係する運動エネルギーを持っていることは当然です。そのほかに燃料タンクに残っているガソリンもあります。この両方のトータルが走っている自動車が持っている全エネルギーでしょう。

　気流の場合には，静圧と速度圧の合計が全エネルギーで，これを「全圧」（total pressure）と呼びP_Tという記号で表します。これらの圧力の間には次の関係があります。

　　静圧(P_S) (Pa) + 速度圧(P_V) (Pa)
　= 全圧(P_T) (Pa) ･････････････････････････ 12・1式

4. ダクト内の気流の静圧，速度圧，全圧

ダクトの中を流れる気流の静圧，速度圧，全圧を水柱マノメーターを使ってはかってみましょう。

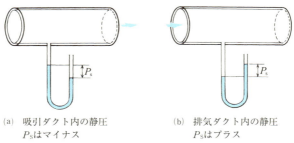

(a) 吸引ダクト内の静圧
P_Sはマイナス

(b) 排気ダクト内の静圧
P_Sはプラス

図12・3　静圧のはかり方

まず静圧をはかるにはダクトの壁に小さな孔をあけて，ここにマノメーターの片側をつなぎ，マノメーターのもう一方はそのまま大気中に開放しておきます（図12・3）。吸引ダクトではダクト内は減圧，したがって静圧P_Sはマイナス，排気ダクト内では静圧P_Sはプラスです。

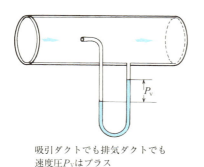

吸引ダクトでも排気ダクトでも
速度圧P_Vはプラス

図12・4　速度圧のはかり方

次に速度圧をはかるためには，マノメーターの片方をダクトの中の気流の上流に向けて取りつけたパイプにつなぎ，もう片方はダクトの壁にあけた孔につなぎます（図12・4）。こうすると気流の向きに取りつけたパイプの先端では，気流の運動エネルギーが圧力に変わって，マノメーターの水面を押し下げます。この時の水面の高さの差が速度圧P_Vです。速度圧は前にも説明したように気流の速度に関係した値ですが，気流の速度がマ

イナスということはないので、速度圧もマイナスになることはありません。

静圧P_Sと速度圧P_Vを足したものが全圧P_Tだということは前に説明しましたが、全圧をはかるには速度圧をはかるときに使った図12・4のマノメーターの右側を、ダクトの壁にあけた孔につながないで大気中に開放します。こうすると左側のパイプの先端には、気流の運動エネルギーが姿を変えた速度圧P_Vと、ダクト内の静圧P_Sの両方がかかり、右側の水面には大気圧がかかりますから、水面の高さの差がダクト内の全圧P_Tを示すわけです。

実は、先程の速度圧の測定のときにも左側には全圧P_Tがかかっていたのですが、右側の水面に静圧P_Sがかかっていたために全圧P_Tと静圧P_Sの差である速度圧P_Vが水面の高さの差となって現れたのです。

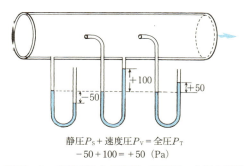

静圧P_S + 速度圧P_V = 全圧P_T
$-50 + 100 = +50$ (Pa)

図12・5　吸引ダクトの静圧，速度圧，全圧の関係

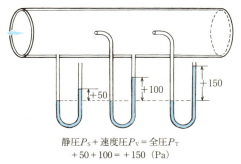

静圧P_S + 速度圧P_V = 全圧P_T
$+50 + 100 = +150$ (Pa)

図12・6　排気ダクトの静圧，速度圧，全圧の関係

252 第12章 圧損計算のための基礎知識

　この関係をまとめたのが**図12・5**と**図12・6**です。排気ダクトの場合には静圧P_Sも速度圧P_Vもプラスで，全圧P_Tも当然プラスになりますが，吸引ダクトの場合には静圧P_Sの絶対値が速度圧P_Vの絶対値より小さいときは全圧P_Tはプラス，反対にP_Sの絶対値がP_Vの絶対値より大きいときには全圧P_Tはマイナスになります。

5．気流の速度と速度圧

　速度圧が気流の運動エネルギーが姿を変えたものであることは前に説明したとおりですが，風速 V (m/s) と速度圧P_V (Pa) との間には次の関係があります。

　速度圧は運動のエネルギーであるから次式で計算することができます。

$$\boxed{\text{速度圧}(P_V)}\ (\text{Pa}) = \frac{\text{空気の密度 }(1.2\text{kg/㎥})}{2} \times$$

$$(\boxed{\text{気流の速度}(V)}\ (\text{m/s}))^2$$

$$= 0.6 \times (\boxed{\text{気流の速度}(V)}\ (\text{m/s}))^2 \cdots\cdots 12・2式$$

　この関係を使って風速から速度圧を計算したり，速度圧を測定して風速を求めることができます。

　以上のことを整理すると次のようになります。

(1)　ダクト内の気流は，静圧，速度圧，全圧の３種類の圧力を持っている。

(2)　静圧P_Sは，吸引ダクト内ではマイナス（減圧状態），排気ダクト内ではプラス（加圧状態）で，風速には関係ない。

(3)　静圧P_Sは，気流の運動エネルギーに変身することができる。

(4)　速度圧P_Vは，気流の運動エネルギーで，風速の２乗に比例し，風速が大きくなるほど，速度圧も大きくなる。

(5)　速度圧P_Vは，風速 V がわかれば$0.6・V^2$で計算できる。

⑹　全圧P_Tは静圧P_Sと速度圧P_Vの和で，気流が持っている全エネルギー
　　に相当する。

　前々節（248頁）で静圧と速度圧を足したものが全圧だと説明しましたが，
本当は運動する空気のエネルギーには，空気の分子の熱運動による静圧と運
動のエネルギーに相当する速度圧のほかに，位置（高さ）のエネルギーに相当
する「位置圧」があり，これら3つの圧力の合計が全圧なのです。位置圧は
位置のエネルギーですから次式で表されます。

　　$P_h = \rho \cdot g \cdot h$

　　P_h：位置圧（Pa）

　　ρ　：空気の密度（1.2kg/㎥）

　　g　：重力の加速度（9.8m/s²）

　　h　：基準面からの鉛直高さ（m）

　しかし，局排のダクト内の空気の流れを考える場合には，一般に流入口
（フード）と排気口の高さの差が小さいために位置圧の差も無視できるほど
小さいので，静圧と速度圧の合計を全圧と呼ぶことにします。

6．圧力損失と全圧，静圧，速度圧

　今度は圧力損失と気流の持つ圧力の関係について，少し説明しておくこと
にします。

　圧力損失とは，通気抵抗のあるダクトの中に抵抗に逆らって空気を流すた
めに費やされたニネルギーであり，気流のエネルギーとは気流の持っている
圧力であることは，前に説明しました。

　また気流のエネルギーを表す圧力には静圧と速度圧があり，その合計が全
圧であることも前に説明したとおりです。

　言い換えると，通気抵抗に逆らってダクトの中に空気を流すと，圧力損失
の分だけ気流の全圧が減少することになります（**図12・7**）。

　これを式で表すと12・3式のようになります。

| ①点の全圧(P_{T1}) |(Pa)－| ②点の全圧(P_{T2}) |(Pa)

＝| ①，②点間の圧力損失($P_{L1,2}$) |(Pa) ……………………12・3式

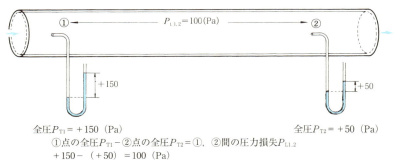

図12・7　圧力損失は全圧の差

　また全圧は静圧と速度圧の合計ですから，全圧が減少する，すなわち圧力損失があると，静圧が減少することもあれば，速度圧が減少することもあります。ときには静圧，速度圧両方とも減少することもあります。

　ダクトの途中に穴でもあいていない限り，ダクトの中を流れる気流の量が増えたり減ったりすることはありません。したがって，ダクトの太さに変わりがない場合には①，②点の気流の速度は等しく，速度圧P_{V1}とP_{V2}も等しくなります。

　ということは気流の速度に変化がない場合には，圧力損失は静圧の減少となって現れるということです（図12・8）。

　このことは，道路を走り続けている自動車の持っているエネルギーは，スピードが変わらなければどこまで走っても一見変わらないように見えますが，それは運動エネルギーが変わらないのであり，実は燃料タンクのガソリンが減った分だけエネルギーが失われているのと同じことです。

6．圧力損失と全圧，静圧，速度圧

$\boxed{①点の静圧(P_{S1})}$ (Pa) − $\boxed{②点の静圧(P_{S2})}$ (Pa)

= $\boxed{①，②点間の圧力損失(P_{L1,2})}$ (Pa) ················12・4式

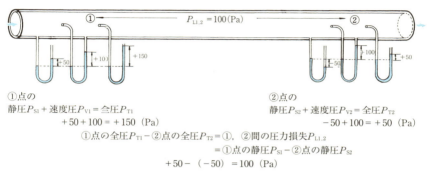

①点の
静圧P_{S1} + 速度圧P_{V1} = 全圧P_{T1}
　+50 + 100 = +150 (Pa)

②点の
静圧P_{S2} + 速度圧P_{V2} = 全圧P_{T2}
　−50 + 100 = +50 (Pa)

①点の全圧P_{T1} − ②点の全圧P_{T2} = ①，②間の圧力損失$P_{L1,2}$
= ①点の静圧P_{S1} − ②点の静圧P_{S2}
+50 − (−50) = 100 (Pa)

図12・8　搬送速度に変化がない場合には圧力損失は静圧の差となって現われる

　それでは，途中で気流の速度が変化した場合，たとえばダクトの太さが変わったり（拡大管，縮小管），合流部分で搬送速度が変わったりした場合はどうなるのでしょうか。その場合には①，②点の速度圧に差があるので，全圧の差$P_{T1} - P_{T2}$から速度圧の差$P_{V1} - P_{V2}$を引いた残りが静圧の差になります。

　気流の量は変わらないのにダクトの径が太くなる拡大管の前後では，拡大後の気流の速度にダクトの断面積に反比例して小さくなり，速度圧はまたその2乗に比例して小さくなります。速度圧の減少の一部は圧力損失として費やされてしまいますが，残りは静圧の増加となって現れます。これを「拡大管」の静圧回復（regain of static pressure at expansion）と呼びます（**図12・9**）。これを式で表すと次のようになります。

$\boxed{速度圧の減少(P_{V1} - P_{V2})}$ (Pa)

= $\boxed{圧力損失(P_L)}$ (Pa) + $\boxed{静圧の回復(P_{S2} - P_{S1})}$ (Pa)

················12・5式

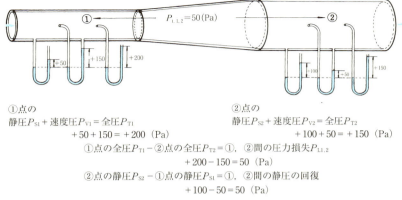

①点の
静圧P_{S1}＋速度圧P_{V1}＝全圧P_{T1}
　　＋50＋150＝＋200（Pa）

②点の
静圧P_{S2}＋速度圧P_{V2}＝全圧P_{T2}
　　＋100＋50＝＋150（Pa）

①点の全圧P_{T1}－②点の全圧P_{T2}＝①，②間の圧力損失$P_{L1,2}$
　　＋200－150＝50（Pa）
②点の静圧P_{S2}－①点の静圧P_{S1}＝①，②間の静圧の回復
　　＋100－50＝50（Pa）

図12・9　拡大管では速度圧の減少した分静圧が回復する

反対にダクトの途中に縮小管のように搬送速度の増加するところがあると，速度圧が大きくなった分だけ余分に静圧が減少します。

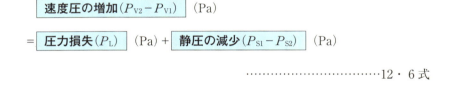

································12・6式

以上のことを整理すると次のようになります。
① ダクト内を気流が流れると圧力損失の分だけ全圧が減少する。
② 搬送速度に変化がなければ圧力損失の分だけ静圧が減少する。
③ 拡大管のように搬送速度が低下する部分の前後では，速度圧の減少の一部は圧力損失となり，残りは静圧の回復となる。
④ 縮小管のように搬送速度が増加する部分の前後では，速度圧の増加分だけ余計に静圧が減少する。

| ワンポイント
メ モ | # ピトー管 |

　ダクト内の気流の速度圧は250頁，**図12・4**の方法で測定できますが，実際にはフランスの科学者アンリ・ピトー（Henri Pitot）が発明したピトー管（Pitot tube）と呼ばれる道具が使われています。

　ピトー管は測定する場所に合わせて選べるように，いろいろな形のものが工夫されていますが，市販品は直径8mmの外管に直径3mmの内管を同心になるよう収めた下の図のような形のものが一般的です。

　速度圧を測定するときには，ダクトの中に内管の先端の孔を気流の風上に向くようにセットします。内管内には先端から気流によって速度圧P_V＋静圧P_S＝全圧P_Tがかかります。また，先端から65mmの外管の周囲には直径1mmの孔が8個あけてあり，ここから外管の中に静圧P_Sがかかります。

　外管と内管の接続孔をそれぞれマノメーターの両端につないで速度圧P_Vを読み取ります。普通のマノメーターでは微小な圧力の差を読み取ることは難しいので，精密な測定には図のような傾斜マノメーターを使います。

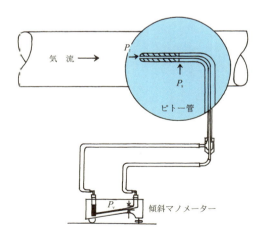

第13章

圧力損失の計算

第13章 圧力損失の計算

　いよいよこれから圧力損失の計算法について勉強を始めます。圧力損失の計算は，ダクト系を部分部分に分解して各部分の圧力損失（部分圧損）を求め，次に部分圧損を合計して全体の圧損を求めます。部分圧損の求め方は，ダクトの直線部分（直線ダクト）については計算で求めた圧損係数，直線以外の部分については表で探し出した圧損係数にその部分を通る気流の速度圧を掛けるという極めて簡単なことです。

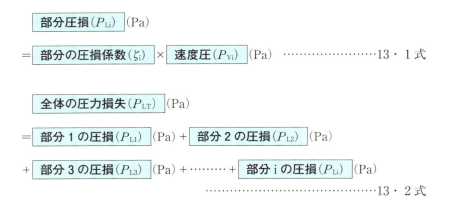

　圧損計算というといかにも難しそうで敬遠したくなるかもしれませんが，それは今までの勉強，いや教え方に問題があったので，本当は表の引き方さえわかってしまえば後は掛け算と足し算だけという実に易しいことなのです。

1．直線ダクトの圧力損失

　自動車が道路を走るときに燃料を消費するのと同様に，空気がダクトの中を流れるときに圧力を消費すること，それを圧力損失ということを前章で説明しました。
　自動車で坂もカーブも信号もない広くまっすぐな高速道路を，快適に走り続けていると考えてください。走るに従って燃料計の針はだんだん下ってき

1. 直線ダクトの圧力損失

ます。この場合、ほかの条件が同じであれば、燃料消費は走行距離に比例すると考えられます。

気流の場合もそれと同じことで、ほかの条件が違わなければ、エネルギーの消費すなわち圧力損失は、ダクトの長さに比例します。真新しい鉄板で作ったまっすぐなダクトは、一見摩擦抵抗などは少しもないように思えますが、実際にはその壁面には、肉眼では見えない凹凸があるので、気流と壁面との摩擦のために抵抗があるのです。

坂のないまっすぐな道路でも、凹凸が激しければ、走るのに余計な燃料がいるでしょうし、路幅が狭ければどうしても渋滞のために燃費が悪くなります。気流の場合も同じように、内面がざらざらしたりダクトの直径が小さくなると圧力損失が大きくなります。

「急ぐほど、減らすガソリン増す危険」という交通安全標語がありますが、同じ道路を走っても、あまりスピードを出すと燃費は高くなります。気流の圧力損失も速度が大きくなると、速度の2乗に比例して大きくなります。

直線ダクトの圧力損失を求めるには、一般に次のDarcy-Weisbach（ダルシー・ワイズバッハ）の実験式が使われます。

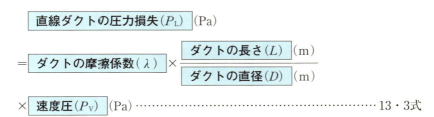

また、ダクトの摩擦係数 λ（ギリシャ文字でラムダと読む）はダクトの内面の粗さによって決まる定数で、道路の凹凸に相当します。普通のトタン板や新しい鋼板のダクトの摩擦係数 λ は0.02くらいです。したがって、13・3式を書き直すと次のようになります。

262　　　　　　　　　第13章　圧力損失の計算

$$
\boxed{\text{直線ダクトの圧力損失}(P_\text{L})} (\text{Pa})
$$

$$
= 0.02 \times \frac{\boxed{\text{ダクトの長さ}(L)}\,(\text{m})}{\boxed{\text{ダクトの直径}(D)}\,(\text{m})} \times \boxed{\text{速度圧}(P_\text{V})}\,(\text{Pa})
$$

$$\cdots\cdots\cdots\cdots\cdots\cdots\cdots\cdots\cdots\cdots\text{13・4 式}$$

　13・4式の右辺の0.02×ダクトの長さ(L)/ダクトの直径(D)は，ダクトの材料と寸法によって決まる定数で，直線ダクトの圧損係数ζ_d（ギリシャ文字でゼータと読む）と呼ばれます。

$$
\boxed{\text{直線ダクトの圧損係数}(\zeta_\text{d})}
$$

$$
= 0.02 \times \boxed{\text{ダクトの長さ}(L)}\,(\text{m}) / \boxed{\text{ダクトの直径}(D)}\,(\text{m})
$$

$$\cdots\cdots\cdots\cdots\cdots\cdots\cdots\cdots\cdots\cdots\text{13・5 式}$$

　直線ダクトの圧力損失は，13・5式で計算した圧損係数ζ_dに速度圧P_Vを掛けて求めます。

$$
\boxed{\text{直線ダクトの圧力損失}(P_\text{L})} (\text{Pa})
$$

$$
= \boxed{\text{直線ダクトの圧損係数}(\zeta_\text{d})} \times \boxed{\text{速度圧}(P_\text{V})}\,(\text{Pa})
$$

$$\cdots\cdots\cdots\cdots\cdots\cdots\cdots\cdots\cdots\cdots\text{13・6 式}$$

　以前電卓という便利な道具が無かった時代には，直線ダクトの圧力損失は，計算グラフを使って1m当たりの圧損を求め，それにダクトの長さを掛けるのが一般的な方法でした。しかし今では，電卓による計算の方が簡単で正確な値が得られるので，圧損計算は13・4式を使った計算が主流になりました。

2．角形ダクトの圧力損失の求め方

　第10章，7で説明したように，角形ダクト，オーバルダクトの断面のうち，気流の通路として利用される部分の面積と等しい面積を持つ円の直径を，「相当直径」と呼びます。利用される断面積が等しいということは，搬送速度，

圧力損失も等しいということです。

したがって，角形ダクトの圧力損失を求めるには，角形ダクトの相当直径表（207頁，**表10・4**）を用いて，ダクトの縦横の寸法をいったん相当直径に直し，オーバルダクトの場合には**表10・3**（202頁）で相当直径を求めます。

3．内面の粗さの補正

自動車ででこぼこ路をガタガタとゆれながら走る場合には，同じ距離を走っても，きれいに舗装された高速道路をスーッと走るのにくらべて余計なガソリンがいるでしょう。

ダクトの場合にも内面の粗さによって圧力損失が変わります。13・5式の圧損係数は，前に説明したように普通のトタン板か新しい鋼板程度の粗さのダクトを考えて作られているので，内面の粗さがこれと違うダクトの場合には補正する必要があります。

ダクトの内面の粗さが普通のトタン板と異なる場合のζ_dは，13・5式で求めた値に，**表13・1**の補正係数を掛けて求めます。またダクトの内面に粉じんが付着することが予想される場合には補正係数1.5を掛けます。また最近，硬質塩ビ管の場合の補正係数は約0.7という研究結果も報告されています。

表13・1　ダクト内面の粗さの補正係数

ダクト内面の粗さ	ダクト材料の例	補正係数
非常に滑らか	硬質塩ビ管，シームレスステンレス鋼管	0.9
やや粗い	黒皮鋼管，ヒューム管	1.5
非常に粗い	コンクリート管，リブ付きスパイラルダクト	2.0
	塩ビ製フレキシブルダクト（直管）	
	塩ビ製フレキシブルダクト（たるみ，わん曲）	4.0

4．フードの圧力損失

　空気がフードに吸引され，ダクトに流れ込むときにも相当大きい圧力損失があります。それはフードの外で静止していた空気にエネルギーを与えて動き出させるためで，ちょうど停止していた自動車のアクセルペダルをいっぱい踏み込んで発進させるときに多量のガソリンが消費されるのと似ています。

　フードの圧力損失は次の式で計算します。

　　フードの圧力損失(P_L) (Pa)

= 圧損係数(ζ_1) × 速度圧(P_V) (Pa) ……………………13・7式

　フードの圧損係数ζ_1というのはフードとテーク・オフの形状によって定まる係数で，ζ_1が大きいということは，上り坂で自動車を発進させると，平らなところで発進させるよりも大きいエネルギーが要るのと似ています。

　また圧力損失P_Lが速度圧P_Vに比例することは，直線ダクトの圧力損失のところでも説明しましたが，これは，ゆっくり発進させるより急発進させる方が大きなエネルギーが要るのと同じです。

（参　考）

　専門書の中には，圧損係数ζ_1の代わりに流入係数（coefficient of entry）C_eが記されているものがあります。流入係数というのは，フードに流れ込んだ気流の静圧の

何パーセントが速度圧に変化したかを表す燃費効率のようなものです。流入係数C_eから圧損係数ζ_1を計算するには次の式を使います。

$$\text{圧損係数}(\zeta_1) = \left(\frac{1}{\text{流入係数}(C_e)}\right)^2 - 1 \quad \cdots\cdots\cdots 13\cdot 8\text{式}$$

いろいろな形のフードと流入口の圧損係数を表13・2にまとめておきます。この表の図から，気流がスムーズに流れ込むような形のフードは圧力損失が小さくて済むことがわかります。

フードの圧力損失を計算するときに圧損係数ζ_1を掛ける速度圧P_Vは，大抵の場合テーク・オフを通ってダクトに入ったところの速度圧，すなわち搬送速度V_Tに相当する速度圧です（表13・2の③刃形オリフィスはオリフィス部分の流速，⑪グリッド型換気作業台は台の面速に相当する速度圧を使います）。

表13・2の左欄の図中では，計算に使う速度圧をはかる場所をピトー管の先端で表してあります。

したがって，フードの圧力損失を求めるには，まず搬送速度V_Tに相当する速度圧P_Vを252頁，12・2式で求め，次にフードの形から圧損係数ζ_1を求めて掛け算します。

表13・2に載っていない複雑な形のフードの圧力損失は，フードを気流の流れの順に単純な形に分解して各部分の圧力損失を求め，それらを加算して求めます。

266 第13章 圧力損失の計算

表13・2 フードの圧損係数

フード開口の形	例　　図	圧損係数（ζ_1）
①切り放しダクト		0.93
②フランジ付ダクト		0.49
③刃形オリフィス P_vはオリフィス部分の流速から計算		1.78
④ベルマウス		0.04
⑤円形または角形フード （フランジ付きも同じ） 角形フードのθは大きい方をとる		（下表参照）
⑥ブース（ダクト直結）		0.50

θ	円形	角形
30°	0.04	0.11
45°	0.06	0.16
60°	0.09	0.17
90°	0.16	0.25
120°	0.26	0.35

4．フードの圧力損失

フード開口の形	例　図	圧損係数 (ζ_1)
⑦ブース（テーパーダクト付）		<table><tr><td>θ</td><td>円形</td><td>角形</td></tr><tr><td>15°</td><td>0.15</td><td>0.25</td></tr><tr><td>30°</td><td>0.08</td><td>0.16</td></tr><tr><td>45°</td><td>0.06</td><td>0.15</td></tr><tr><td>60°</td><td>0.08</td><td>0.17</td></tr><tr><td>90°</td><td>0.15</td><td>0.25</td></tr><tr><td>120°</td><td>0.26</td><td>0.35</td></tr><tr><td>150°</td><td>0.40</td><td>0.48</td></tr></table>
⑧ブース（ベルマウス付き）		0.1
⑨二重キャノピー		1.0
⑩グラインダーカバー		テーパー付き 0.40 テーパーなし 0.65
⑪グリッド型換気作業台	グリッド材料	$\phi 0.66 \times 3.57$㎜目金網 （開口率67%） 0.70 $\phi 1.56 \times 11$㎜目金網 （開口率72%） 0.51 パンチメタル(A) （開口率40%） 7.6 パンチメタル(B) （開口率60%） 3.0

たとえば**図13・1**(a)のルーバ型フードの場合には，(b)のように刃形オリフィスとフランジ付ダクトに分解して考えることができます。したがってこのフードの圧力損失は，刃形オリフィスの部分の$1.78 \cdot P_{V1}$（**表13・2**の③より$\zeta_1=1.78$）と，フランジ付ダクトの部分の$0.49 \cdot P_{V2}$（**表13・2**の②より$\zeta_1=0.49$）の合計，すなわち$P_L=1.78P_{V1}+0.49P_{V2}$となります。

もしダクトとオリフィスの面積が同じであれば，P_{V1}とP_{V2}は等しくなりますから，$P_L=2.27P_V$となります。

ダクトのテーク・オフにテーパーがついている場合には，フランジ付ダクトの部分の圧損係数は**表13・2**の⑤で求めてください。

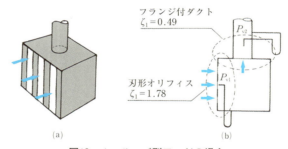

図13・1　ルーバ型フードの場合

5．ベンドの圧力損失

ベンドの部分を空気が流れるときには，方向転換するためのエネルギーが必要で，これがベンドの圧力損失になります。

ベンドの圧損係数ζ_2は主として曲率（ダクトの中心線の曲がりの半径/ダクトの直径）によって定まる係数で，曲率半径が小さい（カーブが急激な）ほど圧損係数ζ_2は大きくなります。すなわち，急カーブほど圧損係数は大きくなります。

前にダクトの設計（第10章，13）のところでベンドはできるだけ大曲がりに，曲率を2以上にすべきだといったのはこのためです。

円形ベンドの曲率と圧損係数の関係を**表13・3**に示します。

5. ベンドの圧力損失

ただし**表13・3**の圧損係数は成型ベンド，またはえび（海老）継ぎベンドのえびの数が直径15（cm）以下では３個以上，直径15（cm）より大きいときには５個以上の比較的なめらかな曲がりで，曲がり角度 θ が90°のときの，Ⓐ，Ⓑ間（**図13・2**）の値です。曲率が2.5より大きくなると再び圧損係数が大きくなるのは，流れの向きの変化によるエネルギーの損失の減少よりⒶ，Ⓑ間の距離がふえることによる壁との摩擦によるエネルギーの損失の増加が大きくなるためです。

表13・3　円形ベンドの圧損係数

曲率 r/D	圧損係数 ζ_2
0.5	1.2*
0.75	1.0*
1.00	0.8*
1.25	0.55
1.50	0.39
1.75	0.32
2.00	0.27
2.25	0.23
2.50	0.22
2.70	0.26

*外挿値

角形ベンド（角形ダクトのベンド）の圧損係数は，曲率のほかにダクトの縦横比（アスペクト比）によっても変わります。オーバルダクトの場合は相当直径の円形ダクトと同じです。**表13・4**は曲がり角度 θ が90°のときのⒶ，Ⓑ間（**図13・3**）の圧損係数です。

曲がりの角度が90°でない場合には，$\theta/90$ を掛けて求めます。

表から圧損係数がわかったら，ベンドの圧力損失は13・9式（次頁）で計算できます。

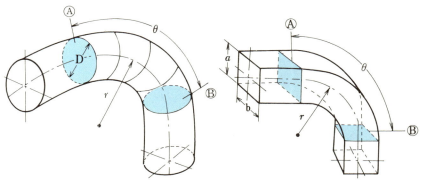

図13・2　曲がり角度90°の円形ベンド　　図13・3　曲がり角度90°の角形ベンド

表13・4 角形ベンドの圧損係数

曲率 r/a \ 縦横比 a/b	4	2	1	1/2	1/3	1/4
0.0	1.50	1.32	1.15	1.04	0.92	0.86
0.5	1.36	1.21	1.05	0.95	0.84	0.79
1.0	0.45	0.28	0.21	0.21	0.20	0.19
1.5	0.28	0.18	0.13	0.13	0.12	0.12
2.0	0.24	0.15	0.11	0.11	0.10	0.10
3.0	0.24	0.15	0.11	0.11	0.10	0.10

圧損係数は ζ_2

ベンドの圧力損失(P_L)(Pa)
= 圧損係数(ζ_2) × 速度圧(P_V) (Pa) ……………13・9式

ダクトに曲率を持たせずに突き合わせた形に曲げるいわゆる直角ベンドは，圧損係数が極端に大きくなって（$\zeta_2 = 1.25 \sim 1.5$）好ましくないことですが，時には設置する場所の制約で使わざるを得ないことがあります。そのような場合にはベンドの角に**図13・4**のようなガイドベーン（案内羽根）を入れると気流が全体に分散され，圧損係数を0.35（平板ベーン）〜0.1（成型ベーン）と小さくすることができます。

(a) ガイドベーン入り直角ベンド

(b) 平板ベーン

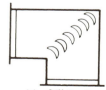
(c) 成型ベーン

図13・4 ガイドベーン

6. 円形合流ダクトの圧力損失

　主ダクトと枝ダクトの気流が合流するところでは，両方からの気流が一緒になるときに渦を生じるために，エネルギーが消費されます。円形ダクトの合流の部分では主ダクト側，枝ダクト側両方に圧力損失が起こります。

　主ダクトを流れる気流の圧力損失，すなわち**図13・5**のⒶとⒷの間の圧力損失は，Ⓐ断面を通る気流の速度圧P_{v1}に**表13・5**の主ダクト側の圧損係数ζ_3を，枝ダクトから主ダクトに合流する気流の圧力損失は**図13・5**のⒶ′断面を通る気流の速度圧P_{v2}に**表13・5**の枝ダクト側の圧損係数ζ_3を，それぞれ掛けて求めます。

　ここで主ダクト側，枝ダクト側というのはダクトの太い細いではなく，**気流の向きの変わらない方が主ダクト側，変わる方が枝ダクト側**です。Y字合流のように両方とも気流の向きが変わる場合には，両方とも枝ダクトの圧損係数を使います。

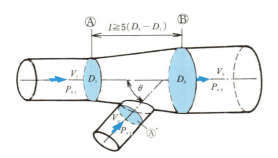

図13・5　円形合流ダクトの場合

　主ダクト側の合流の圧力損失(P_L)　(Pa)

　= **圧損係数**(ζ_3) × **主ダクト(合流前)の速度圧**(P_{V1})　(Pa)

　　　　　　　　　　　　　　　　　　‥‥‥‥‥‥‥‥‥‥‥‥‥‥‥13・10式

表13・5　円形合流ダクトの圧損係数

合流角度 $\theta°$	圧損係数 ζ_3	
	主ダクト側	枝ダクト側
10	0.2	0.06
15	〃	0.09
20	〃	0.12
25	〃	0.15
30	〃	0.18
35	〃	0.21
40	〃	0.25
45	〃	0.28
50	〃	0.32
60	〃	0.44
90	0.7	1.00

　表13・5の値を見るとわかるように，枝ダクト側の圧損係数は，合流角度 θ が大きくなるほど大きくなります。このことは，合流部で気流が急角度に曲がるほど圧力損失が大きくなることを表しています。したがって合流部の枝ダクトにはできるだけ大きい曲率を持たせて，合流角 θ を小さくした方がエネルギーのロスが少なくて済みます。合流角度 θ が45°を超えることは好ましくなく，できるだけ避けた方が得です。また主ダクト側の圧力損失は，テーパーが大きいほど大きくなるので，テーパー部の長さ l は直径差（$D_3 - D_1$）の5倍以上とる必要があります。

7．角形合流ダクトの圧力損失

　図13・6のように合流の前後で気流の速度に変化がない角形合流ダクトの場合には，主ダクトの側では気流の状態に変化がないので圧力損失もなく，枝ダクト側では気流の向きだけが変わるので，角形ベンドの圧力損失に相当する圧力損失があると考えます。

したがって主ダクト側のⒶⒷ間の圧力損失はゼロ，枝ダクト側のⒶ′Ⓑ間の圧力損失は，**表13・4**で角形ベンドの圧損係数を求め，これにⒶ′断面を通る気流の速度圧P_{v2}を掛けて求めます。もちろん曲がり角度θが90°でない場合には$\theta/90$を掛けることもベンドの場合と同じです。

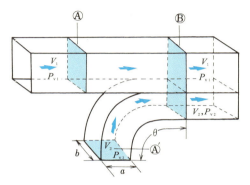

図13・6　角形合流ダクトの場合

8．円形拡大ダクトの圧力損失

ここでダクト系の残りの部分，すなわち拡大管，縮小管その他ダクトの取り合わせ部分，排気口等の圧力損失の求め方について説明します。

取り合わせ部分の前後ではダクトの断面の形，大きさが変化するので搬送速度も変化し，速度圧も変化するのが普通です。取り合わせ部分の圧力損失は，この速度圧の変化分に圧損係数を掛けて求めます（**図13・7**）。

第12章，6で説明したように，ダクトの断面が拡大する場合には速度圧が減少し，その一部は圧力損失となり，残りは静圧の回復となります（256頁，**図12・9**）。

速度圧の変化分のうち圧力損失として消費される割合が拡大ダクトの圧損係数ζ_4で，円形拡大ダクト（拡大管）のζ_4は拡大角度θによって決まり，θが大きくなるほどζ_4も大きくなります（**表13・6**）。

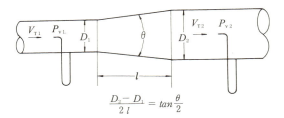

図13・7　円形拡大ダクトの場合

表13・6　円形拡大ダクトの圧損係数

$(D_2-D_1)/l$	拡大角度 $\theta°$	圧損係数 ζ_4
0.0873	5	0.17
0.1223	7	0.22
0.1750	10	0.28
0.2633	15	0.37
0.3527	20	0.44
0.4434	25	0.51
0.5359	30	0.58
0.6306	35	0.65
0.7279	40	0.72
0.8284	45	0.80
0.9326	50	0.87
1.0411	55	0.93
1.1547	60	1.00

　円形拡大ダクトの圧力損失は，まず拡大前後の直径の差 D_2-D_1 と拡大部の長さ l から，**表13・6** で拡大角度 θ と圧損係数 ζ_4 を求め，これに拡大前後の**速度圧の差**を掛けて求めます。

　　　拡大ダクトの圧力損失 (P_L) (Pa)
　　＝ 圧損係数 (ζ_4) × 速度圧の差 $(P_{V1}-P_{V2})$ (Pa)　………………13・11式

また第12章，6で説明したように速度圧の変化から圧力損失分を引いた残りは静圧の回復となるので，もし静圧の回復を求める必要があれば次式で計算することができます。

拡大ダクトの静圧回復(P_{SR}) (Pa)

$= \left(1 - 圧損係数(\zeta_4)\right) \times 速度圧の差(P_{V1} - P_{V2})$ (Pa) ………13・12式

9．円形縮小ダクトの圧力損失

円形縮小ダクトの圧力損失は，まず縮小部前後の直径の差$D_1 - D_2$と縮小部の長さlから**表13・7**で縮小角度θと圧損係数ζ_5を求め，これに縮小前後の**速度圧の差**を掛けて求めます（**図13・8**）。

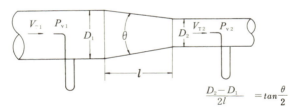

図13・8　円形縮小ダクトの場合

縮小ダクトの圧力損失(P_L) (Pa)

$= 圧損係数(\zeta_5) \times 速度圧の差(P_{V2} - P_{V1})$ (Pa) ……………13・13式

表13・6，**13・7**からわかるように拡大ダクト，縮小ダクトは拡大，縮小の角度が大きいほど，圧力損失が大きくなります。それは角度が大きいほど搬送速度が急激に変化するためで，ちょうど自動車で急加速，急ブレーキを繰り返して走れば燃費効率が悪くなるのと同じです。したがってダクトの取

276 第13章 圧力損失の計算

り合わせ部分は，なるべく変化をゆるやかにする方が運転コストの面で有利
です。

表13・7　円形縮小ダクトの圧損係数

$(D_1-D_2)/l$	縮小角度 $\theta °$	圧損係数 ζ_5
0.0873	5	0.04
0.1750	10	0.05
0.3527	20	0.06
0.5359	30	0.08
0.7279	40	0.10
0.9326	50	0.11
1.1547	60	0.13
2.0000	90	0.20
3.4641	120	0.30

10．角形拡大，縮小ダクトの圧力損失

　局排設計の本はいろいろありますが，角形ダクトの拡大，縮小，あるいは
円形ダクトと角形ダクトとの取り合わせ部分の圧力損失の計算方法について
説明されているものは残念ながら，これまで見たことがありません。

　実際に局排ダクトを設計してみると設置場所のスペースの都合上そういう
取り合わせの必要なことはしばしばあることで，それがどの本にも書かれて
いないということは，それらの本の著者が実際には局排ダクトの設計をあま
りやったことがないということではないでしょうか。

　そのために随分と面白い間違いをしているのをよく見かけます。たとえば
図13・9のような角形拡大ダクトの圧力損失を計算する場合に θ_1 と θ_2 が異
なっていたら，どちらを拡大角度としますか？

　いろいろ考えた揚句に，θ_1 と θ_2 の平均をとったり，大きめにしておけば
間違いないとばかりに θ_1 を使って先ほどの**表13・6**で圧損係数を求めたり，

10. 角形拡大，縮小ダクトの圧力損失　　277

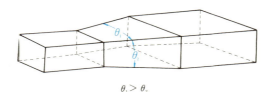

$\theta_1 > \theta_2$

図13・9　角形拡大ダクト

といった笑えぬ誤りをよく見かけます。これはどちらも間違いです。

　ではどうしたら良いと思いますか？　もう一度，拡大，縮小の圧力損失は，搬送速度の変化に伴うエネルギーのロスだという原理に戻って考えてください。ということは何やら拡大，縮小部の前後の搬送速度に関係がありそうですね。

　では，ここでもう一度，角形ダクトの搬送速度の求め方を思い出してください。前に説明したように角形ダクトの搬送速度は，相当直径の円形ダクトの搬送速度です。したがって，角形ダクトの搬送速度や圧力損失を求める場合には，相当直径の円形ダクトだと考えれば良いことになります。

　たとえば，**図13・10**(1)の20cm×30cmの角形ダクトが，30cm×60cmに拡大するのに拡大部の長さが40cmであったとすると，次のように考えます。

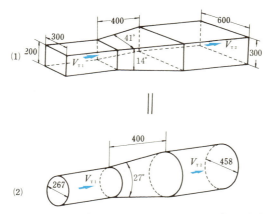

図13・10　角形拡大ダクトは相当直径の円形拡大ダクトと考える

278　　　　　　　　　　第13章　圧力損失の計算

　まず角形ダクトの相当直径表（207頁，**表10・4**）で拡大前後のダクトの相当
直径を求めると，それぞれ26.7cmと45.8cmになります。したがって上の角形
ダクトは，流体力学的には**図13・10(2)**のような円形拡大ダクトと同じという
ことになります。そうすると

$$\frac{(D_{e2} - D_{e1})}{l} = \frac{(45.8 - 26.7)}{40} = 0.4775$$

したがって $\theta = 27°$（$\tan 13.5° = 0.24$）となります。後は円形拡大ダクトの圧
損係数表（274頁，**表13・6**）より $\zeta_4 = 0.54$，これを拡大前後の速度圧の差（P_{V1}
$- P_{V2}$）に掛けて圧力損失を求めます。くどいようですが，この速度圧を求め
るための搬送速度 V_T は，排風量 Q を相当直径 D_e の円の面積で割ったもので
す。

　角形縮小ダクトについても，同様に縮小前後のダクトの寸法から相当直径
D_{e1}，D_{e2} を求めて，円形縮小ダクトとして計算します。

　このほか、円形ダクトと角形ダクトの異形取り合わせの場合も，角形ダク
トの方を相当直径の円形ダクトと考えて計算します。

11. ダンパーの圧力損失

　ダンパーは完全に開いてもダクトの中に軸があるために気流の乱れによる
抵抗が生じます。ダンパーの開放時の圧損係数 ζ_6 は，バタフライダンパーで
0.2，平行翼ダンパーでは0.3としてください。

　したがって，ダンパーを付けた場合には速度圧に開放時の圧損係数 ζ_6（0.2
または0.3）を掛けて圧力損失を求めます。

12. 空気清浄装置の圧力損失

　除じん装置，ガス吸収装置等の空気清浄装置を自分で設計するということ
は滅多にありません。普通は処理しようとする有害物質の種類，性質，排気

中の濃度，必要な捕集効率（除じん装置であれば集じん効率）をもとにどんな方式の装置が適当かを調べて，その方式の装置を作っているメーカーから適当な既製品を買うことになります。ところが，局所排気装置の圧損計算をする場合にこれがネックになることがあります。というのは，メーカーが出してくるカタログや仕様書に載っている規格品には，私たちが計画した排風量にピッタリ合う処理風量のものがあることはまれで，大抵の場合それに近いものを我慢して使わざるを得ません。ところが，カタログや仕様書には定格処理風量とその処理風量で使用したときの圧力損失しか記載されていません。では，既製品の空気清浄装置を定格以外の処理風量で運転すると，圧損はどうなるのでしょうか？

ここで本章の最初に勉強したことをもう一度思い出してください。そうです。「直線ダクト以外の部分の圧損は圧損係数に速度圧を掛け算して求める」というあれです。この原則は除じん装置でも排ガス処理装置でも成り立ちます。同じ空気清浄装置については処理風量が変わっても圧損係数は変わらないのでその値を ζ_c とすれば定格処理風量 Q_S (㎥/min) で運転したときの圧損 P_{LS} は，

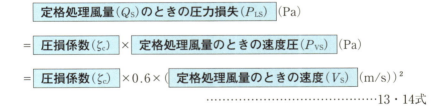

……………………………………13・14式

一方，定格と異なる処理風量 Q_f (㎥/min) で運転したときの圧損 P_{Lf} は，

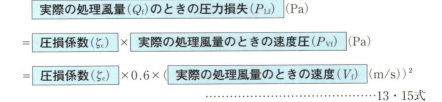

……………………………………13・15式

280 第13章 圧力損失の計算

したがって,

$$\frac{\boxed{\text{実際の処理風量のときの圧力損失}(P_{\text{Lf}})}}{\boxed{\text{定格処理風量のときの圧力損失}(P_{\text{LS}})}}$$

$$=\left(\frac{\boxed{\text{実際の処理風量のときの速度}(V_{\text{f}})}}{\boxed{\text{定格処理風量のときの速度}(V_{\text{S}})}}\right)^{2}$$

$\cdots\cdots\cdots\cdots\cdots\cdots\cdots\cdots\cdots\cdots\cdots\cdots$13・16式

空気清浄装置を流れる気流の速度は処理風量に比例するので,

$$\frac{\boxed{\text{実際の処理風量のときの圧力損失}(P_{\text{Lf}})}}{\boxed{\text{定格処理風量のときの圧力損失}(P_{\text{LS}})}}=\left(\frac{\boxed{\text{実際の処理風量}(Q_{\text{f}})}}{\boxed{\text{定格処理風量}(Q_{\text{S}})}}\right)^{2}$$

$\cdots\cdots\cdots\cdots\cdots\cdots\cdots\cdots\cdots\cdots\cdots\cdots$13・17式

または,

$$\boxed{\text{実際の処理風量のときの圧力損失}(P_{\text{Lf}})}$$

$$=\boxed{\text{定格処理風量のときの圧力損失}(P_{\text{LS}})}\times\left(\frac{\boxed{\text{実際の処理風量}(Q_{\text{f}})}}{\boxed{\text{定格処理風量}(Q_{\text{S}})}}\right)^{2}$$

$\cdots\cdots\cdots\cdots\cdots\cdots\cdots\cdots\cdots\cdots\cdots\cdots$13・18式

　すなわち定格以外の処理風量のときの圧損は，カタログ等に記載されている圧力損失に実際の処理風量と定格処理風量の比の2乗を掛け算して求めることができます。

　ただし空気清浄装置は一般に定格の状態で捕集率が最適になるように設計されているので，あまり定格を外れた条件で使用するのは好ましくありません。できれば定格処理風量±10%の範囲で使うように計画してください。

　またこの計算方法は，バグフィルターのようないわゆる隔壁形式と呼ばれる空気清浄装置の場合には正確には当てはまらず，圧力損失が処理風量に比例するという実測データもあります。バグフィルターの圧力損失はろ布への粉じんの堆積状態など多くのファクターが複雑に影響するので，計画の際に

13. 排気口の圧力損失

はその都度メーカーの技術資料等を参考にすることをおすすめします。

局所排気装置の排気口には，排気をできるだけ高い上空に吐き出して，汚染物質が再び舞い戻ってこないよう拡散させること，排風機（ファン）の吐出気流の乱れを抑えて圧力損失を小さくすることという2つの大きな役目があります。ファンの吐出口では気流は渦を巻いており，断面の流速分布にひどいバラツキがあるために，ファンから直接外気に放出すると圧力損失が大きくなってエネルギーの浪費につながります。これを防ぐために，ファンには少なくとも1m，直管の排気ダクトをつけることが必要です。

排気口での圧力損失は，排気ダクト内の気流が排気口の直前で持っていた全エネルギーに相当します。すなわち，気流は排気口の直前では流速に相当する速度圧P_Vと静圧P_Sを持っていますが，排気口の外に出ると速度圧も静圧もゼロになるので，持っていたエネルギー全部を失うことになります（図13・11）。これはちょうどガス欠でエンジンが止まって停車した車のエネルギーがゼロになるのと同じです。

排気口の圧力損失は，排気口を通過する気流の速度圧P_Vに，圧損係数ζ_7を掛け算して求めます。表13・8に代表的な形の排気口の圧損係数をまとめて

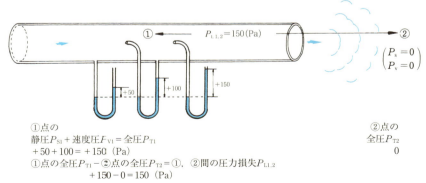

図13・11 排気口の圧力損失は排気口における気流の全圧

282　　　　　　　　　　　第13章　圧力損失の計算

表13・8　排気口の圧損係数

排気口の形	例　　図	圧損係数（ζ_7）	
① 直管型 （テーパー型も同じ）		1.0	
② エルボー型		$1 + \zeta_2$ ζ_2：ベンドの圧損係数 （269頁，表13・3，270頁，表13・4参照）	
③ ルーバ型 （角形，円形とも） P_Vはルーバ間の気流の速度圧		開口比（a/A）	圧損係数（ζ_7）
		0.7	1.50
		0.8	1.35
		0.9	1.25
		開口比 $= a/A$ A：排気口面積 a：隙間面積	

おきます。

　排気口の圧損係数ζ_7のうち1.0は速度圧P_Vがゼロになるためのエネルギーの損失，残りは静圧P_Sがゼロになるためのエネルギーの損失に相当します。たとえばルーバ型（開口比0.7）のζ_7が1.50ということは，排気口直前のところの静圧P_Sがルーバの間を通り抜ける気流の速度圧P_Vの0.5倍あり，これが排気口を出たところでゼロになってしまうということです。

　直管型排気口の場合には，$\zeta_7 = 1.0$ですから，排気口の静圧P_Sはゼロ，速度圧P_Vだけが損失となります。エルボー型の場合には，排気口のところで速度圧P_Vが失われるほかに，ベンドの圧損と同じ静圧P_Sの損失があります。

　ルーバ型排気口の場合には，圧損係数ζ_7を掛ける速度圧P_Vは，ダクト内の流速ではなくルーバの隙間を通る気流速度，すなわちダクト内流速を開口比で割った流速に相当する速度圧です。

エルボーの先端にルーバがついている場合には，エルボーの部分でベンドに相当する静圧の損失があり，さらにその先にルーバ型排気口がついているというように，複雑な形の排気口の圧損は，単純な部分部分に分解して計算した各部の圧損を合計して求めます。

14. フィルターの圧力損失

塗装用の乾式ブースや給気口の除じん用フィルターの圧力損失は，ほとん

表13・9　フィレドン® エアフィルターの標準仕様
（日本バイリーンのホームページより引用）

塗装ブース用　　　　　　　　　乾燥炉用耐熱

PA305HL	
材　質	ポリオレフィン
標準通過風速	0.5m/s
平均捕集効率	≦98%
使用温度	60℃以下

AE100	
材　質	芳香族ポリアミド
標準通過風速	1.0m/s
平均捕集効率	≦88%
使用温度	180℃以下

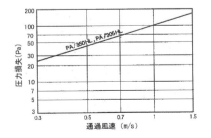
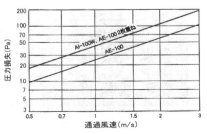

284 第13章 圧力損失の計算

どのメーカーが技術資料として公開しています。

表13・9は，フィルドンエアフィルターのメーカーがホームページ上に公開している資料で，この例のように一般に排風量をフィルターの面積で割って求めた通過風速と圧力損失の関係が示されています。平均捕集効率は粒子径10μmの粒子に対する値です。

15. 圧力損失計算結果の端数処理とまるめ方

ダクト系の圧損計算には多くの不確定的な要素があります。

たとえば261頁，13・3式の中のダクトの摩擦係数λは一般的に0.02という値が使われますが，これはダクトの材料に広く使われている新しいトタン板の平均粗さ（表面のざらざら）εを0.15mm，直径に対する相対粗さε/Dを0.001と仮定して標準空気に対して計算した値で，トタン板の表面の状態、空気の温度、相対湿度，圧力等が変動すれば変わります。

また，圧力損失係数ζの値のほとんどは、限られた実験結果に基づくもので理論的に求められたものではありません。そのため圧損計算の信頼性にはおのずから限界があります。

本書をはじめ局排設計に関する書物に掲載されている圧力損失係数はすべて，多くの実務家が自らの必要に迫られて実験した結果をレポートしたデータを ASHRAE（American Society of Heating Refrigerating and Air-Conditioning Engineers，米国暖冷房空調技術協会）が信頼性等の観点から選別してハンドブック（ASHRAE Handbook）に収録した表から引用されたものです。

実験値ですから当然数値の間が空いていることがあります。ちょうどずばりの数値が無い分については，内挿法，外挿法，比例計算で求めますが，計算の途中で小さめの数値を使うと結果的に全体の圧力損失を過小評価しファンの能力不足になる心配があります。というわけで計算途中の端数処理では，差し支えのない限り大きめになるようにまるめてください。

第14章

圧力損失の計算演習

286　　　　　　　　第14章　圧力損失の計算演習

　本章と第16章では第13章で勉強したことを実地に応用して，第11章，2で出てきた系統線図の例について圧損計算をしながら局所排気装置設置届に添付する計算書を作る練習をします。まず本章では搬送速度を大きめにとり，合流点での静圧のバランスは枝ダクトの太さを調節して圧損を加減するという従来の方法を練習し，次に第16章では最近の傾向である搬送速度を小さめにとり既製のスパイラルダクトを使って，合流点での静圧のバランスはダンパーで調整する方法を練習します。

1．局排装置計算書の書き方
（その3．圧損計算の例題）

　ここで第11章，6で準備した局排装置計算書（239頁）をもう一度見てください。今度は第13章で勉強した圧力損失の計算法を使って，計算書3頁目の系統線図（242頁）の主ダクト系について，各部分の圧力損失を計算しながら，計算書4頁目（243頁）を完成させることにします。計算書（**図14・1**）の青い数字が今回計算記入したところです。

　まず線図番地に相当する各部分の搬送速度V_Tより速度圧P_Vを求めて計算書4頁目（243頁）のF列に記入します。

　次にフードの圧損係数ζ_1を**表13・2**（266頁）で求めます。この例のフードNo.1の圧損係数は，**表13・2**の②より0.49とします。これをH・2欄に記入し，これと速度圧P_Vを掛けた答$P_{L1}=22.8$（Pa）をI・2欄に記入します。

　直線ダクトの各部分の圧力損失は，まず13・3式にダクトの直径Dと長さLを代入して計算した$\zeta_d=0.13$をH・4欄に記入し，これと速度圧$P_V=46.5$を掛けた答$P_L=6.0$（Pa）をI・4欄に記入します。

　ベンド，合流については，それぞれ**表13・3**，**表13・5**から圧損係数ζ_2，ζ_3を求めてH列に記入し，F列の速度圧P_Vを掛けた答P_LをI列に記入します。たとえば，3行目番地1～2のベンドは，$\theta=90°$，$r/D=1.5$ですから$\zeta_2=0.39$，$P_V=46.5$（Pa）を掛けるとこの部分の圧力損失$P_{L2}=18.1$（Pa）と

1．局排装置計算書の書き方（その3，圧損計算の例題）　287

	A 線図番地	B ダクト直径 D または相当直径 D_e (m)	C ダクト断面積 A (㎡)	D 排風量 Q (㎥/min)	E 搬送速度 V_t (m/s)	F 速度圧 P_v (Pa)	G ダクト各部の形状寸法等	H 圧損係数 ζ	I 圧力損失 P_L (Pa) 部分	J 累計	K 静圧 P_s (Pa)
1											
2	0〜1 フードNo.1 P_{L1}	0.24	0.045	24	8.8	46.5		0.49	22.8	22.8	
3	1〜2 90°ベンド P_{L2}	0.24	0.045	24	8.8	46.5	$r/D=1.5$ $\theta=90°$	0.39	18.1	40.9	
4	2〜3 直線ダクト P_{L3}	0.24	0.045	24	8.8	46.5	$L=1.5$m	0.13	6.0	46.9	
5	3〜4 90°ベンド P_{L4}	0.24	0.045	24	8.8	46.5	$r/D=1.5$ $\theta=90°$	0.39	18.1	65.0	
6	4〜5 直線ダクト P_{L5}	0.24	0.045	24	8.8	46.5	$L=3.5$m	0.29	13.5	78.5	
7	5〜6 合　流 P_{L6}	0.24	0.045	24	8.8	46.5	$\theta<10°$	0.2	9.3	87.8	
8	6〜7 直線ダクト P_{L7}	0.4	0.126	77	10.2	62.4	$L=2.0$m	0.1	6.2	94.0	
9	7〜8 合　流 P_{L8}	0.4	0.126	77	10.2	62.4	$\theta=45°$	0.2	12.5	106.5	
10	8〜9 直線ダクト P_{L9}	0.45	0.159	97	10.2	62.4	$L=1.0$m	0.05	3.1	109.6	
11	9〜10 90°ベンド P_{L10}	0.45	0.159	97	10.2	62.4	$r/D=1.25$ $\theta=90°$	0.55	34.3	143.9	
12	10〜11 空気清浄装置 P_{L11}	—	—	—	—	—					

(4)

図14・1　局排装置計算書（4頁目）
第2ステップ：速度圧から圧力損失まで

なります。また7行目番地5～6の合流は，$\theta < 10°$ ですから主ダクト側の ζ_3は0.2，したがって，この部分の圧力損失$P_{L6}=9.3$（Pa）となります。

　各部分ごとの圧力損失が求められたら，次にその累計をJ列に記入します。これがフードNo.1の流入口から主ダクトの各番地に相当する点までの区間の圧力損失です。たとえば空気清浄装置の入口までの圧力損失は143.9（Pa）です。

2．局排装置計算書の書き方
（その4，静圧を計算する）

　圧力損失の計算ができたら，続いてダクト各部分の静圧を計算して計算書に記入しましょう（**図14・2**）。

　K・2欄にはフードNo.1のテーク・オフの位置（系統線図の①番地の点）の静圧を記入します。フードの開口の外側では通常空気は静止していると考えるので速度圧はゼロ，また室内がとくに加圧減圧されていなければ静圧もゼロ，すなわち全圧もゼロであると考えます。したがってフード開口から①番地までの圧力損失が22.8（Pa）あれば，この地点の全圧は－22.8（Pa）です。静圧は前に説明したように全圧から速度圧を引いて求めることができます。この地点の速度圧はF・2欄に記入されている46.5（Pa）です。したがって，静圧は－22.8－46.5＝－69.3（Pa）となります。これをK・2欄に記入します。

　次に90°ベンドの後（系統線図の②番地の点）の静圧の求め方には2とおりの方法があります。まず，この点と前の①番地の点では搬送速度が等しいので，この間で生じた圧力損失だけ静圧が減少したと考えれば，②番地の静圧は次式で計算できます。

2．局排装置計算書の書き方（その4，静圧を計算する）　289

	A	B	C	D	E	F	G	H	I	J	K
1	線図番地	ダクト直径 D または相当直径 D_c (m)	ダクト断面積 A (m²)	排風量 Q (m³/min)	搬送速度 V_T (m/s)	速度圧 P_v (Pa)	ダクト各部の形状・寸法等	圧損係数 ζ	圧力損失 P_L (Pa) 部分	累計	静圧 P_s (Pa)
2	0〜1 フードNo.1 P_{L1}	0.24	0.045	24	8.8	46.5		0.49	22.8	22.8	−69.3
3	1〜2 90°ベンド P_{L2}	0.24	0.045	24	8.8	46.5	$r/D=1.5$ $\theta=90°$	0.39	18.1	40.9	−87.4
4	2〜3 直線ダクト P_{L3}	0.24	0.045	24	8.8	46.5	$L=1.5$m	0.13	6.0	46.9	−93.4
5	3〜4 90°ベンド P_{L4}	0.24	0.045	24	8.8	46.5	$r/D=1.5$ $\theta=90°$	0.39	18.1	65.0	−111.5
6	4〜5 直線ダクト P_{L5}	0.24	0.045	24	8.8	46.5	$L=3.5$m	0.29	13.5	78.5	−125.0
7	5〜6 合流 P_{L6}	0.24	0.045	24	8.8	46.5	$\theta<10°$	0.2	9.3	87.8	−150.2
8	6〜7 直線ダクト P_{L7}	0.4	0.126	77	10.2	62.4	$L=2.0$m	0.1	6.2	94.0	−156.4
9	7〜8 合流 P_{L8}	0.4	0.126	77	10.2	62.4	$\theta=45°$	0.2	12.5	106.5	−168.9
10	8〜9 直線ダクト P_{L9}	0.45	0.159	97	10.2	62.4	$L=1.0$m	0.05	3.1	109.6	−172.0
11	9〜10 90°ベンド P_{L10}	0.45	0.159	97	10.2	62.4	$r/D=1.25$ $\theta=90°$	0.55	34.3	143.9	−206.3
12	10〜11 空気清浄装置 P_{L11}	—	—	—	—	—	（メーカー資料による）		500.0	643.9	−706.3

図14・2　局排装置計算書（4頁目）
第3ステップ：静圧を計算する

(4)

290　　　　　第14章　圧力損失の計算演習

$$\boxed{\text{①番地の静圧}(P_{\text{S1}})}\ (\text{Pa}) - \boxed{\text{①, ②間の圧力損失}(P_{\text{L1.2}})}\ (\text{Pa})$$

$$= \boxed{\text{②番地の静圧}(P_{\text{S2}})}\ (\text{Pa})\ \cdots\cdots\cdots\cdots\cdots\cdots\cdots 14 \cdot 1 \text{式}$$

　この方法は搬送速度が変わらない場合には便利ですが，搬送速度が変わる場合には使えません。

　第2の方法は，フード入口から②番地までの圧力損失の累計にマイナスの符号を付けたものが②番地の全圧ですから，それから②番地の速度圧を引いて静圧を求める方法です。この方法なら搬送速度が変わっても関係なく使えますし，上から順に静圧を計算しなくても，ある番地の速度圧と，フード入口からその点までの圧力損失がわかれば，その点だけの静圧を計算することができます。

$$- \boxed{\text{フード入口からある点までの圧力損失}(P_{\text{L}})}\ (\text{Pa})$$

$$- \boxed{\text{その点の速度圧}(P_{\text{V}})}\ (\text{Pa})$$

$$= \boxed{\text{その点の静圧}(P_{\text{S}})}\ (\text{Pa})\ \cdots\cdots\cdots\cdots\cdots\cdots\cdots 14 \cdot 2 \text{式}$$

　14・2式でフード入口からある点までの圧力損失にマイナスの符号を付ける理由は，吸引ダクト内の全圧が圧力損失の分だけマイナス（減圧）になるからです。排気ダクト内の全圧は圧力損失の分だけプラス（加圧）になります。**したがってこの式を排気ダクトの静圧の計算に応用する際には排気口からある点までの圧力損失にマイナスの符号を付けないでください。**

　また，**合流や拡大，縮小で前後の搬送速度と速度圧に変化がある場合の静圧は全圧から変化後の速度圧を引いて求めます。**たとえば図7行目⑥番地の点の静圧はJ・7欄の累計圧力損失87.8（Pa）にマイナスの符号を付けた全圧−87.8（Pa）から⑥番地の速度圧すなわちF・8欄の62.4（Pa）を引いた−150.2（Pa）となります。

　そもそも何のために静圧を計算するのかというと，合流部分の主ダクト側と枝ダクト側の静圧のバランス（これについては後で説明します）を考えたり，

3．局排装置計算書の書き方（その5，排気ダクトの圧損と静圧）　291

後で排風機（ファン）の選定の際に排風機（ファン）前後の静圧差を知る必要
があるためで，そのためには何もダクト系の各部分の静圧を全部知る必要は
なく，必要な点の静圧だけを任意に計算できる14・2式の方法が便利です。

　いずれの方法で計算しても，②番地の静圧は−87.4（Pa）となります。こ
の値をK・3欄に記入します。以下同様の方法で計算した静圧をK列に記入
しておきましょう。

　そうするとフードNo.1から空気清浄装置入口（系統線図の⑩番地）までの圧
力損失は143.9（Pa），空気清浄装置入口の静圧は−206.3（Pa）となります。

　空気清浄装置の圧力損失は，計算する方法はもちろんありますが大変専門
的になりますので，詳しいことは専門書を見ていただくことにして，局排の
設計の際には一応装置メーカーのデータを使って計算を進めることにしま
す。ただし，空気清浄装置の圧力損失は，通過風量によって変化することに
注意してください（278頁，第13章，12参照），この例では与えられた条件（$Q =$
97.0㎥/min）での空気清浄装置の圧力損失は500.0（Pa），したがって空気清浄
装置出口（系統線図の⑫番地）までの圧力損失は643.9（Pa），空気清浄装置出
口の静圧は−706.3（Pa）となります。

3．局排装置計算書の書き方
（その5，排気ダクトの圧損と静圧）

　フードNo.1の入口から空気清浄装置の出口（系統線図の⑪番地）までの圧力
損失と静圧を求めるところまで勉強しましたので，今度は排気口までの圧力
損失を求めて計算表に記入してみましょう（**図14・3**）。

　前回までに記入したところは途中を省略して，計算表の13行目は空気清浄
装置と排風機入口とをつなぐ90°ベンドの圧損で，これを加えると排風機入
口（系統線図の⑫番地）までの圧力損失は678.2（Pa），排風機入口の静圧P_{S12}は
−740.6（Pa）となります。

　次に排風機のところは圧力損失の計算は必要ないので1行あけて，排気ダ

292　　　　第14章　圧力損失の計算演習

(4)

	A 図地 線番号	B ダクト直径D または相当直径D_e (m)	C ダクト断面積A (m²)	D 排風量Q (m³/min)	E 搬送速度V_T (m/s)	F 速度圧P_v (Pa)	G ダクト各部 の形状 寸法等	H 圧損係数 ζ	I 圧力損失 P_L (Pa) 部分	J 累計	K 静圧 P_s (Pa)
1											
2	0~1 フードNo.1 P_{L1}	0.24	0.045	24	8.8	46.5		0.49	22.8	22.8	−69.3
3	1~2 90°ベンド P_{L2}	0.24	0.045	24	8.8	46.5	$r/D=1.5$ $\theta=90°$	0.39	18.1	40.9	−87.4
				(途 中 省 略)							
12	10~11 空気清浄装置 P_{L11}	0.45	0.159	97	10.2	62.4	(メーカー資料による)	0.55	500.0	643.9	−706.3
13	11~12 90°ベンド P_{L12}	0.45	0.159	97	10.2	62.4	$r/D=1.25$ $\theta=90°$	0.55	34.3	678.2	−740.6
14	12~13 排　風　機										
15	0~15 排気口 P_{L15}	0.42	0.139	97	16.6	165.3	$a/A=0.7$	1.5	248.0	248.0	82.7
16	15~14 110°ベンド P_{L16}	0.38	0.113	97	14.3	122.7	$a/b=1.33$ $r/a=0.5$ $\theta=110°$	$1.1\times$ $110/90$ $=1.34$	161.4	112.4	289.7
17	14~13 直線ダクト P_{L18}	0.38	0.113	97	14.3	122.7	$a=0.4$m $b=0.3$m $L=6.0$m	0.32	39.3	451.7	329.0
18											

排風機前後の静圧差　$P_{sN}=P_{sND}-P_{sNU}=329.0-(-740.6)=1069.6$

図14・3　局排装置計算書（4～5頁目）
第4ステップ：排気ダクトの圧損と静圧、排風機前後の静圧差

3．局排装置計算書の書き方（その5，排気ダクトの圧損と静圧）　293

クトの圧力損失を計算する場合には吸引ダクトの場合とは逆に，この例のように排気口からさかのぼって計算していった方が便利です。なぜかというと，排気ダクトの圧力損失を計算する目的は，実は排風機出口の静圧を知るためであり，そのためには空気が静止していて速度圧，静圧ともに（ということは全圧も）ゼロの排気口の外を基準にとって計算を始める方が楽だからです。

　まず排気口の圧損ですが，この排気口は角形ベンドとルーバ型排気口の組み合わせと考えることができます。

　ルーバ型排気口の見かけの大きさは0.3（m）×0.5（m）の長方形で，流体力学的には相当直径0.42（m）の円形に相当し，その面積は0.139（㎡）ですが，開口率a/Aが0.7ですから有効面積は0.139×0.7＝0.0973（㎡），したがってルーバを通過する気流の速度V_Tは97.0/（60×0.0973）＝16.6（m/s），その速度圧P_Vは165.3（Pa）となります。また開口比a/A＝0.7のルーバの圧損係数ζ_7は**表13・8**の③より1.5，したがって圧力損失P_{L15}は165.3×1.5＝248.0（Pa）となります。このうち165.3（Pa）は速度圧P_Vがゼロになったための損失，残りの82.7（Pa）が非気口のルーバの内側の静圧P_{S15}に相当します。

　次にベンドは，縦横比a/b＝1.33，曲率r/a＝0.5，曲がり角度θ＝110°ですから圧損係数はζ_2は1.34，速度圧122.7を掛けると圧力損失P_{L14}は164.4（Pa）となります。本当は，このベンドは曲がりながら断面が拡大しているので，ベンドの圧力損失と一緒に，拡大ダクトとしての圧力損失と静圧の回復を考えに入れなければいけないのですが，その分は無視できる程度に小さいので省略してあります。

　最後に直線ダクトの部分の圧力損失P_{L13}が39.3（Pa），これを加えると排気ダクトの総圧力損失は451.7（Pa），すなわち，排風機の出口の全圧も451.7（Pa）となり，これから速度圧P_{V13}＝122.7（Pa）を引くと，排風機出口（系統線図の⑬番地）の静圧P_{S13}は329.0（Pa），排風機の入口と出口の圧力差は1069.6（Pa）となります。

　以上でフードで№1から排気口まで，主ダクト系統だけについて圧損と静圧の計算を完了したことになります。いかがですか？　圧損の計算は難しい

ものとばかり思いこんでいたあなた，原理さえ理解できれば大して難しいものではないでしょう。

4．枝ダクトの圧損と合流点での静圧のバランス

　前節でフード№1から排気口まで，主ダクト系について圧損と静圧の計算を完了しました。

　ところで実際にはまだ大切な仕事が残っています。これまで主ダクト系統だけについて計算を進めてきましたが，枝ダクトの圧損を計算して，主ダクトとの合流点での静圧の差が10％以内におさまるようにバランスをとる仕事がまだ残っています。

　まずフード№2から第1の合流点（系統線図の⑥番地）までの枝ダクトの圧損を計算すると，計算書（図14・4）のように圧力損失$P_L = 82.8$（Pa），合流点の静圧$P_{S6}'' = -155.4$（Pa）となります。前に主ダクト側について計算したこの合流点の静圧P_{S6}は-150.2（Pa）で（図14・2，K・7欄），この場合は静圧のバランスがほぼとれていることがわかります。

　次にフード№3から第2の合流点（系統線図の⑧番地）までの圧損を計算すると図14・5のように圧力損失$P_L = 173.6$，合流点の静圧$P_{S8}'' = -243.6$（Pa）となります。ところが，前に主ダクト側について計算したこの合流点の静圧P_{S8}は-168.9（Pa）（図14・2，K・9欄）で，この場合には主ダクト側と枝ダクト側の静圧のバランスがとれていません。

　もしこのままダクトを作って運転すれば，抵抗の大きい枝ダクト側の風量は当初計画したより減り，抵抗の小さい主ダクト側の風量は増えてしまい，局所排気装置として所期の効果は得られなくなってしまいます。

5．静圧のバランスをとる方法

　合流点での枝ダクト側と主ダクト側の静圧をバランスをとらせるには，2

５．静圧のバランスをとる方法

	A	B	C	D	E	F	G	H	I	J	K
	線番 図地	ダクト直径 D または相当直径 D_e (m)	ダクト断面積 A (m²)	排風量 Q (m³/min)	搬送速度 V_T (m/s)	速度圧 P_v (Pa)	ダクト各部の形状・寸法等	圧損係数 ζ	圧力損失 P_L (Pa) 部分	累計	静圧 P_s (Pa)
1											(4)
2	0〜16 7—ドNo.2 P_{L16}	0.32	0.08	53	11.0	72.6		0.5	36.3	36.3	−108.9
3	16〜17 直線ダクト P_{LT}	0.32	0.08	53	11.0	72.6	$L=0.5\mathrm{m}$	0.03	2.2	38.5	−111.1
4	17〜6 90°ベンド P_{L6}'	0.32	0.08	53	11.0	72.6	$r/D=1.25$ $\theta=90°$	0.55	39.9	78.4	−151.0
5	17〜6 合流 P_{L6}''	0.32	0.08	53	11.0	72.6	$\theta<10°$	0.06	4.4	82.8	−155.4

図14・4 局排装置計算書（4頁目）
第5ステップ：枝ダクトの圧損と静圧(1)

図14・5　局排装置計算書（4頁目）
第6ステップ：枝ダクトの圧損と静圧(2)

	A	B	C	D	E	F	G	H	I		J	K
	線番号 図地	ダクト直径 D または相当直径 D_e (m)	ダクト断面積 A (㎡)	排風量 Q (m³/min)	搬送速度 V_T (m/s)	速度圧 P_V (Pa)	ダクト各部の形状 寸法等	圧損係数 ζ	圧力損失 P_L (Pa) 部分	累計		静圧 P_S (Pa)
1												
2	0～18 フードNo.3 P_{18}	0.2	0.031	20	10.8	70.0		0.51	35.7	35.7		−105.7
3	18～19 直線ダクト P_{19}	0.2	0.031	20	10.8	70.0	$L = 0.4\mathrm{m}$	0.04	2.8	38.5		−108.5
4	19～20 90ベンド P_{20}	0.2	0.031	20	10.8	70.0	$r/D = 1.25$ $\theta = 90°$	0.55	38.5	77.0		−147.0
5	20～21 直線ダクト P_{21}	0.2	0.031	20	10.8	70.0	$L = 0.8\mathrm{m}$	0.08	5.6	82.6		−152.6
6	21～22 90ベンド P_{22}	0.2	0.031	20	10.8	70.0	$r/D = 1.25$ $\theta = 90°$	0.55	38.5	121.1		−191.1
7	22～23 直線ダクト P_{23}	0.2	0.031	20	10.8	70.0	$L = 1.9\mathrm{m}$	0.19	13.3	134.4		−204.4
8	23～8 45ベンド P_8	0.2	0.031	20	10.8	70.0	$r/D = 1.25$ $\theta = 45°$	$0.55 × 45.90 = 0.28$	19.6	154.0		−221.0
9	23～8 合流 $P_{8'}$	0.2	0.031	20	10.8	70.0	$\theta = 45°$	0.28	19.6	173.6		−243.6

つの方法があります。1つは抵抗の小さい方のダクトにダンパーを設けて，抵抗が同じになるようにしぼってやる方法で，抵抗調節平衡法またはダンパー調節平衡法と呼ばれる方法，もう1つは抵抗の大きい方のダクトを少し太くして抵抗を減らすか，抵抗の小さい方のダクトを少し細くして抵抗を増やすか，あるいはその両方を併用して抵抗のバランスをとる方法で，流速調節平衡法と呼ばれる方法です。

抵抗調節平衡法は，ちょうど傾いている天びんの軽い方に余分なおもりを載せてバランスをとらせるようなもので，ダンパーをしぼった分だけ抵抗が増え，余分なエネルギーを消費します。しかし圧損の計算は，一番抵抗の大きい枝ダクトについて行うだけで済みます。またこの方法で設計すればダクトの太さを変える必要はないので，搬送速度も変えずに済みます。したがって，粉じんを吸引するダクトのような所定の搬送速度を保つ必要がある場合には便利です。ただし，ダンパーに粉じんが堆積しないような工夫と，いったん調節したダンパーをやたらに動かされないようにすることが必要です。

流速調節平衡法を使う場合には，抵抗が増えても搬送速度を小さくしたくないならば，抵抗の小さい方の枝管を細くします。この場合には抵抗の増えた分だけ余分なエネルギーを消費することはダンパーの場合と同様です。

有機溶剤を排出する局排のように，ダクトに粉じんが堆積する心配がない場合には，抵抗の大きい方の枝管を太くして抵抗を下げた方が有利です。

6．流速調節平衡法の実際

流速調節平衡法で枝ダクトの抵抗をバランスさせるには，次のようにしてダクトの太さを決めます。

① まず排風量と所定の搬送速度から各ダクトの太さを仮に決めて，それぞれの圧損と合流点の静圧を計算します。

たとえば**図14・6**のようなダクト系で，枝ダクト❶と❷の直径，搬送速度，合流点での静圧がそれぞれD_1，D_2，V_{T1}，V_{T2}，P_{S1}，P_{S2}であったと

第14章　圧力損失の計算演習

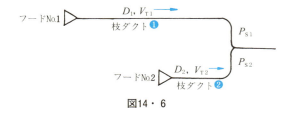

図14・6

します。

② 次に枝ダクト❶の直径D_1を変えてP_{S1}をP_{S2}と等しくしたい場合には，$\sqrt[4]{P_{S1}/P_{S2}}$を計算して，これをD_1に掛け算します。得られた答えがP_{S1}をP_{S2}に等しくするための新しい枝ダクト❶の直径D_1'です。

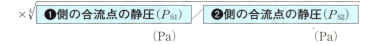

………… 14・3式

$\sqrt[4]{P_{S1}/P_{S2}}$の$\sqrt[4]{}$（4乗根と読む）というのは，平方根の平方根のことで，電卓でまず$P_{S1}\div P_{S2}$を計算し，答えが出たら$\boxed{\sqrt{}}$のキーを2回続けて押せば簡単に求めることができます。

③ 反対に，枝ダクト❷の直径D_2を変えてP_{S2}をP_{S1}に合わせたい場合には，D_2に$\sqrt[4]{P_{S2}/P_{S1}}$を掛けてD_2'を求めます。角形ダクトの場合にはDはもちろん相当直径です。

たとえばP_{S1}がP_{S2}の2倍ある場合に，P_{S1}を半分に減らしてP_{S2}と等しくするには，D_1を1.19倍（$\sqrt[4]{2}=1.19$）に太くしてやればよいということです。なぜ4乗根などという厄介なものを掛け算するのかというと，ダクトの圧力損失は速度圧に比例する，すなわち搬送速度の2乗に比例（搬送速度は圧力損失の平方根に比例）し，搬送速度は気流の量が変わらなければダクトの断面積に反比例（ダクト断面積は搬送速度に反比例）し，ダクト断面積は直径の2乗

(4)

	A 線番号・図番地	B ダクト直径 D または相当直径 D_c (m)	C ダクト断面積 A (m²)	D 排風量 Q (m³/min)	E 搬送速度 V_t (m/s)	F 速度圧 P_v (Pa)	G ダクト各部の形状 寸法等	H 圧損係数 ζ	I 圧力損失 P_L (Pa) 部分	J 圧力損失 P_L (Pa) 累計	K 静圧 P_s (Pa)
1											
2	0〜18 フードNo.3 P_{L18}	0.22	0.038	20	8.8	46.5		0.51	23.7	23.7	−70.1
3	18〜19 直線ダクト P_{L19}	0.22	0.038	20	8.8	46.5	$L=0.4\mathrm{m}$	0.04	1.9	25.6	−72.0
4	19〜20 90°ベンド P_{L20}	0.22	0.038	20	8.8	46.5	$r/D=1.25$ $\theta=90°$	0.55	25.6	51.2	−97.5
5	20〜21 直線ダクト P_{L21}	0.22	0.038	20	8.8	46.5	$L=0.8\mathrm{m}$	0.07	3.3	54.5	−101.0
6	21〜22 90°ベンド P_{L22}	0.22	0.038	20	8.8	46.5	$r/D=1.25$ $\theta=90°$	0.55	25.6	80.1	−126.6
7	22〜23 直線ダクト P_{L23}	0.22	0.038	20	8.8	46.5	$L=1.9\mathrm{m}$	0.18	8.4	88.5	−135.0
8	23〜8 45°ベンド P_{L8}'	0.22	0.038	20	8.8	46.5	$r/D=1.25$ $\theta=45°$	$0.55\times45/90=0.28$	13.0	101.5	−148.0
9	23〜8 合流 P_{L8}''	0.22	0.038	20	8.8	46.5	$\theta=45°$	0.28	13.0	114.5	−161.0

図14・7 局排装置計算書（4頁目）
第6ステップ：枝ダクトの圧損と静圧(2)

に比例（直径は断面積の平方根に比例）する。結局圧力損失は直径の4乗に反比例（直径は圧力損失の4乗根に反比例）するからなのです。上の例でD_1を1.19倍すると断面積A_1は$(1.19)^2 = 1.414$倍（$\sqrt{2}$倍）になり，搬送速度V_{T1}は$1/\sqrt{2}$倍，したがって速度圧，圧力損失は1/2倍になるというわけです。

　このやり方を先ほどの例題のフードNo.3から第2の合流点までの枝ダクトに応用してみましょう。

　枝ダクトの合流点の静圧$P_{S8}'' = -243.6$（Pa），主ダクト側の合流点の静圧$P_{S3} = -168.9$（Pa），枝ダクトの直径$D = 0.2$（m）ですから，P_{S8}''をP_{S8}に合わせるためには，(1)式に代入して計算すると，枝ダクトの直径D'は，

$$D' = D \times \sqrt[4]{P_{S8}''/P_{S8}}$$
$$= 0.2 \times \sqrt[4]{-243.6 / -168.9}$$
$$= 0.2 \times 1.1 = 0.22 \text{（m）}$$

となります。

　図14・7は，直径0.22（m）として計算し直した枝ダクトの圧損と静圧で，直径を修正したことにより，枝ダクト系の圧損は114.5（Pa），合流点の静圧P_{S8}''は-161.0（Pa）となり，主ダクト側の静圧P_{S8}との差は10%以内に収まりました。

第15章
排風機（ファン）の選定

302   第15章　排風機（ファン）の選定

1. 排風機の種類と特長

　排風機には原理からいって遠心式（centrifugal fan）と軸流式（axial fan）とがあり，遠心式には羽根車の羽根の形によってさらに前曲羽根型（forward blade fan），放射羽根型（radial blade fan），後曲羽根型（backward blade fan），S字翼型（limit load fan），流線翼型（airfoil fan），軸流式にも案内羽根つき（vane axial fan），案内羽根なし（tube axial fan），特殊なものでは遠心式と軸流式の両方の特性を合せた遠心軸流式（tubular centrifugal fan）等々，実に多くの型式のものがあり，それぞれ特長，欠点があります。

　排風機の性能は，どれくらい高い圧力を出せるかという静圧と，どれくらいの量の空気を動かすことができるかという風量の組み合わせで決まります。

　このうち静圧は，空気が羽根車の羽根の間を通り抜ける間に加えられる力によって決まるもので，羽根の形と回転数に依存します。排風機の名前（型式）は一般に羽根車の羽根の形を表しており，型式によって使用に適した静圧の範囲が決まっています（**表15・1**）。また，風量は同じ型式のファンであれば羽根車の大きさ（ファンの型番）と回転数で決まります。

　排風機をある回転数で運転したときの，回転数と静圧と風量の組み合わせで決まる運転条件を排風機の動作点と呼びます。これについてはまた後でくわしく説明します。

　排風機選定の手順は次のとおりです。

①　ダクト系の圧力損失計算結果より排風機前後の静圧差を求め，この静圧差に相当する静圧の出せる排風機の型式を**表15・1**から選ぶ。

②　メーカーのカタログ等にある選定図（容量図ともいう，**図15・1**〜**15・4**参照）を使って，必要な排風量を出せる大きさ（型番）を選ぶ。

③　特性線図（性能線図ともいう，**図15・5**〜**15・8**）を使って，必要な静圧，風量を得るための回転数，軸動力，使用するモーターの大きさ，運転時

表15・1　排風機の型式、名称、静圧範囲

型式	型	式	名　称	静圧範囲 (Pa)	静圧効率 (%)	特　長・欠　点
遠心式 ①前曲羽根型			多翼ファン シロッコファン	100 ～ 1000	35 ～ 50	羽根車の構造上、高回転、高風圧には適さないが、比較的低回転で使われるので騒音が小さい。粉じんによる摩耗を生じやすく、羽根の清掃は困難。静圧の変動に対して風量の変化が大きく、静圧が減少すると風量、軸動力ともに増大する。
②放射羽根型			ラジアルファン プレートファン	500 ～ 5000	40 ～ 55	6～12枚の平面羽根を放射状に羽根車にリベット締めである。羽根が摩耗、汚染した場合の清掃、交換が容易である。静圧の変動に対する風量の変化は比較的大きく、軸動力もともに増大する。
③後曲羽根型			ターボファン	1000 ～ 10000	60 ～ 70	高風圧が出せ、効率も高いが、騒音も大きい。静圧の変動に対して、風量、軸動力の変化は比較的少ない。
④S字翼型			リミットロードファン	200 ～ 3000	45 ～ 55	性能、特性とも多翼ファンとターボファンの中間で、効率も高い。静圧の変動に対して風量の変化が比較的少ない。静圧が減少すると風量は増加するが、軸動力はある値以上には増加しないので静圧する用途に適している。
⑤流線翼型			エアフォイルファン	200 ～ 3000	60 ～ 75	S字翼型より更に効率が高く、広範囲の風量変動に対して効率が低下しない。静圧が減少すると風量はやや増加するが軸動力はある値以上には増加しないのでやや高価で。羽根車は材料の制約上耐久性に劣る。
斜流式 ⑥斜流式			斜流ファン	100 ～ 1500	30 ～ 60	ダクト内に収納できるので、設置に場所をとらない。特性はリミットロードファン、エアフォイルファンに匹敵し、騒音も小さい。
遠心軸流式 ⑦遠心軸流式			遠心軸流ファン 軸流遠心ファン	150 ～ 2000	50 ～ 65	ダクト内に収納できるので、設置に場所をとらない。特性。羽根車は後曲羽根型で、効率はターボファンに比べて静圧が小さくて済む。
軸流式 ⑧案内羽根付き			ベーンアキシアルファン ガイドベーン付きダクトファン	50 ～ 1000	30 ～ 60	ダクト内に収納できるので、設置に場所をとることもできる。気流が案内羽根（ガイドベーン）で整流され渦流が消えるので高効率である。多翼ファン逆羽根の摩耗。汚損した場合の清掃、交換が容易。
⑨案内羽根なし			アキシアルファン ダクトファン	50 ～ 300	25 ～ 50	ダクト内に収納できるので、設置に場所をとることもできる。低風圧、大風量の用途に適する。効率が低いが騒音が低い。モーターはダクト外に取り付けることもできる。
⑩有圧換気扇			圧力換気扇・圧力扇 プレッシャーディスクファン	～ 200	25 ～ 50	静圧は低いが廉価である。フードからダクトを用いいずれに直接屋外に排気する場合、または全体換気に使用する。

3. 排風機の性能を表す特性線図　　　305

の推定騒音等を求める。

④　特性線図上にダクト系の圧損曲線（これについては後で説明する）を重ね，排風機の実際の動作点を求める。

⑤　排風機とダクトの設置場所を考慮して，回転方向，吐出方向を決定する。

2．排風機の選定図

　必要な静圧と風量から，使用する排風機の大きさ（型番）を選定するためのグラフのことを，排風機の選定図または容量図と呼び，各メーカーとも使いやすいようにいろいろ工夫したものをカタログに載せています。ここでは代表的なものを紹介しましょう（図15・1～15・4）。

　この容量図を使って概略の大きさ（型番）を選び，次にその型番の特性線図を使って，回転数，使用電動機の大きさ等を決めます。

3．排風機の性能を表す特性線図

　排風機の風量，静圧をいろいろ変えて運転し，風量と静圧，効率，軸動力（運転に必要な動力）等の関係をしらべて，グラフに表したものを排風機の特性線図（characteristic diagram または performance diagram）と呼びます。

　特性線図は普通，横軸に風量，縦軸に静圧，効率，軸動力等を目盛ったグラフです。図15・5～15・8 は種々の型式の排風機の特性線図の例です。

　この4枚の図をくらべてみると，排風機の型式によって特性線図のカーブの形にそれぞれ特長のあることがわかります。

　たとえば軸流ファンの静圧曲線は，風量が100～400（㎥/min）の範囲でほとんど傾斜がありませんが，これは軸流ファンが，静圧がわずか変わっただけで風量が激しく変動してしまい，静圧の変動するような用途には使いにくいことを示しています。

306　第15章　排風機（ファン）の選定

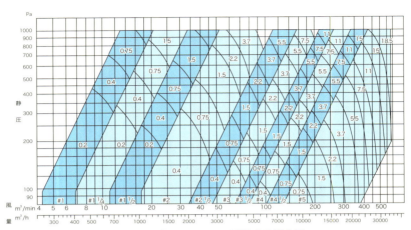

図15・1　多翼ファン MF 型片吸込選定図
（ミツヤファンカタログより）

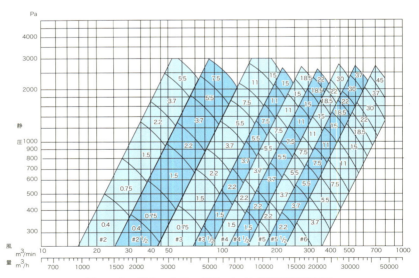

図15・2　リミットロードファン LL 型片吸込選定図
（ミツヤファンカタログより）

3．排風機の性能を表す特性線図

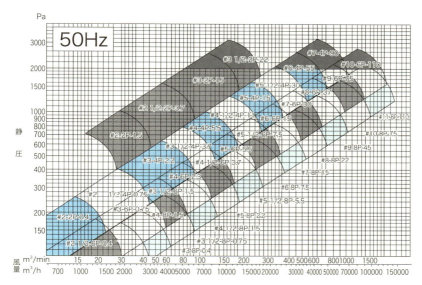

図15・3　遠心軸流ファン LU 型（直動式）選定図
（ミツヤファンカタログより）

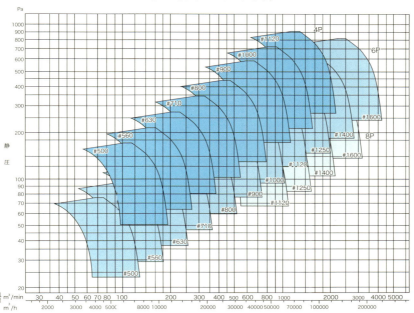

図15・4　軸流ファン APS 型（直動式）選定図
（ミツヤファンカタログより）

第15章　排風機（ファン）の選定

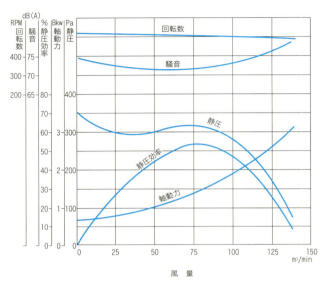

図15・5　多翼ファンの特性線図（500RPM）

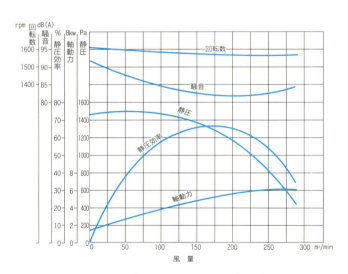

図15・6　リミットロードファンの特性線図

3. 排風機の性能を表す特性線図

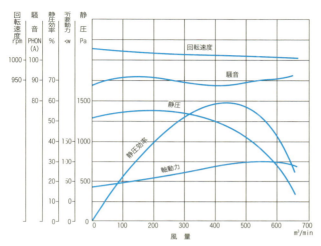

図15・7　遠心軸流ファンの特性線図（1000RPM）

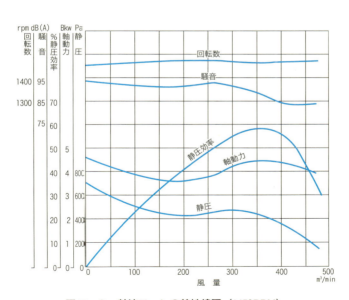

図15・8　軸流ファンの特性線図（1450RPM）

また，多翼ファンの静圧曲線は回転数が500（rpm）の場合，静圧が300〜350（Pa），風量0〜90（㎥/min）の範囲でS字型にカーブしています。これは1つの静圧に対して複数の風量が存在するということで，静圧がほんのわずか変わっただけで風量が激しく変動することを表しています。このような現象をサージング現象といい，サージング現象が起きやすい静圧と風量の範囲をサージング領域といって，もしこの範囲で運転すると動作が不安定なだけでなくひどい場合にはファンが壊れることもあり，使えないことを示しています。一般的にいえばファンは静圧曲線が適度に傾斜していて1つの静圧に1つの風量が対応している範囲，このファンなら回転数500（rpm）では静圧280（Pa）以下，風量100（㎥/min）以上の範囲で使うべきです。ほかの型式のファンでも一般に静圧が高い風量の少ない範囲で運転すると，たとえばフードにビニールフィルムが吸い込まれて抵抗がかかったようなちょっとした静圧変動がきっかけでサージング現象が起きる危険があります。

また，多翼ファン軸動力曲線は，風量が増加するに従って傾斜が急になっています。これは多翼ファンを静圧ゼロに近い状態で運転すると軸動力がどんどん増え，モーターが過負荷になる危険性を表しています。リミットロードファンや遠心軸流ファンの軸動力曲線を見ると，開放状態で運転しても過負荷の心配のないこともわかります。

これらのほか図には静圧効率を表すカーブがあります。効率はファンを回転されるためにモーターで供給された動力（軸動力）の何パーセントが空気のエネルギーに変わったかを表すもので，空気のエネルギーを風量と静圧で表した場合の効率を静圧効率と呼びます。

$$静圧効率 \eta_{sf}（\%）= \frac{風量 Q（㎥/min）\times 静圧 P_{sf}（Pa）}{600 \times 軸動力 W（kW）}$$

図でわかるようにファンには静圧効率が最大となる風量があり，それより風量が小さくても大きくても静圧効率は低くなります。最大静圧効率はファンの形によって違いますが多くの場合は60％くらいです。

特性線図のカーブの形は，同じ型式の排風機については大きさや回転数が

変わってもあまり変わりませんが，特性線図の目盛の値は，大きさが変われ
ばもちろんのこと，大きさが変わらなくても回転数が変われば変わります。
すなわち排風機の性能は回転数を変えることによって変えることができま
す。局排の排風量が少し足りない場合に，ファンの回転数を上げて排風量を
増すことができるのはこのためです。

　メーカーのカタログに載っている特性線図は普通，１つの大きさのファン
について，いろいろの回転数におけるカーブを１枚のグラフに収めてありま
す。たとえば**図15・9**は**図15・5**の多翼ファンの400rpm から1,200rpm まで
の静圧曲線と軸動力曲線を１枚のグラフにしたもので，性能表または性能図
とも呼ばれます。

　この性能表を使って排風機の運転条件（動作点）を決めるには，次のように
します。

① 　グラフの左縦軸に静圧，横軸に風量をとり，それぞれの点から引いた
　　直線の交点が動作点です。そのときの静圧曲線（右下りの青い曲線）の数
　　字が回転数を表します。たとえばこのファンで風量 $Q = 95$（㎥/min），
　　静圧$P_s = 200$（Pa）を得たい場合には，回転数は約800rpm となります。

② 　次に電動機動力は，動作点が属する青い色帯の左上の数字を読みます。
　　この例では1.5kW 必要なことがわかります。

③ 　最後にこのファンをこの条件で運転した場合の騒音レベルを推定して
　　みましょう。①動作点がちょうど図の最高効率線（黒い細線）の上か近
　　くにあるときには，動作点から右に水平線を引き右縦軸とぶつかる点の
　　値を読みます。②動作点が A 線または B 線上の近くにある場合には，
　　回転数の青線が最高効率線とぶつかる点から右に水平線を引き右縦軸と
　　ぶつかる点の値を読み，A 線の場合は1.5dB(A)，B 線の場合は3dB(A)
　　を加えます。③動作点がそれ以外の場所にある場合は，②と同様にして
　　右縦軸とぶつかる点の値を読み，比例配分で求めた値を加えてください。
　　①の例では動作点が B 線の近くにあるので推定騒音レベルは53＋3＝
　　56dB(A)です。

第15章 排風機（ファン）の選定

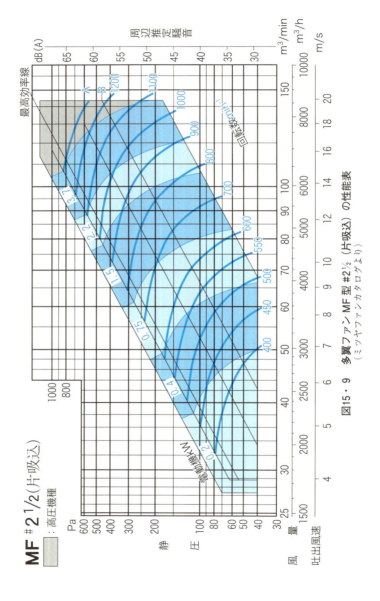

図15・9 多翼ファン MF 型 #2½（片吸込）の性能表
（ミツヤファンカタログより）

以上で排風機の型式,大きさ(型番)と運転条件の決定法を勉強しましたが,実際には希望どおりの運転条件が得られないことがあります。たとえば回転数が希望どおりにできない場合,あるいはダクト系の圧損計算に誤差があって実際の静圧が計算値と食い違ってしまった場合には,排風量等にどんな影響があるのでしょうか。次節ではその点について勉強することにします。

4. 排風機の動作点と静圧曲線

排風機をある回転数で運転しておいて,入口と出口の間にある静圧をかけると,その静圧に応じた風量の空気が流れます。このように回転数と静圧と風量の組み合わせで決まる運転条件を排風機の動作点と呼びます。

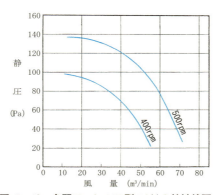

図15・10　多翼ファン MF 型 #2½の特性線図

図15・10は多翼ファン MF 型 #2½の特性線図から,回転数500(rpm)と400(rpm)のときの静圧と風量の関係を示す静圧曲線を抜き出したものです。型式によってカーブの具合に多少の違いはありますが,排風機の静圧―風量の関係はみな,このように右下りの曲線になります。これは一般に排風機の風量が,静圧が大きくなると減り,静圧が小さくなると増えることを表しています。局排のダクトの途中や除じん装置に粉じんが堆積して抵抗が増えると,風量が減ってフードの制御風速が出なくなるのはこのためです。またダ

第15章　排風機（ファン）の選定

クトの途中にダンパーを入れて抵抗を加減し，風量を調節できるのも排風機の静圧と風量の間にこのような関係があるからです。

5．ダクト系の圧力損失と排風機の動作点

　次に，排風量とダクト系の圧力損失の計算結果から静圧曲線を使って排風機の運転条件すなわち動作点を決定する方法を説明しましょう。

　静圧曲線を使って動作点を決定するためには排風量 Q と排風機にかかる静圧 P_{Sf} が必要です。排風量 Q はそのダクト系に連結されているすべてのフードの必要排風量の合計，排風機にかかる静圧 P_{Sf} は排風機の入口と出口の静圧の差（排風機前後の静圧差）です。

　排風機前後の静圧差を求める方法については第14章で勉強したのですが，それから大分時間がたったので，ここでもう一度復習しておきましょう。

　まずダクトの圧力損失はその間で失われた全圧であるということと，全圧から速度圧を引いた残りが静圧であるということを思い出してください。

　そうすると，吸引ダクト系の全圧力損失に－（マイナス）の符号をつけた $-P_{Li}$ から排風機入口の速度圧 P_{Vi} を引いたものが排風機入口の静圧 P_{Si} です。排風機入口は負圧ですから P_{Si} の符号はもちろん－（マイナス）です。

－ 吸引ダクト系の全圧力損失（P_{Li}）　（Pa）

－ 排風機入口の速度圧（P_{Vi}）　（Pa）

＝ 排風機入口の静圧（P_{Si}）　（Pa）

　　　　　　　　　　　　　　　　　　　　　　　　15・1式

　また排気ダクト系の全圧力損失 P_{Lo} から排風機出口の速度圧 P_{Vo} を引いたものが排風機出口の静圧 P_{So} です。排風機出口は一般には正圧ですから P_{So} の符号は＋（プラス）ですが，出口側でダクトが急拡大した場合には静圧の回復（253頁，第12章，6参照）が起こり負圧になることもまれにはあります。

5. ダクト系の圧力損失と排風機の動作点

$\boxed{\text{排気ダクト系の全圧力損失}(P_{\text{LO}})}$ (Pa)

$-\boxed{\text{排風機出口の速度圧}(P_{\text{VO}})}$ (Pa)

$=\boxed{\text{排風機出口の静圧}(P_{\text{SO}})}$ (Pa)

……………………………………………15・2式

排風機出口の静圧P_{SO}から排風機入口の静圧P_{Si}を引いたものが排風機前後の静圧差P_{Sf}です。

$\boxed{\text{排風機出口の静圧}(P_{\text{SO}})}$ (Pa)

$-\boxed{\text{排風機入口の静圧}(P_{\text{Si}})}$ (Pa)

$=\boxed{\text{排 風 機 前 後 の 静 圧 差}(P_{\text{Sf}})}$ (Pa)

……………………………………………15・3式

P_{Sf}が求められたら，これを特性線図の縦軸にとって，ここから横軸に平行線を引き，次に横軸上の排風量Qに相当する点から縦軸に平行線を引けば，その交点が求める排風機の計算上の動作点になります。

たとえば，静圧P_{Sf}が100 (Pa)，風量Qが52 (m³/min)ならば，ファンの回転数

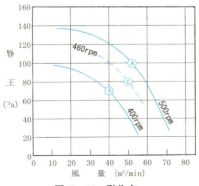

図15・11　動作点

は500（rpm）で動作点は図の④点，また静圧P_{Sf}が70（Pa），風量 Q が40（m³/min）ならば，ファンの回転数は400（rpm）で動作点は図の⑧点になります。

(参　考)

本当は，排風機の静圧P_Sというのは排風機前後の静圧差P_{Sf}ではなく，排風機前後の全圧差P_{Tf}から吐出口の速度圧P_{vo}を差し引いたものと定義されています。これを図にすると**図15・12**のような関係になります。

すなわち排風機の静圧P_Sというのは，排風機前後の静圧差P_{Sf}より排風機入口の速度圧P_{vi}だけ小さいということになります。したがって動作点を決定する際に，静圧P_Sの代わりに静圧差P_{Sf}を使うということは，入口の速度圧P_{vi}の分だけ静圧に安全率を見込んで能力に余裕のある排風機を選定することになります。

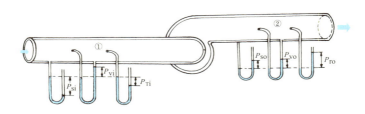

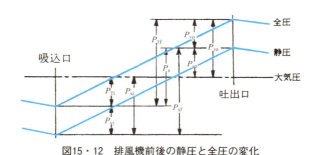

図15・12　排風機前後の静圧と全圧の変化

6. ダクト系の圧損曲線と静圧曲線

実は前節の例は，話をわかりやすくするために，動作点がちょうど静圧曲線の上に乗るように，わざと具合のよい静圧と風量の組み合わせを選んで説明したのです。実際に設計したダクト系について排風機を選ぶ場合には，いつでもこんなうまい具合にいくとは限りません。

では計算で求めた動作点がうまく静圧曲線の上に乗らない場合には，実際の動作点はどうなるのでしょうか。たとえば，静圧P_{sf}が80（Pa）で風量Qが50（㎥/min）の場合には計算上の動作点は，500（rpm）と400（rpm）の2本の静圧曲線の間（**図15・11の©**）にきてしまいます。

この場合，どうしても風量Qを50（㎥/min）から変えたくないならば，静圧曲線が計算上の動作点に乗るように排風機の回転数を変えなければなりません。この例ではたとえばVプーリーとベルトを変えて回転数を約460（rpm）にしてやれば良いでしょう。

では排風機の回転数を変えられない場合にはどうでしょうか。この問題を考えるためには，もう一度ダクト系の圧力損失と排風量の関係についてよく理解しておくことが必要です。

以前に圧力損失P_Lが，気流の速度圧P_Vに比例することを学びましたね。ところで速度圧P_Vは気流の速度Vの2乗に比例し，Vは排風量Qに比例しますから，圧力損失P_Lは排風量Qの2乗に比例することになります。また，排風機前後の静圧差P_{sf}は圧力損失P_Lと排風機前後の速度圧差P_{vf}の差ですから，結局排風機前後の静圧差P_{sf}も排風量Qの2乗に比例することになります。**図15・13**の曲線はこの関係を表すもので，ダクト系の静圧曲線と呼ぶことにします。ダクト系の圧力損失P_Lと排風量Qの関係を表す圧損曲線ももちろん，これと同じような形になります。

ダクト系の静圧曲線は原点を通る2次曲線（放物線）ですから，次のような手順で簡単に描くことができます。まずグラフの上に計算上の動作点をとり

第15章　排風機（ファン）の選定

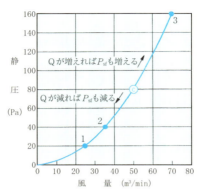

図15・13　ダクト系の静圧曲線

表15・2　静圧曲線が通る点

点	横　軸	縦　軸
1	$0.5 \cdot Q$	$0.25 \cdot P_{Sf}$
2	$0.7 \cdot Q$	$0.5 \cdot P_{Sf}$
Ⓒ	Q	P_{Sf}
3	$1.4 \cdot Q$	$2 \cdot P_{Sf}$

（点Ⓒ），次に風量0.5倍，静圧0.25倍の点（点1），風量0.7倍，静圧0.5倍の点（点2），風量1.4倍，静圧2倍の点（点3）をそれぞれグラフの上にとりこの4つの点を曲線定規を使って結びます。

　これまで計算してきた圧力損失と静圧差は，実はこの曲線上のⒸ点すなわち規定の排風量 Q に対応する P_L と P_{Sf} であって，正確には排風量 Q のときの圧力損失あるいは静圧差といわなければいけません（表15・2）。

　図15・13の曲線でわかるようにダクト系の圧力損失も，排風機前後の静圧差も，一定不変のものではなく排風量が増えればその2乗に比例して増え，排風量が減ればその2乗に比例して減るものなのです。これはちょうど同じ水道を使う際，水をたくさん使えば水道料金が余計かかるのと似ています。

7．グラフによる実際の動作点の求め方

　図15・14は図15・10の多翼ファンの特性線図に図15・13のダクト系の静圧

7. グラフによる実際の動作点の求め方

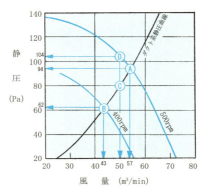

図15・14　実際の動作点の求め方

曲線を重ねて拡大したものです。

このダクト系の計算上の動作点ⓒは Q が50（㎥/min）のとき P_{Sf} が80（Pa）です。しかしもしこれに多翼ファン，MF#2½を連結して回転数500（rpm）で運転すると，動作点は静圧曲線にそって右上にⒶ点まで移動し，Q は約57（㎥/min）まで増え，それに伴って P_{Sf} も94（Pa）まで増え，ここで排風機の静圧曲線とぶつかります。このⒶ点がこの場合の実際の動作点となります。

またもしこの多翼ファンを回転数400（rpm）で運転するならば，動作点は静圧曲線にそって左下にⒷ点まで移動して排風機の静圧曲線とぶつかります。このⒷ点がこの条件での実際の動作点で，Q は約43（㎥/min），P_{Sf} は62（Pa）です。

風量を変えることが好ましくない場合には，以前はダンパーでⒸ－Ⓓに相当する分の静圧24（Pa）を加えて図のⒹ点で運転することが一般的に行われていました。最近では，インバーターによる周波数調整でファンを最適な回転数に調整して，設計どおりの風量を得ることが広く行われるようになりました。

要するにダクト系の静圧曲線と排風機の静圧曲線の交わる点が排風機の実際の動作点になるということです。

320 　　　　　　　　　第15章　排風機（ファン）の選定

8．局排装置計算書の書き方
（その6，排風機の選定と動作点の決定）

　排風機の選定と動作点の決定の仕方が理解できたら，今度は第14章の例に
ついて局排装置計算書の6頁目を完成させましょう。計算書の5頁目は4頁
目の続きで，ダクトの圧損計算が4頁目だけで終わらない場合の予備頁です
から，説明は省略します（**図15・15**）。

　計算書6頁目（**図15・16**）各欄の記入の要領は次のとおりです。

① 　吸引側ダクトの圧力損失$P_{L0\sim12}=678.2$（Pa）と排気側ダクトの圧力損
　　失$P_{L13\sim15}=451.7$（Pa）の合計，$P_{Lt}=1129.9$（Pa）を第1欄に記入する。

② 　排風機出口側の速度圧$P_{V13}=122.7$（Pa）と入口側の速度圧$P_{V12}=62.4$
　　（Pa）の差，$P_{Vf}=60.3$（Pa）を第2欄に記入する。

③ 　排風機出口側の静圧$P_{S13}=329.0$（Pa）と入口側の静圧$P_{S12}=-740.6$
　　（Pa）との差$P_{Sf}=1069.6$（Pa）を第3欄に記入する。

　　　P_{Sf}を求めるにはP_{Lt}からP_{Vf}を引き算しても良い。この場合には1129.9
　　$-60.3=1069.6$（Pa）。両方の方法で計算してみて答えが合わなければ
　　4頁目の計算の途中にどこか間違いがあるので，念のため両方の計算を
　　しておいた方が良いでしょう。

④ 　全フードの排風量の合計 $Q=97.0$（㎥/min）を第4欄に記入する。

⑤ 　排風機の選定図（容量図）を使って使用する排風機を選ぶ。

　　　静圧$P_{Sf}=1069.6$（Pa）に対しては多翼ファン（シロッコファン）では静
　　圧が足りません。プレートファン，リミットロードファン，エアフォイ
　　ルファン，遠心軸流ファン等が使えますが，たとえばリミットロードファ
　　ンを使うことにするなら**図15・2**（306頁）で $Q=97.0$（㎥/min），$=P_{Sf}$
　　$=1069.6$（Pa）に対して適当な大きさはLLA型またはLLB型#3となり
　　ます。また遠心軸流ファンなら**図15・3**からLU型#2½となります。

⑥ 　選定した排風機の特性線図（性能表）を使って実際の動作点を求める。

8. 局排装置計算書の書き方（その6）

	A	B	C	D	E	F	G	H	圧力損失 P_L (Pa)		K (4)
	線図番地	ダクト直径または相当直径 D_e (m)	ダクト断面積 A (m²)	排風量 Q (m³/min)	搬送速度 V_T (m/s)	速度圧 P_V (Pa)	ダクト各部の形状・寸法	圧損係数 ζ	部分	累計	静圧 P_S (Pa)
1											
2	0～1 フードNo.1 P_{L1}	0.24	0.045	24	8.8	46.5		0.49	22.8	22.8	−69.3
3	1～2 90°ベンド P_{L2}	0.24	0.045	24	8.8	46.5	$r/D=1.5$ $\theta=90°$	0.39	18.1	40.9	−87.4
					（途中省略）						
12	10～11 空気清浄装置 P_{L11}	0.24	0.045	24	8.8	62.4	（メーカー資料による） $\theta=90°$		500.0	643.9	−706.3
13	11～12 90°ベンド P_{L12}	0.24	0.045	24	8.8	62.4	$r/D=1.25$	0.55	34.3	678.2	−740.6
14	12～13 排風機										
15	0～15 排気口 P_{L15}	0.42	0.139	97	16.6	165.3	$a/A=0.7$	1.5	248.0	248.0	82.7
16	15～14 110°ベンド P_{L14}	0.38	0.113	97	14.3	122.7	$a/b=1.33$ $r/a=0.5$ $\theta=110°$	$1.1\times110/90=1.34$	164.4	412.4	289.7
17	14～13 直線ダクト P_{L13}	0.38	0.113	97	14.3	122.7	$a=0.4\text{m}$ $b=0.3\text{m}$ $L=6.0\text{m}$	0.32	39.3	451.7	329.0
18	排風機前後の静圧差 $P_S = P_{S13} - P_{S12} = 329.0 - (-740.6) = 1069.6$										

14.3

図15・15 局排装置計算書（4～5頁目）

第15章 排風機（ファン）の選定

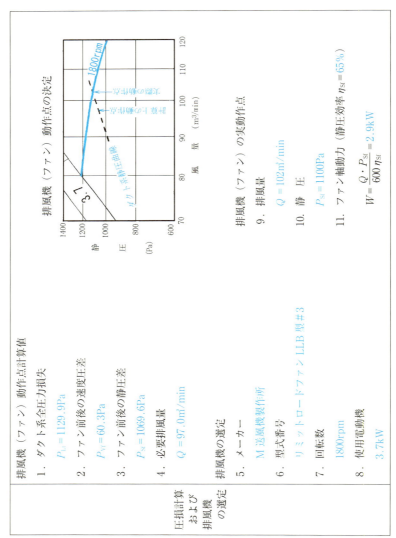

圧損計算およびび排風機の選定

排風機（ファン）動作点計算値

1. ダクト系全圧力損失
   $P_{Lt} = 1129.9\text{Pa}$
2. ファン前後の速度圧差
   $P_{Vf} = 60.3\text{Pa}$
3. ファン前後の静圧差
   $P_{Sf} = 1069.6\text{Pa}$
4. 必要排風量
   $Q = 97.0\text{m}^3/\text{min}$

排風機の選定

5. メーカー
   M送風機製作所
6. 型式番号
   リミットロードファン LLB 型 #3
7. 回転数
   1800rpm
8. 使用電動機
   3.7kW

排風機（ファン）動作点の決定

排風機（ファン）の実動作点

9. 排風量
   $Q = 102\text{m}^3/\text{min}$
10. 静　圧
    $P_{Sf} = 1100\text{Pa}$
11. ファン軸動力（静圧効率 $\eta_{Sf}=65\%$）
    $W = \dfrac{Q \cdot P_{Sf}}{600\,\eta_{Sf}} = 2.9\text{kW}$

図15・16　局排装置計算書（6頁目）

8．局排装置計算書の書き方（その6）　　323

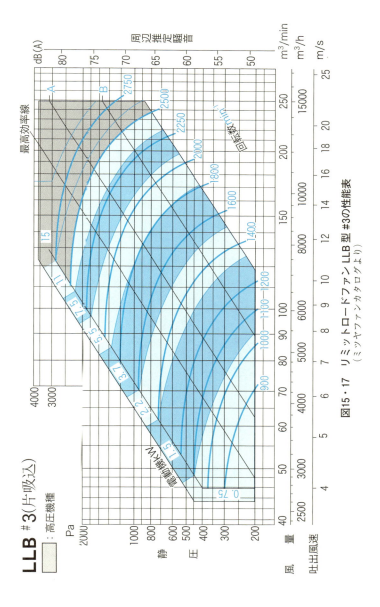

図15・17　リミットロードファン LLB 型 #3の性能表
（ミツヤファンカタログより）

図15・17は，リミットロードファン LLB 型 #3の性能図，**図15・18**はその一部を拡大して，その上にダクト系の静圧曲線（図中右上りの点線）を重ねたものです。静圧曲線は放物線になるはずなのに，この図では直線になっています。その理由はこのグラフが対数目盛で描かれているからです。

それでは**図15・18**を使って動作点を決定してみましょう。風量97.0（m³/min），静圧1069.6（Pa）の点が図の❶です。回転数1600（rpm）の静圧曲線と1800（rpm）の静圧曲線の中間で，1800（rpm）の静圧曲線に近いところにあります。これが計算上の動作点で，風量，静圧を変えずに運転したいときには，このファンを約1750（rpm）で運転すればよいことがわかります。

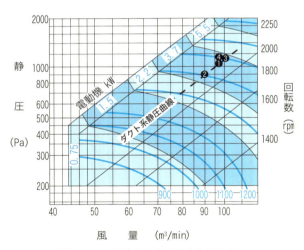

図15・18　特性表による動作点の決定

多少風量が落ちても差し支えないから回転数を1600（rpm）にしたい場合には，ダクト系の静圧曲線を左下にたどって，回転数1600（rpm）の静圧曲線との交点❷が実際の動作点となります。このとき風量は90（m³/min），静圧は約900（Pa）です。

反対に回転数は1800（rpm）でもよいから風量は減らしたくないなら

写真15・1 吸引ダクトの途中に設けた風量調整用漏れ込み口

ば，ダクト系の静圧曲線を右上にたどって，回転数1800（rpm）の静圧曲線との交点❸が実際の動作点です。このときの風量は102（m³/min），静圧は約1100（Pa）となります。

回転数は1800（rpm）でよいが，風量は設計値の97.0（m³/min）を変えたくない場合には，吸引ダクトの適当な場所に漏れ込み口を設けて，ここから余分な空気を吸い込ませます（**写真15・1**）。漏れ込み口にはごみを吸い込まないように金網を張り，ダンパーを設けて漏れ込み量を調節します。この場合にはファンの動作点は❸のままで変わりません。

風量を調整するもう１つの方法は，ファンの吸込み側の主ダクト内に風量調整用のダンパーを設けて抵抗を加減する方法です。この場合にはファンの動作点は❹となります。またダンパーで加える抵抗は❶と❹の差に相当する静圧の分です。したがって，風量は97.0（m³/min），静圧は約1150（Pa）となります。

なお，動作点の決定に使った特性線図は，コピーをとって計算書につけておくと便利です。

⑦ 決定した動作点の数値を記入する。この例では風量は設計値より多少増えても差し支えないので，❸を動作点とし，ファンのメーカー，型式

番号を第5欄，第6欄，回転数1800（rpm）を第7欄，排風量102（m³/min）を第9欄，静圧1100（Pa）を第10欄に記入します。

⑧ ファンの軸動力を計算し，使用する電動機を決める。ファンの軸動力 W（kW）は，15・4式で計算することができます。

$$\boxed{\text{ファンの軸動力}(W)} \ (\text{kW})$$

$$= \frac{\boxed{\text{排風量}(Q)} \ (\text{m³/min}) \ \times \ \boxed{\text{静圧}(P_{Sf})} \ (\text{Pa})}{600 \times \ \boxed{\text{ファンの静圧効率}(\eta_{Sf})} \ (\%)}$$

$$\cdots\cdots\cdots\cdots\cdots\cdots\cdots\cdots\cdots\cdots\cdots\cdots15\cdot4\text{式}$$

ファンの静圧効率 η_{Sf}（%）は，カタログの特性表か特性線図（308頁，**図15・6**）で求めることができます。このファンで動作点❸の条件では65%くらいです。

そこで Q，P_{Sf}，η_{Sf} を15・4式に入れて計算すると，

ファン軸動力 $W = (102 \times 1100)/(600 \times 65) = 2.9$（kW）

となります。これを第11欄に記入します。

次に使用する電動機は，出力が軸動力の1.2倍くらいのものを選定するのが一般的ですが，この程度の余裕では動作点がずれた場合に過負荷になることもあります。一般には，ファンのカタログの性能表には使用する電動機の出力が載っているので，その大きさのものを使えばよいでしょう。**図15・18**で使用する電動機の出力を決めるには，動作点の属する区域を左上にたどり，ぶつかったところの枠の中の数字が必要な出力です。この例では3.7（kW）の電動機が適当ということになります。この値を第8欄に記入します。

以上で計算書が完成しました。

9. 室内が負圧の場合の補正

　さて本章の排風機の選定と動作点の決定は，すべてフードを設置する室内
（線図の番地0地点）の静圧がゼロ（正圧でも負圧でもない）の状態を想定して
行いましたが，最近では建物の気密性がよくなって外から新しい空気が自由
に入らなかったり，ほこりを嫌う作業場では給気口にフィルターを設けるた
めに，外気が入るときの抵抗（入気抵抗）が生じ，局排を運転すると室内が負
圧になることがしばしばあります。一方，局排装置の排気口は原則として屋
外にありますから，その外側の静圧は常にゼロです。このような状態で局排
を運転すると，排風機前後の静圧差はダクト系の圧力損失から計算した値よ
り室内の負圧の分だけ大きくなります（365頁，第18章，9参照）。

　したがって，室内が負圧になる場合には，その分を加えた静圧で排風機の
動作点を決定してください。

第16章
既製ダクトを使う設計

330 第16章 既製ダクトを使う設計

　今度は同じ局所排気装置を既製のダクトと既製の継手を使い，合流点の静圧のバランスは流量調整ダンパーでとるような設計にしたらどうなるか試してみましょう。もちろんダクトの太さは圧損を小さくするために搬送速度が5（m/s）前後になるようにやや太めに決めます。

　図16・1はスパイラルダクトを使って設計した例です。抵抗調節平衡法の場合はダクトの太さは圧損を合わせるために変える必要がないので，あまり細かく変えません。

　図16・2は系統線図，**図16・3**は計算書の4頁目です。抵抗調節平衡法の場合には合流点における静圧のバランスはダンパー調節によるので，一番圧損の大きい系統（この場合はフード№1の系統）の圧損と静圧を求めておけば，外の系統については圧損計算の必要はありません。前の第15章の結果と比べると，ダクトを太くしたので圧力損失，静圧ともに随分小さくなりました。

　静圧の欄の値に注目してください。線図番地7番地の静圧の値が6番地より減っているのは拡大管による静圧の回復（255頁，第12章，6参照）があるからです。それから排風機出口の静圧がマイナスになるのは珍しいことですが，これも異形継手の拡大による急激な静圧の回復のためです。

　図16・4は計算書の6頁目です。この例では空気清浄装置の圧損が大きいので全体的にはそれほど変らないように見えますが，それでもこの静圧なら多翼ファンが使えます。$Q = 97$（㎥/min），$P_{Sf} = 581.5$（Pa）ですから，306頁，**図15・1**で調べると多翼ファン MF 型 #2½ が適当ということになります。次に312頁，**図15・9**で見ると回転数1,200rpm の静圧曲線が計算上の動作点の少し上を通っています。これにダクト系の静圧曲線を重ねると実際の動作点は $Q = 104$（㎥/min），$P_{Sf} = 670$（Pa）になることがわかります。またこのときの軸動力は2.3kW となり，ダクトを太くすることによって動力費が随分少なくて済むことがわかります。使用する電動機は，多翼ファンの場合にはリミットロードファンと違って万一ダクト系に異常が生じて圧損が極端に小さくなった場合の負荷の増加を考慮して3.7kW を使うことにします。

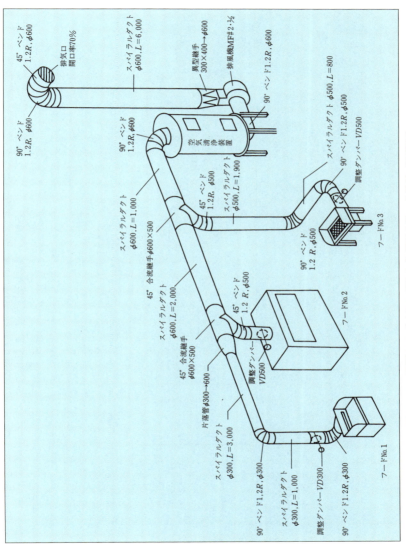

図16・1 既製のスパイラルダクトと継手を使った設計（実体図）

第16章 既製ダクトを使う設計

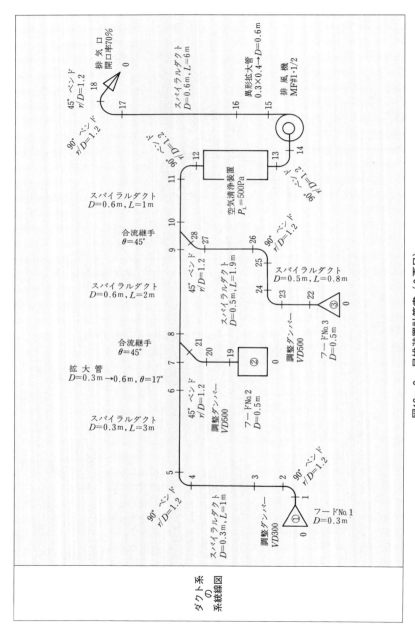

図16・2 局排装置計算書（3頁目）
既製のスパイラルダクトと継手を使った系統線図

	A	B	C	D	E	F	G	H	I	J	K
	線図番地	ダクト直径 D または相当直径 D_e (m)	ダクト断面積 A (m²)	排風量 Q (m³/min)	搬送速度 V_T (m/s)	速度圧 P_v (Pa)	ダクト各部の形状・寸法等	圧損係数 ζ	圧力損失 P_L (Pa) 部分	圧力損失 P_L (Pa) 累計	静圧 P_s (Pa)
1											
2	0～1 フードNo.1 P_{L1}	0.3	0.071	24	5.6	18.8		0.49	9.2	9.2	-28.0
3	1～2 90°ベンド P_{L2}	0.3	0.071	24	5.6	18.8	$r/D=1.2$ $\theta=90°$	0.6	11.3	20.5	-39.3
4	2～3 調整ダンパー P_{L3}	0.3	0.071	24	5.6	18.8	円形バタフライ	0.2	3.8	24.3	-43.1
5	3～4 直線ダクト P_{L4}	0.3	0.071	24	5.6	18.8	$L=1.0$m	0.07	1.3	25.6	-44.4
6	4～5 90°ベンド P_{L5}	0.3	0.071	24	5.6	18.8	$r/D=1.2$ $\theta=90°$	0.6	11.3	36.9	-55.7
7	5～6 直線ダクト P_{L6}	0.3	0.071	24	5.6	18.8	$L=3.0$m	0.2	3.8	40.7	-59.5
8	6～7 拡大管 P_{L7}	$D_1=0.3$ $D_2=0.6$	$A_1=0.071$ $A_2=0.283$	24	$V_{T1}=5.6$ $V_{T2}=1.4$	$P_{v1}=18.8$ $P_{v2}=1.2$	$\theta=17°$	0.4	7.0	47.7	-48.9
9	7～8 合流 P_{L8}	0.6	0.283	24	1.4	1.2	$\theta=45°$	0.2	0.2	47.9	-60.1
10	8～9 直線ダクト P_{L9}	0.6	0.283	77	4.5	12.2	$L=2.0$m	0.07	0.9	48.8	-61.0
11	9～10 合流 P_{L10}	0.6	0.283	77	4.5	12.2	$\theta=45°$	0.2	2.4	51.2	-70.7

(5)

図16・3 局排装置計算書（4頁目）

既製ダクトを使い低速設計した場合のダクト系の圧力損失、静圧、排風機前後の静圧差

第16章　既製ダクトを使う設計

(5)

	A	B	C	D	E	F	G	H	I	J	K
12	10~11 直線ダクト P_{L11}	0.6	0.283	97	5.7	19.5	$L=1.0m$	0.03	0.6	51.8	−71.3
13	11~12 90°ベンド P_{L12}	0.6	0.283	97	5.7	19.5	$r/D=1.2$ $\theta=90°$	0.6	11.7	63.5	−83.0
14	12~13 空気清浄装置 P_{L13}	—	—	—	—	—	（メーカー資料による）		500	563.5	−583.0
15	13~14 90°ベンド P_{L14}	0.6	0.283	97	5.7	19.5	$r/D=1.2$ $\theta=90°$	0.6	11.7	575.2	−594.7
16	14~15 排風機										
17	0~18 排気口 P_{L18}	0.6	0.2	97	8.1	39.4	$a/A=0.7$	1.5	59.1	59.1	19.7
18	18~17 135°ベンド P_{L17}	0.6	0.283	97	5.7	19.5	$r/D=1.2$ $\theta=135°$	$0.6\times135/90=0.9$	17.6	76.7	57.2
19	17~16 直線ダクト P_{L16}	0.6	0.283	97	5.7	19.5	$L=6.0m$	0.2	3.9	80.6	61.1
20	16~15 変形継手 P_{L15}	$D_2=0.6$ $D_{11}=0.38$	$A=0.283$ $A=0.113$	97	$P_{v2}=5.7$ $P_{v1}=14.3$	$P_{v2}=19.5$ $P_{v1}=122.7$	$\theta=10°$	0.28	28.9	109.5	−13.2
21											

排風機前後の静圧差　$P_{SI}=P_{SID}-P_{SIH}=-13.2-(-594.7)=581.5$

図16・3　局排装置計算書（5頁目）

既製ダクトを使い低速設計した場合のダクト系の圧力損失、静圧、排風機前後の静圧差（つづき）

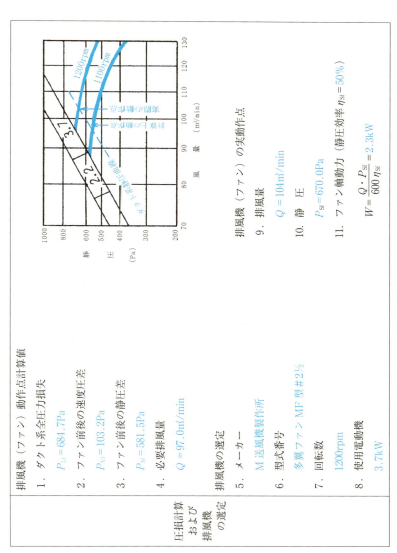

圧損計算おおよび排風機の選定

排風機(ファン)動作点計算値

1. ダクト系全圧力損失
   $P_{Lt} = 684.7\,\text{Pa}$
2. ファン前後の速度圧差
   $P_{Vt} = 103.2\,\text{Pa}$
3. ファン前後の静圧差
   $P_{St} = 581.5\,\text{Pa}$
4. 必要排風量
   $Q = 97.0\,\text{m}^3/\text{min}$

排風機の選定

5. メーカー
   M送風機製作所
6. 型式番号
   多翼ファン MF型 #2½
7. 回転数
   1200rpm
8. 使用電動機
   3.7kW

排風機(ファン)の実動作点

9. 排風量
   $Q = 104\,\text{m}^3/\text{min}$
10. 静圧
    $P_{St} = 670.0\,\text{Pa}$
11. ファン軸動力(静圧効率 $\eta_{St}=50\%$)
    $W = \dfrac{Q \cdot P_{St}}{600\,\eta_{St}} = 2.3\,\text{kW}$

図16・4 局排装置計算書(6頁目)
既製ダクトを使って低圧設計した場合のファンの動作点

第17章
局排設置届，摘要書の書き方

１．摘要書を完成させる

前章までで，局排の設置届を作るのに必要な数値の計算は全部終わり，計算書が完成しました。今度はまず計算の結果を摘要書に転記して完成させるところから始めることにしましょう。

図17・1は局排摘要書で，①欄から⑧欄までの記載のしかたは第11章５で説明したとおりです（234頁参照）。

⑩欄には，装置全体の圧力損失の計算方法と計算結果を記入することになっています。計算方法は，ダクト系がよほど簡単なものであればこの欄内に記入することもできるでしょうが，そうでない場合には〈計算方法は別添計算書記載のとおり〉として，計算書６頁目（322頁，**図15・16**）の第１欄のP_{Lt}の値だけをここに転記しておきます。なお，様式第25号では圧力の単位に天気予報でおなじみの hPa（ヘクトパスカル）を使います。本書では圧力損失の計算からファンの動作点の決定まで，すべて Pa で進めてきましたが，その理由はほとんどのファンのメーカーがカタログや性能表に Pa を使用しており，ファンの選択と動作点の決定には，Pa の方が使いやすく間違いを起こす心配も少ないからです。そこで，計算書の結果を摘要書に記載する際には Pa の値を0.01倍して hPa に直してください。たとえば，この例のダクト系全圧力損失1129.9Pa は11.3hPa になります。

⑪欄のファン前後の速度圧差は計算書６頁目第２欄のP_{Vf}，⑫欄のファン前後の静圧差は第３欄のP_{Sf}をそれぞれ0.01倍した値を記入してください。次に摘要書の設置ファン等の仕様というのはファンの実動作点における値のことで，⑬欄の最大静圧はファンの性能表の静圧特性線から読み取った最大静圧，⑭欄のファンの静圧は計算書６頁目第10欄のP_{Sf}をそれぞれ0.01倍した値，⑮欄の排風量は計算書６頁目第９欄のQ，⑯欄の回転数は計算書６頁目第７欄，⑰欄の静圧効率はカタログにでている特性線図の静圧効率線から読み取った値，⑱欄の軸動力は計算書６頁目第11欄のWを転記します。

1. 摘要書を完成させる

局所排気装置摘要書

様式第25号（別表第7関係）

別 表 第 7 の 区 分	13					
対 象 作 業 工 程 名	有機則第1条第1項6号リ　金属機械部品の吹付塗装					
局所排気を行うべき物質の名称	第2種有機溶剤（トルエン，キシレン）					
局所排気装置の配置図及び排気系統を示す線図	別添計算書3頁目に記載					
フ　ー　ド	番　　　　号	1	2	3		
	型　　　　式	囲い式 **外付け式** （**側方**・下方・上方） レシーバー式	**囲い式** 外付け式 （側方・下方・上方） レシーバー式	囲い式 **外付け式** （側方・**下方**・上方） レシーバー式	囲い式 外付け式 （側方・下方・上方） レシーバー式	囲い式 外付け式 （側方・下方・上方） レシーバー式
	制 御 風 速（m/s）	0.5	0.4	0.5		
	排 風 量（㎥/min）	24	53	20		
	フードの形状，寸法，発散源との位置関係を示す図面	別添計算書1頁目及び2頁目に記載				
局所排気装置の設計値	装置全体の圧力損失（hPa）及び計算方法	11.3　計算方法は別添計算書4～6頁目に記載				
	⑪ ファン前後の速度圧差（hPa）	0.6		⑫ ファン前後の静圧差（hPa）		10.7
設置ファン等の仕様	排　風　機	⑬ 最 大 静 圧（hPa）	12.0	ファン型式	⑲ タ　ー　ボ ラ ジ ア ル **リ　ミ　ッ　ト　ロ　ー　ド** エ ア ホ イ ル シ ロ ッ コ 遠 心 軸 流 斜 キ シ ャ ル ア ル （ガイドベーン（有, 無）） その他（　　　）	
		⑭ ファン静圧（hPa）	11.0			
		⑮ 排 風 量（㎥/min）	102			
		⑯ 回 転 数（rpm）	1800			
		⑰ 静 圧 効 率（%）	65			
		⑱ 軸 動 力（kW）	2.9			
	ファンを駆動する電 動 機	型式 **全閉外扇型誘導電動機**	定格出力（kW） 3.7	相 3	電圧（V） 200	定格周波数（Hz） 50	回転数（rpm） 1480
㉑ 空 気 清 浄 装 置	除じん装置	定格処理風量（㎥/min）		圧力損失の大きさ（hPa）	（定格値）	（設計値）
		前置き除じん装置の有無及び型式	有（型式　　　　　　　　　　　　　　　　　）　無			
		主　　方　　式		粉じん取出方法		
		形 状 及 び 寸 法		粉じん落とし機構	有（自動式・手動式）　無	
		集じん容量（g/h）				
	排ガス処理装置	ガス中に液を分散させる方式 ガス・液ともに分散させる方式 液中にガスを分散させる方式 吸　　着　　方　　式 その他（　　　）	吸収液又は吸着剤	水 水酸化ナトリウム 消　石　灰 アンモニア 硫　　　酸 活　性　炭 その他（　　　）	処理後の措置	再 生 ・ 回 収 焼　却　投　没 埋　　　　　　　理 廃棄物処理業者への委託処理 その他（　　　）

図17・1　局所排気装置摘要書の記入例

340 　　　　　第17章　局排設置届，摘要書の書き方

　またⅩ⑲欄のファン型式は該当するものを◯で囲み，該当するものがない場合はその他の（　　　）に記入します。⑳欄のファンを駆動する電動機は実際に使用する電動機の仕様を記入しますが，これについてはファンのカタログを調べるか，メーカーに問い合わせてください。

　最後に，空気清浄装置を設置する場合には㉑欄以下の記入が必要ですが，これについてもカタログを調べるか，メーカーに問い合わせてください。なお，第①欄の別表第7の区分が13の有機溶剤の場合は㉑欄の空気清浄装置の欄の記入はいりません。また区分14の鉛と24の粉じんの場合は除じん装置の欄だけ記入します。

　図17・2は，第16章の既製ダクトを使用する場合の摘要書の記入例です。

　以上で摘要書ができ上がりました。設置届と摘要書ができたら，もう一度必要な添付書類が全部揃っていることを確認してください。添付書類については第11章，5で説明しましたが，表17・1はこれを一覧表にしたものです。

　設置届は2部作成して労働基準監督署に提出し，そのうち1部に収受印をもらって保存しておきます。

2．設置届の審査と工事契約の際の注意

　監督署に収受された設置届は，安衛法第88条の規定に基づいて審査され，もし万一内容に不備あるいは不適当で法令の規定に違反する点が発見されれば，受理の日から30日以内に計画の変更あるいは工事開始の差し止めを命ぜられることもあります。

　有機則，特化則をはじめとする厚生労働省令には，局排装置の構造要件として，次のように規定されています。

①　フードは有害物質の発散源ごとに設けられていること。

　　この規定は，離れた場所にある2つ以上の発散源を1個のフードで吸引しようとすると，十分な効果が得にくいこと，発散源と発散源の間に作業者が入ってしまって汚れた気流にばく露される危険があること等の

2. 設置届の審査と工事契約の際の注意　　　　　341

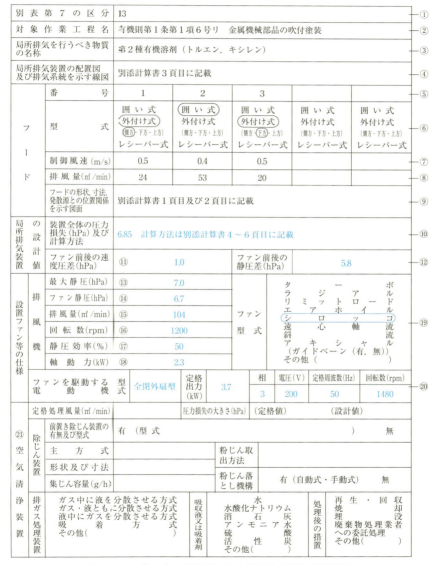

図17・2　第16章の既製ダクトを使用する場合の記入例

342   第17章　局排設置届，摘要書の書き方

表17・1　局所排気装置等設置届に必要な書類等

とじる順番	表　題	様式，書式	内　容	備　考	本書の頁
1	設置届	安衛則様式第20号			233
2	有害物発散抑制方法	任　意	有害物の発散を抑制する方法を具体的に記述する。		
3	摘要書	安衛則様式第25号		計算書から必要事項を転記	235
4	計算書	1 計算書(1)(2)	フード見取図等	型式，開口部寸法，発散源との位置関係，排風量等	239 240
		2 計算書(3)	ダクト系の系統線図	断面の内寸，長さ，ベンド，合流等の角度。フレキシブルダクトにあっては圧損特性資料等	228 242
		3 計算書(4)(5)	圧損，静圧の計算表	必要に応じて計算式を記入	321
		4 計算書(6)	ダクト系の圧損（静圧）特性，ファン動作点の決定等	ファンの仕様，圧損特性線図，モーターの仕様等	322
		5 その他	空気清浄装置，フィルタ消音器等の仕様書	仕様，圧損特性等	
5	局排図面等	1 フード	フードの形状，寸法，発散源との位置関係	発散源との位置関係，距離等が明示されているもの	239 240
		2 ダクト系	正面図，平面図，側面図各1部	各部の内寸を明示	226 227
		3 ファン		吸入口および吐出口の内寸を明示。カタログ，仕様書等のコピー	
		4 空気清浄装置その他		カタログ，仕様書等のコピー	
6	発散源の設備装置の図面			フードとの位置関係を明示	
7	作業場図面		設備，装置の配置図	作業場の寸法記入，届の対象となる設備を明示	
8※	建物配置図			敷地の寸法記入，届の対象となる作業箇所を明示	
9※	四隣との関係図			隣接工場，住宅等との関係を明示	
10※	工場案内図			最寄りの交通機関からの案内図	

注：1)　※印は届出時に他の届出書類に添付されている場合は不要。
　　2)　紙面の大きさはできるだけA判とし（コピーによる縮尺可），A4判に折りたたむこと。

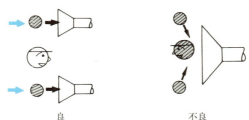
図17・3 フードは有害物の発散源ごとに設ける

理由で，フードがすべての発散源について設けられていなければならないという趣旨を規定したもので，したがって，このような危険が考えられない程度に近接した発散源は1つの発散源とみなして差し支えありません。

② フードは，作業の方法，有害物の性質，発散の状況等に応じて有害物の吸引に適した型式および大きさのものであること。

これについては第5章の事例を参考にしてください。

③ 外付け式のフードは，有害物の発散源にできるだけ近い位置に設けられていること。

できるだけ少ない排風量で，有害物を効果的に吸引するために当然のことです。

④ ダクトは，長さができるだけ短く，ベンドの数ができるだけ少ないものであること。

これも圧力損失をできるだけ小さくし，じん埃の堆積を防ぐために当然のことです。

⑤ 鉛，粉じん，粉状の特化物等の場合には，ダクトは，接続部の内面に突起物がなく，適当な箇所に掃除口が設けられている等，掃除しやすい構造のものであること。

粉じんのつまりによる性能低下を防ぐためですが，実際には掃除ができないような設計のダクトをよく見かけます。

⑥ ファンは，空気清浄装置を通過し清浄化された空気の通過する位置に

設けること。

　これはファンの腐食，摩耗防止，可燃性有害物の爆発防止等を考慮した規定ですが，同時に空気清浄装置をファンの吸引側に置くことにより，内部を負圧に保って有害物の漏洩を防止する意味もあります。

⑦　排気口は，屋外に設けられていること。

　有機溶剤については，空気清浄装置を設けるか，排気口濃度が管理濃度の1/2未満でない場合には，排気口の高さを屋根から1.5m以上とするという規定もあります（第10章，15参照）。

⑧　このほか，鉛則，特化則，粉じん則には除じん装置についての規定があります。

　局所排気装置の構造要件についての審査は，設置届に添付された図面，機器（空気清浄装置等）のカタログのコピー等を参考にして，上の要件に適合するかどうかがチェックされます。

　また性能要件については，有機溶剤，特化物の一部，粉じんについてはフードの制御風速，鉛化合物と特化物の一部についてはいわゆる抑制濃度が定められています（第6章，10参照）。

　性能要件についての審査は，主として次のような点について行われます。

①　摘要書に記載されている制御風速の数値は規定以上であるか，いわゆる抑制濃度方式で規定されている鉛，特化物の一部については，摘要書に記載されている制御風速はフードの外側の有害物濃度をいわゆる抑制濃度以下にするのに十分であるか。

②　摘要書に記載されている排風量は，上記の制御風速を確保するのに十分であるか，その計算方法は妥当であるか。

③　圧力損失，静圧の計算は正しく行われているか。

④　摘要書に記載された排風量，ファン前後の静圧差の設計値は，計算結果と一致しているか。

⑤　使用するファンの仕様，動作点の決定は，特性表，特性線図等を用いて妥当な方法で行われているか。

⑥ 摘要書に記載された設置ファンの排風量，静圧は，特性表，特性線図から求めた動作点の排風量，静圧と一致し，かつ設計値以上であるか。

以上が局排設置届のポイントですが，安衛法第88条に基づく計画審査は，あくまで設置届の計画の内容が型式上法令に違反していないことを机上で確認するものであって，実際に完成した局排装置の性能が法令の規定をクリアーすることを監督署が保証するものではありません。したがって，たとえ設置届が受理され，無事審査にパスしても，完成した局排装置をはじめて使用する際には，法令の規定に基づく構造と性能の点検を行って，もし異常があれば直ちに補修する義務が事業者に課せられていることを忘れないでください。

そこで，設計計算から工事の施工までを業者に委せる場合には，設計計算のチェック，施工の監理，完成時の点検等を信頼できる労働衛生工学専門の労働衛生コンサルタントに依頼し，「点検の結果もし不備な点があれば手直しをして検査合格まで責任を持つ」という一項を工事発注契約の中に加えておくことをおすすめします。

第18章

工事完成時の点検と性能
が出ない場合の対策

1．点検と定期自主検査

　工事が完成したら検収の際には必ず点検を行って所期の性能が出ていることを確認してください。有機則をはじめとする厚生労働省令には，局所排気装置をはじめて使用するときには，定められた項目について点検を行い，異常を認めた場合は直ちに補修しなければならないことが規定されています。普通，機械装置でも自動車でも買った場合には試運転してみて性能が出ることを確認して検収するはずですが，局所排気装置に限って，性能の確認をしないで外見だけで検収してしまう会社が多いのは不思議なことです。

　点検の項目については，規則に最小限度必要な項目が規定されています。点検の結果は，特化則，粉じん則には記録を３年間保存することが規定されていますが，他の局排装置についても，将来のメンテナンスの資料として点検の記録を保存しておくと良いでしょう。

　また局排装置も機械ですから，長く性能を保つためには十分なメンテナンスが必要です。そのために厚生労働省令では１年以内ごとに１回，定期自主検査を行い，記録を３年間保存することが規定されています。

　点検および定期自主検査の項目は，規則によって多少の差がありますが，だいたい次のようなものです。

① 　フードおよびダクトの摩耗，腐食，くほみその他損傷の有無およびその程度：これは目視で検査できます。多少の穴等はビニールテープ等で補修できますが，あまりひどいときはその部分を交換します。

② 　ダクトおよび排風機におけるじん埃の堆積状態：木か竹の細い棒で外から軽く叩いてみて，音でもある程度判断できますが，ダクトの要所要所に掃除口を兼ねた点検口を設けておいて定期的に検査するのが望ましい方法です。

③ 　ダクトの接続部におけるゆるみの有無：フランジのボルト，ナットの締付け不十分，振動によるねじのゆるみ，はんだのはがれ等が原因で，

1．点検と定期自主検査

目視，漏れ込み音，フードの吸込みの風量の検査，発煙管（スモークテスター）による漏れ込み気流のチェック等の方法で調べることができます。

もう１つの方法として，フードのテーク・オフの部分をはじめダクト系の要所（計算書３頁目のダクト系の系統線図で番地をつけた点）に直径5～6mmの静圧測定孔をあらかじめあけておいて，U字管マノメーターか熱線微風速計の静圧プローブを使用して測定した静圧を記録しておくと，その変化の具合でダクト系のつまりや漏れ込みを発見することができます（図18・1）。なお，**図18・1の中の静圧の増減は，マノメーターの読み（左右の水面の高さの差）が大きくなることを増，小さくなることを減と呼んでいます。**吸引ダクトの場合第12章，4で説明したように静圧はマイナスですから，**圧力の増減と静圧の読みの増減が逆になります。**

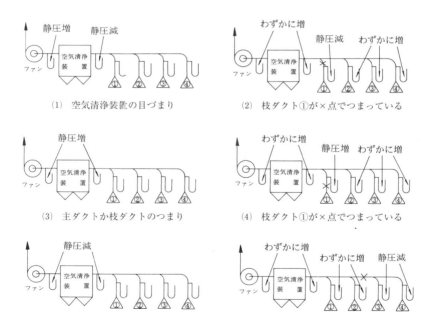

図18・1　静圧の変化からダクト系のつまり，漏れ箇所をみつける方法

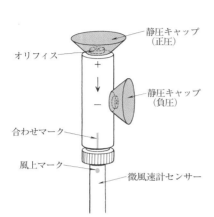

図18・2　静圧プローブの取付け方法　　写真18・1　静圧プローブ付き熱線微風速計によるダクト内静圧の測定

静圧増というのはマイナスの静圧が大きくなった（圧力は減った），静圧減というのはマイナスの静圧が小さくなった（圧力は増えた）ことを意味していますので間違えないでください。

　熱線微風速計に静圧プローブを併用してダクト内静圧を測定するにはまず静圧プローブ（**図18・2**）の締付けナットを少しゆるめて微風速計センサーの先端がとまるまで差し込み，静圧プローブの合わせマークをセンサーの風上マークと合わせ，締付けナットを十分締め，測定の際には内側のオリフィスが，ダクトの測定孔に入るように静圧キャップを押しつけて測定します。吸引ダクト内の静圧は負圧，排気ダクト内の静圧は正圧ですから，ダクト内静圧に合った方の静圧キャップを使う必要があります（**写真18・1**）。
④　ファンの注油状態，電動機とファンを連結するベルトの張り具合と損傷の有無，異音，振動，過熱，ファンの回転数：過熱の検査にはサーミスタ式表面温度計，ファン回転数の測定にはストロボ式回転計が便利で

1. 点検と定期自主検査

す。その他の項目は目視検査で良いでしょう。

⑤ 吸気および排気の能力：第2節で説明する方法で制御風速を測定します。性能要件がいわゆる抑制濃度方式で規定されている鉛と一部の特化物については，少なくとも1回だけはフード外側における濃度と制御風速を同時に測定しておくことが必要です。

規則では定期自主検査は1年以内ごとに1回と規定されていますが，局排はどこが不具合になってもほとんどの場合フードの吸引が不十分となるので，フードの吸引状態だけは頻繁に点検しておく方が良いでしょう。この場合の点検は，発煙管（スモークテスター，**写真18・2，18・3**）で十分で，慣れれば大体の風速を推定することもできます（**図18・3**）。

発煙管（スモークテスター）を使ってフード前面の吸込み気流の状態を観察するには，まず発煙管の両端を切り取って付属のゴム球につなぎ，ゴム球の穴を親指で押さえて軽くつぶすと，先端から水酸化すずの白煙が出ます。ゴム球をゆっくりつぶすと白煙は細くつながった糸状に，急につぶすと塊状に出ます。気流を観察する場合には，管の先端が**図18・3**のように，煙の流れと直角になるように持ち，囲い式フードの場合には，開口面を16以上に等分した各中心（137頁，**図6・10参照**）を，外付け式フードの場合には**図18・4**に示すように，フード開口面から最も離れた作業位置を示す●印を結んだ線にそって動かしながら発煙させ，煙の流れを観察します。発煙管（スモークテスター）は，気流の状態を目で確認できるので，局排装置の点検には極めて利用範

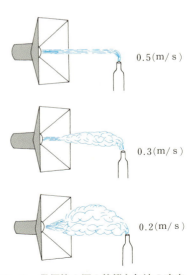

図18・3　発煙管の煙の状態と気流の速度

囲の広い有用な道具です。ただし，この煙は刺激性のものですから吸い込まないように注意してください。煙草や線香の煙を使用することは有機溶剤等引火性の物質を扱う作業場では絶対に避けねばなりません。
⑥ 除じん装置の構造部分の摩耗，腐食，破損の有無および程度。

写真18・2　発煙管（スモークテスター）による気流のチェック（0.4m/s）

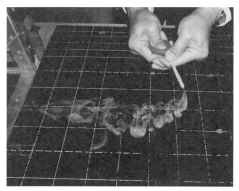

写真18・3　発煙管（スモークテスター）による気流のチェック（0.2m/s）

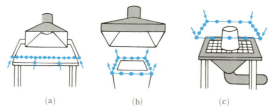

外付け式フードの吸込気流は,開口面から最も離れた作業位置で観察する。
図18・4　外付け式フードの吸込気流観測点

⑦　除じん装置内部における粉じんの堆積状態。
⑧　ろ過除じん装置のろ材の破損,取付け部の
　ゆるみ。
　⑦,⑧については,U字管マノメーターを取
りつけて除じん装置出入口の静圧を監視する
と良いでしょう(**写真18・4**)。

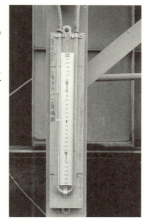

写真18・4　U字管マノメーターによる除じん装置の静圧の監視

2．制御風速の測定法

　局排装置をはじめて使用するときの点検,定期自主検査の際には,フードの吸引気流の速度を測定して規定の制御風速と比較する,いわゆる制御風速の測定をすることが必要です。
　囲い式フードの制御風速は,前に説明したようにわが国の厚生労働省令では,「フード開口面上の最小風速」と定義されています。そこで囲い式フード

の開口面における吸引風速の測定は，約束ごととして，開口面を面積が等しく，かつ一辺の長さが0.5m以下となるように16以上に分割して，各セクションの中心でフードの中に向かう気流の速度を微風速計で測定し，そのうち最も遅い風速を制御風速と比較します。

　これに対して外付け式フードの制御風速は，「当該フードによって有害物質を吸引しようとする範囲内における当該フードの開口面から最も離れた作業位置の風速」と定義されています。したがって外付け式フードの制御風速を測定する際には，測定の前にまず作業者に普通の状態でしばらく作業を行わせてみて，どこが開口面から最も離れた作業位置であるかをよく見きわめる必要があります。この場合，作業位置というのは作業者の身体の位置ではなく，有害物の発生する位置のことであり，作業位置が一定しない場合や，最も離れた作業位置が特定できない場合には，いくつかの点で測定して最も遅い風速を制御風速と比較します。たとえば，作業台の向こう側に側方吸引型フードが設けられている場合には作業台の一番手前の両隅（**図18・5**(a)），炉の上方にキャノピー型フードが設けられている場合には炉の有害物を発散する開口部のうちで一番低い位置（**図18・5**(b)），下方吸引型の換気作業台の上に物をおいて作業する場合にはその物の一番高い位置（**図18・5**(c)）が制御風速の測定点となります。測定点が複数の場合には当然のことながら得られた風速のうち最小の値を制御風速と比較します。

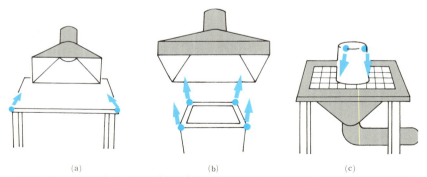

図18・5　外付け式フードの制御風速は，開口面から最も離れた作業位置で測定する

制御風速は前に説明したように0.4～1.3（m/s）程度の微小な風速であるため，フードの周辺に乱れ気流があるとその影響を受けやすく，微風速計で測定する場合もうっかりするとフードの吸引気流ではなくて乱れ気流の速度を測ってしまいます。制御風速を正確に測定するには，まず発煙管で，フードの開口面に向かう気流の向きを調べ，次に熱線微風速計は指向性プローブ（1方向の風速に鋭敏に反応する，図18・6(a)）つきのセンサーを使用し，プローブの風上マークが，発煙管で調べた気流の風上に向くように持って測定します。無指向性プローブ（どの方向の風にも同じように反応する，図18・6(b)）つきセンサーは制御風速の測定には使えません。

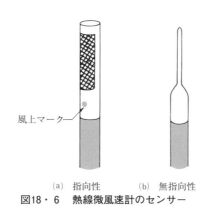

(a)　指向性　　(b)　無指向性
図18・6　熱線微風速計のセンサー

3．いわゆる抑制濃度の測定法

　鉛化合物と一部の特化物については，フードの性能を表すのにいわゆる抑制濃度方式が用いられていることは第6章，10で説明したとおりです。したがってこれらの物質の製造または取扱い場所にフードを設置した場合，はじめて使用するときの点検とその後の定期自主検査の際には，フード外側のこれらの物質の濃度を測定することが必要です。測定位置，測定時刻，測定回

数，測定方法，濃度の計算方法については，下記の通達に詳しく説明されているので参照してください。

(1) 鉛化合物　昭和47年9月18日基発第589号

(2) 特化物　　昭和58年7月18日基発第383号

　特化物の測定方法は作業環境測定基準（昭和54年4月25日労働省告示第43号）第10条の方法を準用します。

　局所排気装置の性能がいわゆる抑制濃度方式で規定されている場合には，フード外側の有害物濃度が抑制濃度以下であれば，気流の速度は小さくても構いません。この場合，計算書に記載した制御風速や排風量は，単に設計の際の便宜上のものであって，法令でいう局排の性能要件とは関係ないので，できあがったフードについて測定をした有害物濃度が抑制濃度以下に留まる範囲で，インバーターかダンパーを調節して排風量をしぼり，気流の速度を低くして使用しても差し支えないということです。エネルギー節約のためにはむしろそういう使い方をするべきです。

　またこの場合，定期自主検査のたびに有害物の濃度を測定するのは大変手間と費用がかかるので，抑制濃度方式で定められた局所排気装置の性能が確保されている状態で，制御風速を測定・記録しておき，その後の検査の際には風速だけを測定して，前記の風速を下回らないことを確認することにより局排装置の性能検査としても差し支えないことになっています。したがって，抑制濃度方式で性能が規定されている局排装置は，はじめて使用するときの点検の際に，フード外側の有害物濃度と同時に制御風速を測定・記録しておき，その後の定期自主検査の際には制御風速だけを測定すれば良いことになっています。

4．点検，検査の安全対策

　ダクト，ファン，排気口，除じん装置等の点検，検査を高所で行う場合には常に転落，墜落の危険があるので，その対策を十分にしておかなければな

りません。

　またモーター，ファン，除じん装置等の可動部分を点検，検査する際には，関連部署と十分連絡，打ち合わせを行った上で動力源を遮断し，作業中に連絡ミスのために起動されることのないよう，スイッチには表示および施錠を行う必要があります。

　モーター，電気除じん装置等の充電部分に近づく際は，電源を切り，放電棒で放電させた上で，できれば接地してから作業にかかるべきです。

　長期間使用されなかったダクトや除じん装置の内部は酸欠状態となっていることがあるので，立ち入ったり顔をつっこんだりする前に必ず酸素濃度を測定し，18％以上あることを確認しなくてはなりません。また一般に局所排気装置等の点検，検査の行われる場所は，高濃度の有害物に汚染されていることが多いので，危険が予想される場合には立入りに先立ってガス濃度等の測定を行い，必要ならば有効な保護具を使用して作業します。めっき槽に設置した局排装置のダクトの内部には，しばしば大量のシアン化合物やクロム化合物が堆積していてとくに危険です。

　また有機溶剤等の引火性物質を扱う場所では，火気の使用は危険であり，電動工具は防爆構造のもの，ハンマーやスパナー等の工具も無火花合金製の安全工具の使用が要求されるところもあります。一般に点検，検査等の非定常作業では，作業標準の不備，連絡不十分等に起因する災害が多いので，指揮者を定め，職務分担を明確にし，連絡，指令，合図の方法等も十分事前に徹底して，安全第一で行わなければなりません。

5．流量調整用ダンパーの開度調整

　抵抗調節平衡法（ダンパー調節平衡法）でダクト系を設計した場合には，工事完成後点検の前にダンパーの開度を調整して枝ダクト間の風量のバランスをとる必要があります。

　はじめてダンパーの開度調整を行う場合には，いったん，すべての枝ダク

トの流量調整用ダンパーを全開にします。そうすると排風機に近い下流側のフードは，当初の予定以上に吸い込み，上流側の排風機から離れた方のフードはあまり吸わなくなるはずです。次に下流側のフードから順に，制御風速を測定しながらダンパーを調整して仮に固定します。

上流に向かって調整が進むに従って，前に調整を終えた下流側の枝ダクトの風量は再び増加するので，調整の途中で必要な風量が得られない枝ダクトが出てきた場合には，もう一度下流の方に戻って調整をし直します。

最上流の枝ダクトまで調整が終わったら，もう一度逆の順に上流から下流に向かって再調整を行いながらダンパーを固定し，開度を記録しておきます。それと同時に各フードのテーク・オフ部の静圧を測定して記録しておくと，後日定期自主検査を行う際に便利です。調整を完了したらダンパーはやたらに動かされないように，しっかりと固定しておきます。

6．性能不足の原因いろいろ

まず，完成した局排装置の点検で能力不足が発見された場合の対策について考えることにしましょう。ファンやダクト，フードの構造が不適当なために予想外の騒音や振動を生じたり，除じん装置等が不適当なために排気口から予想外の粉じんや悪臭が出てしまったりする不具合もときには起きますが，局排装置の性能不十分で圧倒的に多いのは，何といってもフードの吸引能力の不足，いわゆる制御風速が出ないというケースでしょう。制御風速が出ないということは，要するに排風量が不足しているので，その原因を分析したのが**表18・1**です。したがって局排を計画する際にも，これらの点に留意する必要があります。

よくあるケースですが，フードの形が囲い式のような形であっても，被加工物が開口面より外にはみ出して作業が行われていれば，そのフードは外付け式としてしか機能していないことになります。

また外付け式フードの場合，計画時に考えたよりも離れた位置で作業が行

6. 性能不足の原因いろいろ　　　　　　　　359

われているため，結果的に排風量不足になっていることもあります。この場合にはフード開口面に近づいて作業するように作業者を指導することが必要でしょう。

表18・1　フードの吸引能力不足の主な原因

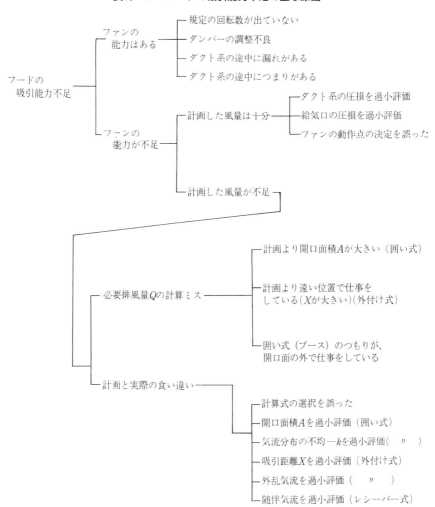

発煙管で気流を調べてみて，煙がフードに吸引されずに横流れしてしまう場合には，窓からの風，冷風機や扇風機の風の影響ですから，このような原因を除かねばなりません。フードに向かって仕事をしている作業者の背後から扇風機で風を送っている例によく出会いますが，扇風機の気流が強過ぎてかえってフードから溢れ出す原因となっていることが多いようです。

このほか排風量不足の原因には，もともとファンの能力が足りない場合，ベルトがスリップして回転数が低下している場合，ダクト，除じん装置等に粉じんが堆積している場合等が考えられます。

フード開口面の直前に物が置かれていて吸引気流が妨害されているケースもよくあります。そこに置く必要のない物であればどければよいし，作業の都合上どうしてもそこに置かなければならない物であれば，フードの形なり位置が不適当ということになります。

次にレシーバー式フードの場合は，普通に作業を行わせてみて，発散源から飛散する有害物が全部フード開口面に吸い込まれるかどうかを観察します。グラインダー作業の粉じんの場合は火花を見れば容易に確認できますが，

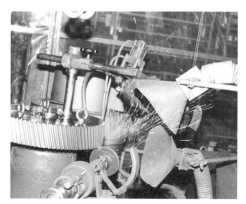

写真18・5　レシーバー式フードの設置位置が不適当なため火花が外に飛び出す

6．性能不足の原因いろいろ　　　　361

フード開口面の外に飛散するようならば，開口面が小さすぎるか，設置位置が不適当かどちらかが原因です（**写真18・5**）。設置位置が不適当な場合には，位置を調整します。スインググラインダーの場合はグラインダーの当たる角度によって火花の飛ぶ方向が変わるので，火花がフードに入らない場合は，

(a)　火花がフードに入らない

(b)　火花はすべてフードに入る
写真18・6　グラインダーの当たる角度の調整

吊下げの高さを調節してと石の当たる角度を変えてみます(**写真18・6**)。

図18・7のような塗装ブースが囲い式フードに相当するか外付け式フードに相当するかは，よく問題となるところですが，作業者がブース内に入っている場合は，ブースそのものは作業室，フィルターがフード開口面，フードの型式は外付け式と考えるべきです。この形式の塗装ブースの場合，フィルターの表面に塗料が堆積して目づまりしているものが少なくありません。吸引不良の場合にはフィルター面の直前の気流を発煙管で調べ(**写真18・7**)，目づまりしている場合はフィルターを交換します。

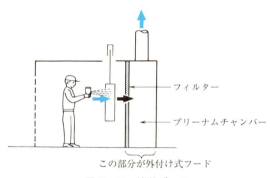

図18・7　塗装ブース

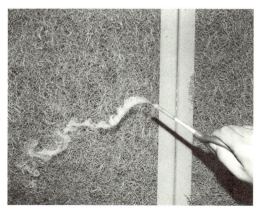

写真18・7　フィルターの目づまり点検

ノーポンプブース（ポンプレスブース）というのは，下に水を溜めておいて，吸引された空気が水面上の隙間を通過する際に水を押し上げシャワーを形成させて塗料を洗い落とすもので（**図18・8**），水量が多過ぎれば吸引能力が落ち，水量が少な過ぎればシャワーが形成されませんから，停止状態でまず水面の高さを見て規定の水量であることを確認し，次にファンを運転して気流を吸引し，ブース全幅に一様なシャワーが形成されることを確認します。

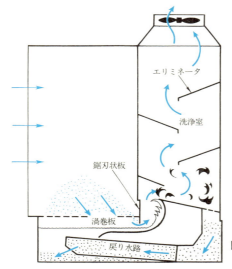

図18・8　ノーポンプブース
（㈱大気社提供）

7. ファンの回転数を再チェックする

さて，風量不足に対する対策ですが，まずファンの回転数をもう一度チェックすることをおすすめします。ベルト駆動の場合はもちろんですが，モーター直結でも絶対問題がないとはいえません。何年も前のことですが，筆者自身も大変に珍しい経験をしたことがあります。それはある事業場に依頼されて，新設された局所排気装置の性能を点検していたときのことですが，規定の制御風速が得られないのでダクトに試験孔をあけて風量の測定をしたと

ころ，計画の半分しか出ていないことがわかりました。ところがその原因がどうしてもわかりません。モーターは直結式で回転数が落ちることも考えられません。それでも念のためと思ってダクトを外して中を見てアッと驚きました。何と，ターボファンの羽根車が逆回転していました。後で調べてこの局排装置とは関係のない電気屋さんが工事中に配電盤の結線を入れ違えたために，モーターの回転が逆になってしまったことがわかりましたが，私達もターボファンを逆回転させると風量が半分位になるということを初めて知りました。結線し直して正しい回転にして性能が出たので，めでたしめでたしとなりましたが，こんなハプニングも稀にはあります。

8．ダクトの漏れ込みはないか

次にダンパーを再調整してみましょう。それでもだめな場合には，ダクト系の継目からの空気の漏れ込みを再チェックします。とくにステンレスダクト等で接続部分がさし込みだけ，あるいはスポット溶接だけの場合には必ず漏れ込みがあると思った方が良いでしょう。なかにははんだ付けがしてあってもはがれて漏れ込んでいることがあります。漏れ込みを防ぐためにダクトの継目には，コーキングをするかビニールテープを巻いておくと良いでしょう。

9. メークアップ・エアの入口は確保されているか

ファンの能力は十分なはずなのに性能が出ない原因として，もう1つよくぶつかるケースはメークアップ・エアの入口の不足です。局排が性能を発揮するためには排気される空気と同じ量のメークアップ・エアが室内に入ってこなくてはなりません。メークアップ・エアが室内に流れ込むときには当然気流の摩擦抵抗のために圧力損失があり，それだけ室内の静圧はマイナスになります。

特別にメークアップ・エアのための給気口が設けてあるか，窓や扉が開け放しになっていて，メークアップ・エアの流入速度が小さい場合には，この部分の圧力損失や静圧の減少は，局排のダクト系の圧力損失や静圧にくらべて無視できる位小さいので，ファンの能力に対する影響もとくに考慮する必要はありません。一般に局排設計の書物にメークアップ・エアの流入の圧損のことが書かれていないのはそのためです。

ところが，最近のように工場でも暖冷房が一般的に行われるようになって窓が閉め切られ，しかも建物の密閉度が良くなると，残されたわずかの隙間からのメークアップ・エアの流入による圧力損失とそのために生じる室内の静圧の低下は無視できない場合がしばしばあります。

よく冬季に局排を運転するとアルミサッシの隙間から身を切るような冷たい風が吹き込んでくることがありますが，これはそれだけメークアップ・エアの流入速度が大きいことを表しているのです。また，局排を運転するとドアがピタリと吸いついてしまって開かなくなることがありますが，これもそれだけ室内の静圧がマイナスになっている証拠です。

静圧がマイナス（負圧）の室内から局排装置で空気を吸い出そうとすれば，ファン前後の静圧差P_{sf}は，当然ダクト系の圧力損失から計算した静圧差に，室内の静圧のマイナス分だけ加えたものになります。

前に説明したように一般にファンの特性は，静圧が大きくなれば風量が減

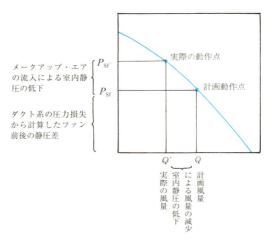

図18・9　室内静圧の低下による風量の減少

少するため，メークアップ・エアの流入の圧損のための室内の静圧のマイナスが大きくなると，実際に運転した場合のファンの動作点はこれを考慮しないでダクト系の圧損だけで静圧差を計算して決めた動作点より，静圧が大きく風量の小さい（特性曲線上で左にずれた）点になります（**図18・9**）。

10. 給気口を設ける

　このような不具合を直すには，メークアップ・エアのための給気口を設けることが必要です。外気中のほこりを嫌う場合には給気口にフィルターをはめ込みます。また給気口は流れ込む空気が直接作業者に当たらないような位置に設け，場合によっては入口から発散源の付近までダクトを引いてきます。この方法はメークアップ・エアが室内を横断しないので，空調の熱負荷を増やしたくない場合に有効です（**図18・10(a)**）。反対に高温作業場では給気ダクトの先端を作業者の頭上に持ってくることによって，冷風機の役目をさせることもできます（**図18・10(b)**）。

10. 給気口を設ける

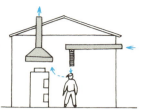

(a) 局排による気流は，発散源の近くに限定できて，熱のロスが少なくて済む

(b) メークアップ・エアを冷風機代わりに使う

図18・10　給気ダクトを設ける利点

　室内の静圧低下を大きくしないために，給気口は大きくした方が有効で，ときには給気ファンを設けることもあります。局所排気を行っている部屋に換気扇をつける場合には，換気扇は給気用にした方が良いことも当然です(**写真18・8**)。給気ファンを使わないで給気ダクトだけ設ける場合には，局排のファンを決める際に，その圧損を加えることを忘れないでください。

写真18・8　無窓工場に設けた給気口（フィルター内蔵）

11. 必要排風量を減らす工夫

　ファンの能力が不足して必要な風量が得られない場合に，もっと能力のあるファンと交換できれば話は簡単ですが，大抵の場合，それは容易なことではありません。ファンを大きくするためには電源も大容量のものと換えなければならないかも知れません。そこで，何とか少ない排風量で局排の能力を上げようということになります。

　排風量の節約法については第9章で勉強しましたが，もう一度復習すると，囲い式フードについては，①開口面の不要な部分をできるだけふさいで，開口面の面積を小さくする，②開口面の形，ダクトのテーク・オフの位置等の手直し，プリーナムチャンバーの利用等の方法で，開口面上の風速の不均一をなくす。一般には，開口面積を小さくするほど風速のムラも少なくなります。

　外付け式フードについては，最も多いのはフードを設計するときに考えていたよりも，実際にフードを設置して作業させたときの発散源の位置がフードの開口面から離れていることです。どうも一般的な傾向として，作業者はフードからちょっと距離をとって作業したがるようですが，外付け式フードの必要排風量は距離Xの2乗に比例するので，少しでも距離を小さくすれば，それだけ効果が上がります。

　また外付け式フードの場合には外乱気流による能力低下も無視できません。したがって，外付け式フードの風量が不足の場合の対策としては，

①　作業する位置をできるだけフードに近づける。

②　フードにつぎ足しをしてフード開口面をできるだけ作業位置に近づける。

③　あまり開口面が大きい場合には，不必要な部分にふたをして，気流を発散源の近くだけに集中させる。

④　フランジ，つい立て，カーテン等を利用して，周囲からフードに流れ

12. ファンの回転数を上げて能力アップする　　369

こむムダな気流を減らす。

　以上のような対策をこまめに実施することによって，ファンの能力を変え
なくても，局排の能力はかなり向上するはずです。「節約は美徳」ということ
わざは局排の場合にも成り立つようです。

12.　ファンの回転数を上げて能力アップする

　モーター直結式のファンでは無理ですが，ベルト駆動式のファンは，プー
リーとベルトを変えて回転数を上げることによって，多少能力を上げること
ができます。

　その理由は，ファンの特性曲線は回転数を上げると，特性線図の上の方に
ほぼ平行に移動するためで（第15章，3参照），回転数と風量，静圧，軸動力の
間には次のような関係が成り立ちます。この関係を「ファンの相似の法則」
と呼び，記憶しておくと便利な関係です。

① 　風量は回転数に比例する。したがって，回転数を倍にすると風量は2
　　倍になる。この関係を式で表すと次のようになります。

　　変更後の風量(Q_2)　(m^3/min) ＝　変更前の風量(Q_1)　(m^3/min)

　　$\times\Big\{$　変更後の回転数(n_2)　(rpm) ／　変更前の回転数(n_1)　$(\text{rpm})\Big\}$
　　　　　　　　　　　　　　　　　　　　　　　　　　　　　　　　……………18・1式

② 　静圧は回転数の2乗に比例する。したがって，回転数を2倍にすると
　　静圧は4倍になる。この関係を式で表すと次のようになります。

　　変更後の静圧(P_{Sf2})　(Pa) ＝　変更前の静圧(P_{Sf1})　(Pa)

　　$\times\Big\{$　変更後の回転数(n_2)　(rpm) ／　変更前の回転数(n_1)　$(\text{rpm})\Big\}^2$
　　　　　　　　　　　　　　　　　　　　　　　　　　　　　　　　……………18・2式

③ 　軸動力は回転数の3乗に比例する。したがって，回転数を2倍にする
　　と軸動力は8倍になる。この関係を式で表すと次のようになります。

$$\boxed{変更後の軸動力(W_2)}\,(\mathrm{kW}) = \boxed{変更前の軸動力(W_1)}\,(\mathrm{kW})$$
$$\times \left\{ \boxed{変更後の回転数(n_2)}\,(\mathrm{rpm}) / \boxed{変更前の回転数(n_1)}\,(\mathrm{rpm}) \right\}^3$$
……………………………………………………………18・3式

〔例 題〕

 実際に局排装置が完成してみたら，現場のダクトの配置の都合で，最初の計画よりベンドの数が増えたり，ダクトの長さが長くなったり，あるいは計算にミスがあって，計画時の圧力損失より実際の圧力損失が大きくなってしまい，このために風量不足になっている例はよくあります。

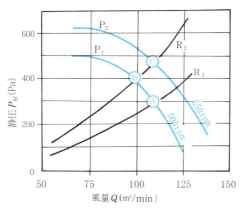

図18・11 圧力損失が大きくなり風量不足となる

 たとえば，図18・11で必要排風量が110（m³/min），ファン前後の静圧差の設計値が300（Pa），したがって，計画時のダクト系の圧損曲線はR₁となり，回転数500（rpm）で動作点はⒶとなってちょうどよいはずでした（第15章，6，7参照）。ところが実際に完成してみると風量は100（m³/min）しか出せません。ということはダクト系の圧力損失が計画より大きくなって，実際の動作点Ⓑ（ということは，実際のダクト系の静圧曲線は R₂であったわけです）になってしまったのです。

 そこでこのファンの回転数を変えて，風量を最初の計画どおり110（m³/min）

13. ファンの並列運転と直列運転　　　　371

にするには何回転にすればよいか。これを計算してみましょう。

〔例　解〕

(1)　風量は回転数に比例する。18・1式を変形すると次のようになります。

$$\boxed{\text{変更後の回転数}(n_2)}\ (\text{rpm}) = \boxed{\text{変更前の回転数}(n_1)}\ (\text{rpm})$$

$$\times\left\{\boxed{\text{変更後の風量}(Q_2)}\ (\text{m}^3/\text{min}) \ / \ \boxed{\text{変更前の風量}(Q_1)}\ (\text{m}^3/\text{min})\right\}$$

$$\cdots\cdots\cdots\cdots\cdots\cdots\cdots\cdots\cdots\cdots\cdots\cdots\cdots\cdots\cdots 18\cdot4\text{式}$$

　この式に先ほどの数値を代入すると，$n_2 = 500 \times 110/100 = 550$（rpm）となります。このファンを回転数550（rpm）で運転したときの静圧曲線はP₂，動作点は©となります。

(2)　静圧は回転数の2乗に比例する。18・2式に先ほどの数値を代入すると，$P_{St2} = 400 \times (550/500)^2 = 484$（Pa），ファンの静圧は回転数を上げたことによってその2乗に比例して増えましたが，同時にダクト系の静圧も風量の2乗に比例して増えたので，動作点©はちょうど最初に計画した動作点Ⓐの真上にきて，計画どおりの風量が得られたわけです。

(3)　軸動力は回転数の3乗に比例する。最初の軸動力が2 kW であったとすると変更後の軸動力は18・3式で，$W_2 = 2.0 \times (550/500)^3 = 2.66$kWとなり，モーターの出力に余裕のない場合にはオーバーロードの危険があるので，回転数を上げるときには，この点も確認しておく必要があります。

　そのほか回転数を上げた場合には騒音や振動も増え，ファンの寿命にも影響します。これらの点を考慮してファンの運転条件には限界が設けられているので，回転数を変える場合には，特性表をよく調べるか，メーカーに問い合わせて，変更しても大丈夫なことを確認しておくとよいでしょう。

13.　ファンの並列運転と直列運転

　風量が全然足りない場合は，最後の手段としてファンをもっと大きいものに取り変えるか，もう1台増設するしかありません。その場合ダクト系を途

中で2つに分けて別々の独立した局排装置とすることもできますし，ファンの部分を2つに分けて2台のファンを並列にして運転する，あるいは2台のファンを直列にして運転することもできます。

同一型式，大きさのファンを2台並列運転すると，風量が2倍になると考えられがちですが，実際には風量が増えるとダクト系の静圧もその2乗に比例して増えるために，2倍の風量は得られません。

ファンだけについて考えれば，2台並列運転したときの風量は同じ静圧に対してちょうど2倍になるはずですから，1台のときと並列運転したときのファンの静圧曲線は図18・12のP_1とP_2になります。ダクト系の静圧曲線をRとすると，ファンを1台で運転したときの動作点はⒶ，もし2台並列運転したときにダクト系の静圧P_{sa}が変わらなければ，動作点はⒷとなってそのときの風量Q_bは，1台のときの風量Q_aの2倍になるはずです。ところが，実際の動作点はⒸとなって，そのときの風量はQ_cにしかならないのです。

また2台直列運転すると2倍の静圧が得られると考えられがちですが，これもそうはいきません。ファンだけについて考えれば，2台直列運転したときの静圧は同じ風量に対してちょうど2倍になるはずですから，1台のとき

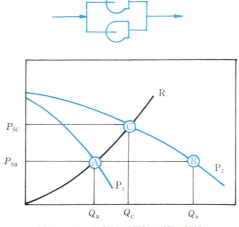

図18・12 2台並列運転の静圧特性

と2台直列運転したときのファンの静圧曲線は**図18・13**のP₁とP₂になります。ダクト系の静圧曲線をRとすると，ファンを1台で運転したときの動作点はⒶ．もし2台直列運転したときにダクト系の風量Q_aが変わらなければ，動作点はⒷとなってそのときの静圧P_{sb}は，1台のときの静圧P_{sa}の2倍になるはずです。ところがファンの静圧が増えれば風量も増えてしまうために実際の動作点はⒸとなり，そのときの風量は1台のときより少し増えますが，静圧P_{sc}は1台のときの静圧P_{sa}の2倍にはならないのです。

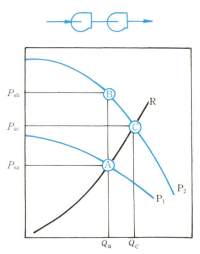

図18・13　2台直列運転の静圧特性

第19章

プッシュプル型
換気装置の設計

1. プッシュプル換気について

　局所排気装置の外付け式フードは，囲い式に比べると作業性を損なうことが少ない長所がある反面，周囲の乱れ気流によって有害物質がフードに捕捉される前に横流れする危険があります。局所排気装置の外付け式フードは，吸込み気流の力で汚染物質を周囲の空気と一緒に吸引排出するものですが，吸込み気流の速度は第4章5で勉強したように開口面からちょっと離れると，距離の2乗に反比例して急激に弱まり，吸引効果が失われるばかりか乱れ気流の影響を大きく受けるようになります。ちょうど電気掃除機で床を掃除する場合に，掃除機はたとえ強力でもブラシの先から1mも離れたところのごみは吸い取れないで風に飛ばされてしまうのと同じです。

　それでも無理に吸引排出しようとすれば，必要排風量は膨大なものとなって，仕事場は台風のような状態になってしまうでしょう。
　外付け式フードで開口面から離れると急激に吸い込みが悪くなる原因は，開口面から離れると急激に吸い込みが弱くなる吸込み気流の宿命とでもいうべき特性にあります。それに対して吹出し気流は一般に，吹き出し口から多少離れてもスピードダウンしない（吹出し開口の直径の5倍くらいまでをポテ

1. プッシュプル換気について

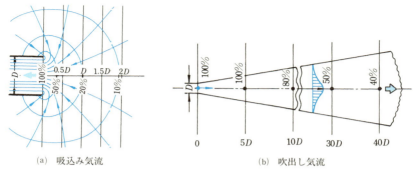

(a) 吸込み気流 (b) 吹出し気流

図19・1 吸込み気流と吹出し気流（2次元流れ）の流動特性

ンシャルコアといって気流速度が落ちない）という特長があります。すなわち吹出し気流は遠くまで届きます（**図19・1**）。

　外付け式フードで乱れ気流の影響を最小限に抑えるためには，開口面をできるだけ発散源に近付けて設置すればよいのですが，そうすると今度は作業性が損なわれるという矛盾があります。

　作業性を損なわずに乱れ気流の影響を避ける方法のひとつに，捕捉気流の周囲を捕捉気流と同じ向きのゆるやかな吹出し気流で包んで乱れ気流を吸収すると同時に，吹出し気流で有害物質をフードの近くまで運ぶ方法があります。これをプッシュプル換気と呼びます。

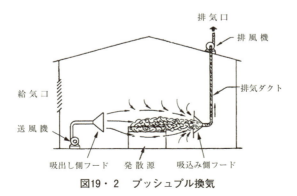

図19・2　プッシュプル換気

　プッシュプルというのは「押して引く」という意味で，プッシュプル換気はちょうど険しい坂道を登る列車の，前と後に機関車を連結して，前で引き後から押していく姿に似ています。

　プッシュプル換気は，一様な流れ（uniform flow）によって発散源から出た有害物質をかきまぜることなく流し去る理想的な換気の方法といえます。またこの方法では平均0.2～0.3（m/s）というゆるやかな気流で汚染をコントロールできるので，塗装とか溶接作業の際に気流による仕上がり品質に悪影響を受けないことも特長の1つです。

　日本の厚生労働省令ではプッシュプル換気を局所排気と別のものとしていますが，技術的にはプッシュ気流で捕捉気流をアシストする局所排気と考えるべきであり，米国をはじめ諸外国でプッシュプル換気といえばエアカーテンのことです。

　プッシュプル換気はプルだけの局排に比べていろいろな長所があるので，最近では自動車の車体や鉄構のような大物の塗装，アーク溶接などの強い気流を嫌う作業，手持ちグラインダーを使う研磨などの発散源が移動する作業用に普及しつつあります。**写真19・1**はいろいろな作業にプッシュプル換気を使っている例です。

2．プッシュプル型換気装置

　プッシュプル換気を行うには，有害物質の発散源をはさんで向き合うよう

2. プッシュプル型換気装置

(1) 密閉式（下降流）大型自動車車体塗装用

(2) 密閉式（下降流・送風機なし）大型機械部品塗装用

(3) 開放式（下降流）アーク溶接作業用

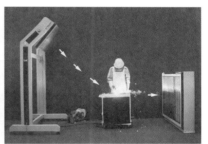

(4) 開放式（斜降流）アーク溶接作業用

(5) 開放式（水平流）有機溶剤混合・ろ過作業用

(6) 開放式（下降流）理化学実験用プッシュプル換気作業台

写真19・1　プッシュプル型換気装置のいろいろ
（興研株式会社，他提供）

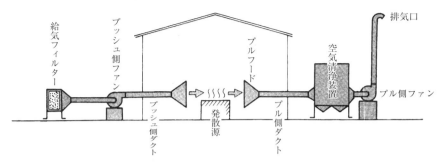

図19・3　プッシュプル型換気装置の構成

に 2 つのフードを設け，片方を吹出し用（プッシュフード），もう片方を吸い込み用（プルフード）として使います。2 つのフードはそれぞれプッシュ側ダクト系，プル側ダクト系に接続されますが，ダクト系の設計については普通の局所排気装置ととくに変わった点はありません。

　プッシュプル型換気装置には，自動車塗装用ブースに多く見られるように，周囲を隔壁で包囲して外との空気の出入りをなくし，作業室（ブース）内全体に一様なプッシュプル気流を作るもの（密閉式）と，周囲を包囲せずにプッシュフードとプルフードを設けて，室内空間の一部だけに一様なプッシュプル気流を作るもの（開放式）があります。また，密閉式，開放式共にプッシュプル気流の向きによって下降流型（天井→床），斜降流型（天井→側壁または側壁上部→反対側の側壁下部），水平流型（側壁→反対側の側壁）の 3 通りがよく使われます。また，作業場のレイアウトの関係で側壁から隣の側壁に向かって気流を作る，いわば斜平流型も使われることがあります。このほかに上昇流型（床→天井），斜昇流型（側壁→天井）というのも考えられますが，作業者の呼吸域が発散源の下流に来やすくメリットがないので使われません。

　日本の法令ではプッシュプル型換気装置の構造と性能の要件を告示[9]で定めています。

---

9) 平成 9 年 3 月労働省告示第21号，平成10年 3 月労働省告示第30号，平成15年12月厚生労働省告示第375号，平成15年12月厚生労働省告示第377号，平成17年 3 月厚生労働省告示第130号

3. プッシュプル型換気装置の構造と性能の要件

表19・1 プッシュプル型換気装置の法令上の分類

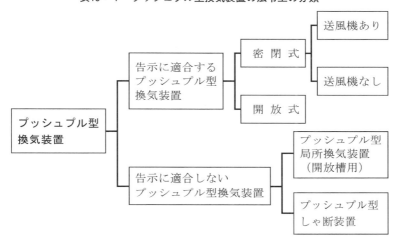

　表19・1の中の「告示に適合しないプッシュプル型換気装置」というのが諸外国でプッシュプル換気と呼ばれているエアカーテンのことです。
　また密閉式には送風機なしというのがありますが，これは局所排気装置のブース型囲い式フードと性能要件の定め方が違うだけで本質的な違いはありません。なぜプルだけでプッシュが無いのにプッシュプルなのか，なぜ同じものでも送風機なしの密閉式プッシュプルということにすれば平均風速が0.2 (m/s) でよいのに，局排の囲い式フードだと制御風速（開口面上の最小風速）が0.4～0.7 (m/s) 必要なのか理解に苦しみます。同じものでも呼び方を変えると気流の流れ方や，有害物質のコントロールの作用が変わるのでしょうか。この告示を作った人にぜひ聞いてみたいものです。

3. プッシュプル型換気装置の構造と性能の要件

　告示では，プッシュプル型換気装置を構成する各部分に図19・4に示す名称を付けています。

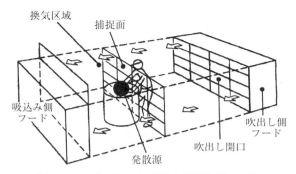

図19・4　プッシュプル型換気装置各部の名称

　換気区域というのは，プッシュフードの開口面とプルフードの開口面上の任意の点を結ぶ線分が通ることのある区域と定義されていますが，要するにプッシュプル気流の通る区域のことです。また，捕捉面というのは，発散源のうちプルフードから最も離れた点を通り，プッシュプル気流の方向に垂直な換気区域の断面です。これらの名称は後で設計のところで出てきますので覚えておいてください。

　次に告示に定められた構造の要件のあらましは次のようなものです。

① 　密閉式の場合は，ブース内へ空気を供給するプッシュフードまたは給気用開口部とプルフードの開口部を除き，天井，壁および床が密閉されていること。

② 　開放式の場合は，発散源が換気区域の内部に位置すること。

③ 　発散源からプルフードに流れる空気を作業者が吸入するおそれがない構造とすること。そのために，下降流型とするか，プルフードをできるだけ発散源に近い位置に設けることが望ましい。

④ 　ダクト，空気清浄装置，ファンについては局所排気装置と同じ。

　また，性能の要件は次のようなものです。これはプッシュプル換気が効果的に行われるために，発散源を0.2（m/s）程度のゆるやかでかつ一様に流れる気流で包み込むための条件なのです。

① 　捕捉面を1辺の長さが2 m以下の16以上（捕捉面が小さい場合は0.25m

以下の 6 以上）の等面積の四辺形に分け，換気区域内に作業対象物が無い状態で測定した平均風速が0.2m/s 以上であること。

② 各四辺形の中心における風速が平均風速の1/2以上1.5倍以下であること。これは気流の一様性を確保するための条件です。

③ 開放式の場合には，換気区域と換気区域以外の区域の境界におけるすべての気流がプルフードに向かって流れること。これを実際に調べるには捕捉面の周囲でスモークテスターを使って煙を出し，煙が全部プルフードに吸い込まれることを確認します。

4．密閉式（下降流型）プッシュプル型換気装置の設計

密閉式（下降流型）プッシュプル型換気装置の一例として自動車塗装用ブースの設計の手順を説明します。

⑴ 作業室（包囲，隔壁）の面積の決定

作業室の面積 A は，一様流の方向に対する被加工物の投影面積 a の 3 倍以上で，かつ被加工物の周囲に作業に差し支えない空間を確保するように決めます。

プッシュプル換気の特長は，比較的低速のゆるやかな気流で発散源を包み込む点にあります。そのためには作業室内に被加工物が入った場合と入らない場合，あるいは被加工物の大きさによって残りの空間の断面積の変化のために気流速度があまり変化することは好ましくありません。

一般的には，作業室の断面積を被加工物の投影面積の 3 倍以上（作業室に被加工物が入ったときの気流の平均速度$\overline{V_2}$が空の時の平均速度$\overline{V_1}$の1.5倍以下）にすると良好な結果が得られるようです。

たとえば，投影面の長さ 5 (m)，幅1.7(m)の自動車の外面を塗装する下降流型塗装ブースの大きさは次のようにして決めます（**図19・5**）。

① 被加工物（自動車）の投影面積 $a = 5 \times 1.7 = 8.5 (\text{㎡})$

② したがってブースの床面積 A は $3 \times 8.5 = 25.5 (\text{㎡})$ 以上であることが

望ましい。

③ 被加工物の長さが5 (m)であるから，作業性を考慮してブースの長さを7 mとすると，幅は3.64(m)以上となる。

④ ブースの幅を4 (m)とすると床面積Aは28㎡となり，被加工物の投影面積aの3.3倍となる。また被加工物が入った時の周囲の空間は，長手方向で1 (m)，幅方向で1.15(m)あり，作業を妨げるおそれはない。

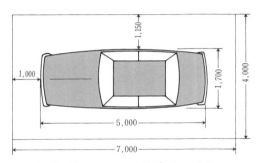

図19・5　下降流型塗装ブースの大きさ

(2) **作業室の天井の高さを決める**

天井面（プッシュフードの開口面）と被加工物の頂上との距離が1 m以上になるよう天井の高さを決めます。

プッシュフードから出た気流は被加工物にぶつかって向きを変えた後，被加工物の表面に沿ってこれを包むように流れます。このときにプッシュフードの開口面と被加工物があまり近いと渦流を生じて一様流がこわれてしまいます。一般的にプッシュフード開口面と被加工物の距離は，乗用車，鉄道車両，タンクローリー，航空機の機体のように流線形のものに対しては1 (m)，ボート，ダンプカー，工作機械のように気流がはね返りやすいものに対しては2 (m)以上あれば良いでしょう。

(3) **天井（プッシュフード）の構造**

天井面積に占める吹出し開口の割合は，気流分布を一様にするために極めて重要な意味があります。天井全部を開口面にすることが理想的ですが，現

4. 密閉式(下降流型)プッシュプル型換気装置の設計

実には照明器具の取付スペース等の関係もあってできません。前出の告示では「吹出し開口面積は，できるだけ床面積の0.6倍以上となるようにすること」を構造要件の1つとしていますが，それと同時に**図19・6**(b)，**写真19・2**のような構造にして室の隅々まで気流が行きわたるようにすると良いでしょう。

次に吹出し開口全体に気流を一様に分布させることが必要です。そのためには天井にプリーナムチャンバーを取り付けることが一般に行われていますが，**図19・7**(a)の程度のチャンバーではどうしても元の方に気流が集中してしまいます。告示では「被塗装物等が装置内に存在しない（空の）状態において，床上1.5mの高さの平面を16以上の等面積の四辺形に分け，その各々の中

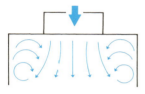 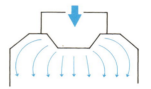

(a) 吹出し開口がせまいと隅に渦流を発生する
(b) 吹出し開口をふくらませて隅にも気流が行くようにする

図19・6　天井面（プッシュフード開口面）と気流の分布

写真19・2　吹出し開口をふくらませた天井

第19章 プッシュプル型換気装置の設計

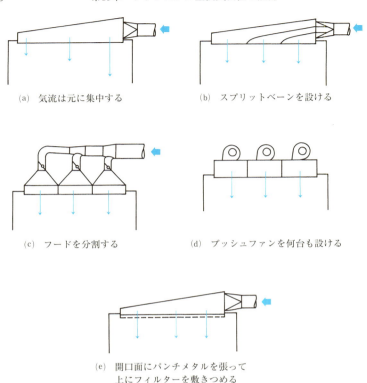

(a) 気流は元に集中する
(b) スプリットベーンを設ける
(c) フードを分割する
(d) プッシュファンを何台も設ける
(e) 開口面にパンチメタルを張って上にフィルターを敷きつめる

図19・7 プッシュフードの構造例

心点における下向きの風速が，平均風速の0.5倍以上，1.5倍以下であること」を性能要件の1つとしていますが，一様な気流分布を得るためには，①プリーナムチャンバーの中にスプリットベーン（仕切り）を設けて気流を強制的に分配する，②小さいいくつかのフードに分割する，③プッシュファンを何台も設ける等の方法が使われますが，筆者はプッシュ気流を均一にする簡単な方法として，開口面にパンチメタルか金網を張り，その上にフィルターを敷きつめる方法をおすすめします。フィルターの通気抵抗が20〜30(Pa)程度あれば，プリーナムチャンバーはそれほど大きくしなくても，パスカルの原理で気流はムラなく分布します。

(4) 床（プルフード）の構造

　気流分布を一様にするためには，吸込み開口も大きい方が良く，理想的には床面全部を開口面にしたいところですが，現実には強度の制約から不可能です。実際には重量のかかる部分を避けて残りのうちできるだけ多くの部分を吸込み開口としますが，気流によって被加工物を完全に包み込むためには，被加工物の周囲よりも**写真19・3**のように真下を吸込み開口にした方が良いようです。**写真19・4**はその場合の気流の具合を発煙管を使って調べているところで，煙が車体の外面にぴったりと貼り付いたように流れて，車輪の方に吸い込まれている状態が良くわかります。

　次に下降流型のプルフードは，床にピットを掘って開口面にグレーティング（格子）をはめ込む構造が一般的ですが，床が掘れない場合には鉄骨と鋼板で箱を作って床をかさ上げします（**図19・8**）。

　プルフードも当然のことながら開口面の吸込み気流分布ができるだけ均一な方が良いので，ピットまたは箱はできるだけ大きくしてプリーナム効果を持たせるとともに，大型の装置では吸込みダクトを何本かに分け，途中にダンパーを設けて吸込み風量のバランスをとります。

(5) プッシュプル風量の決定

　プッシュ風量Q_1は次式で計算します。

写真19・3　被加工物の真下を吸込み開口に

写真19・4　発煙管で気流を調べる

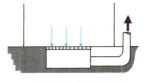

(a)　床にピットを掘る

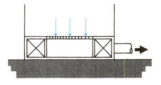

(b)　床をかさ上げする

図19・8　プルフードの構造例

$$\boxed{\text{プッシュ風量}(Q_1)} \text{(m}^3\text{/min)} = 60 \times \boxed{\text{作業室面積}(A)} \text{(m}^2\text{)}$$
$$\times \boxed{\text{下降気流の平均速度}(\overline{V_i})} \text{(m/s)} \cdots\cdots\cdots\cdots\cdots\cdots\cdots\cdots\text{19・1式}$$

前出の告示では，プッシュプル型換気装置（塗装用）の性能要件として「被塗装物等が装置内に存在しない状態において，床上1.5mの高さの平面を16以上の等面積の四辺形（一辺の長さが2m以下）に分け，その各々の中心点における下向きの風速の平均値が0.2m/s以上であること」および「労働者が0.5m/s以上の風に常時ばく露されることがないようにすること」を定めています（図19・9）。

したがって塗装用の場合 Q_1 は19・1式の $\overline{V_i} \geqq 0.2$(m/s)，すなわち $Q_1 \geqq 60 \times 0.2 \times A = 12 \times A$ で計算できますが，同時に第2の要件を満たすためには，被加工物の投影面積を A'(m^2)とすると $Q_1 \leqq 60 \times 0.5 \times (A - A')$ でなければなりません。(1)で説明したように作業室の面積 A を被加工物の投影面積 A' の3倍以上にするならば，$\overline{V_i}$ を0.25～0.3(m/s)として Q_1 を計算すると良い

4. 密閉式(下降流型)プッシュプル型換気装置の設計

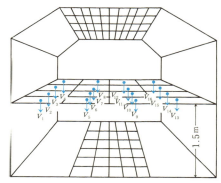

図19・9 プッシュプル型換気装置（塗装用）の性能要件

結果が得られます。

(1)の自動車塗装用ブースの例で，空のときの下降気流の平均速度$\overline{V_1}$を0.25(m/s)とすると，プッシュ風量Q_1は，$60 \times 28 \times 0.25 = 420 (\text{m}^3/\text{min})$，自動車を入れたときの下降気流の平均風速は$420 \div 60 \div (28-8.5) \fallingdotseq 0.36 (\text{m/s})$になります。この気流速度は普通の局所排気装置の制御風速と比較するとゆるやかで，塗装の仕上りに悪影響はないようですが，換気量は決して少なくはなく，ブースの天井高さを4(m)とすると1時間に225回もの換気回数になります。

プル風量Q_3は，密閉式の場合には気流の漏れはないと考えれば，プッシュ風量Q_1と同じでよいはずです。もし隔壁に隙間があって気流の漏れがある場合や，塗装のように外からのほこりの侵入を嫌う場合には$Q_3 < Q_1$とし，溶接やショットブラストのようにほこりが外に漏れるのを嫌う場合には$Q_3 > Q_1$とします。

Q_1とQ_3の差のQ_2は隙間からの漏れ気流量で，作業室内外の静圧差を決めれば次式で計算できます。

$$\text{漏れ気流量}(Q_2)\,(\text{m}^3/\text{min}) = 60 \times \text{隙間面積}\,(a)\,(\text{m}^2)$$

$$\times \sqrt{\frac{\text{作業室内外の静圧差}(P_s)\,(\text{Pa})}{0.6}} \quad\cdots\cdots\cdots\cdots 19\cdot 2\text{式}$$

$Q_3 > Q_1$ の時には室内の静圧はマイナス,$Q_3 < Q_1$ の時には室内の静圧はプラス,静圧差が10(Pa)あると隙間から漏れる気流の速度は約4(m/s)となります。

(6) ダクト系の設計

ダクト系の設計,ファンの選定等は普通の局所排気装置と同じ方法で行います。

5. 密閉式(水平流型)プッシュプル型換気装置の設計

水平流型の場合には,天井と床にあったプッシュフードとプルフードが向かい合った壁面に設けられるだけで,設計の方法は本質的に下降流型と同じです。

写真19・5は電車の車体塗装用に作られた水平流型プッシュプル型換気装置の例で,奥の方に見えるのがプルフードの開口面です。

写真19・5　水平流型プッシュプル型換気装置の例

6. 密閉式(斜降流型)プッシュプル型換気装置の設計

　斜降流型の場合には，気流の通る経路によってプッシュフードとプルフードの間の距離に差があります。**図19・10**の例では図の左上を通る気流の流路を1とすると，中央では約2，右上→左下では約3の距離があります。

　このようにカーブする一様流を作るには，流路の長いところを通る気流の速度を大きくして，プッシュフードからプルフードまでの気流の到達時間をどの部分でも同じにする必要があります。ちょうど陸上競技のトラックのカーブを並んで走ろうとすれば，外側のランナーは内側のランナーより速く走らなければならないのと同じ理屈です。

　そのために斜降流型プッシュプル換気装置では，プッシュフード，プルフードともいくつかに分割し，それぞれの風量を調整して乱れのない一様流をつくります。

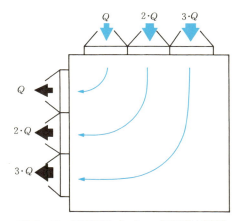

図19・10　斜降流型プッシュプル型換気装置

7．開放式プッシュプル型換気装置の設計

　プッシュプル換気の吹出し気流は到達距離が大きいので，プッシュフード，プルフードとも発散源から作業性を損なわないくらい離れた位置に設置しても十分な効果が得られます。ただし開放式の場合には，プッシュ気流は吹出し開口を離れるに従って周囲の空気を誘い込んで流量が増加するために，プルフードの排風量はプッシュ気流量より相当大きくする必要があります。排風量が不十分だと有害物質が漏れ出したり，乱れ気流を吸収できなかったりする危険があります。このため，開放式プッシュプル換気のプルフードの働きは，熱気流を上方で捉えるレシーバー式キャノピー型フードと同じと考え，排風量は流量比法を使って計算することが必要です。

　開放式プッシュプル型換気装置の設計の手順を説明します。

(1)　作業場所，設備，周囲の状況，作業性等を考慮してプッシュプル気流の向きとフードの設置位置を決めます。

(2)　プッシュフードの形と大きさを決めます。

(3)　開放式の吹出し開口は，有害物質の発散源の周囲に0.3m以上の余裕のある捕捉面を形成できる大きさが望ましい。これくらい大きな気流で発散源を包み込まないと有害物質が漏れる心配があります。

(4)　プッシュプル換気は，いわば局排の捕捉気流の周囲を捕捉気流と同じ向きのゆるやかなプッシュ気流で包んで乱れ気流を吸収する方法ですから，エアカーテンのように薄く速い気流でなく低速で大きな断面の一様な気流で包むことが成功の条件の1つです。

(5)　プッシュ気流が速度を落とさずにプルフードに到達できるために，プッシュフードの大きさ（四角形なら短辺，円形なら直径）はプッシュプル距離（プッシュフードとプルフードの距離）の1/5以上とすることが望ましい。これはプルフードの開口面を，**図19・1**で説明したプッシュ気流のポテンシャルコアの中に置くためです。

7．開放式プッシュプル型換気装置の設計　393

⑹　吹出し風量Q_1を決めます。

$$\boxed{\text{吹出し風量} Q_1}\ (\text{m}^3/\text{min})\ =60\times \boxed{\text{捕捉面の面積} A}\ (\text{m}^2)$$

$$\times\ (\ \boxed{\text{乱れ気流の平均速度} V_d}\ (\text{m/s})\ +0.2)\ \cdots\cdots\cdots\cdots\cdots 19\cdot3\text{式}$$

　　乱れ気流の平均速度V_dは，あらかじめ微風速計で測定しておきます。V_dに0.2を加えてプッシュ気流の設計速度とする理由は，乱れ気流の存在する状態で捕捉面の平均風速を0.2（m/s）にするためです。ただし設計速度は0.5（m/s）より大きくしてはいけません。その理由は，プッシュ気流が速すぎるとかえって有害物質を飛散させたり，斜降流型，水平流型では作業者の身体の風下に渦流が発生して有害物質が呼吸域に舞い戻る危険があるからです。

　　乱れ気流が0.3（m/s）より大きい場合にはつい立て，カーテン，バッフル板等を設けて，乱れ気流が当たらないようにします。

⑺　プルフードの形と大きさを決めます。

　　プルフードの大きさはプッシュフードより小さくても良いのですが，できればプッシュフードと同じかそれ以上の大きさのフランジを付けてください。フランジを付けることによって吸込み風量を節約することができます。

⑻　吸込み風量Q_2を決めます。

$$\boxed{\text{吸込み風量} Q_2}\ (\text{m}^3/\text{min})\ =$$

$$\boxed{\text{吹出し風量} Q_1}\ (\text{m}^3/\text{min})\ \times \boxed{\text{プッシュプル流量比} K}\ \cdots\cdots\cdots 19\cdot4\text{式}$$

　　プッシュプル流量比Kの値は，プッシュプル距離が吹出しフードの短辺または直径の5倍以下の場合には1.2〜1.5で十分です。プルフードの開口面をプッシュ気流のポテンシャルコア内に設けることによって，余分な誘導気流を巻き込むことなく吹出し気流を吸込み側フードに捕捉

することができます。

(9) プッシュプル距離がプッシュフードの短辺または直径の5倍より大きい場合には K を2〜5とする必要があります。

　　ここに記した Q_1, Q_2, K の値はあくまで経験的なものですから、できれば送風機、排風機ともに余裕を持って計画し、電源にインバーターを取り付けて、回転数制御で風量が調節できるようにし、最終的な運転条件は、スモークテスターでプッシュプル気流を観察しながら調整して決定してください。

8. プッシュプル型局所換気装置としゃ断装置の簡易設計

　　表19・1の厚生労働省告示に適合しないプッシュプル型換気装置には、いわゆるエアカーテンを利用した、プッシュプル型局所換気装置とプッシュプル型しゃ断装置があります。

　　このうちプッシュプル型局所換気装置は、有機則第12条第2号の開放槽の開口部に設ける「逆流凝縮機等」の「等」、または特化則第5条第2項の「管理第2類物質を湿潤な状態にする等」の「等」に該当すること、また、プッシュプル型しゃ断装置は局所排気装置等の設備に加えて補助的な設備として設置するものであることと定められており、法令上局排装置と同等に取り扱われるプッシュプル型換気装置とは異なるものです。

　　プッシュプル型局所換気装置またはしゃ断装置をうまく設計することはなかなか難しいのですが、林教授は計算図を使って行う比較的やさしい設計法を考案発表していますので、これを紹介しましょう。

　　設計手順の中に出てくる記号は、**図19・11**を参照してください。この図は開放槽の開口部に設けた局所換気装置を例にとりましたが、しゃ断装置の場合も同様です。

　　設計は次の手順に従って行います。

8. プッシュプル型局所換気装置としゃ断装置の簡易設計　　　　395

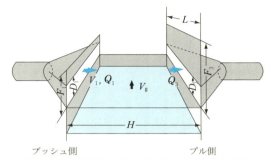

図19・11　開放槽の開口部に設けた局所換気装置

① 設置する場所の条件から，**プッシュプル距離Hと，フードの幅L**が決まります。
② **プル用フランジの高さF_3**を，Hの1/5以上となるようできるだけ大きく決めます。
③ **プッシュフードの開口の幅D_1**を，Hの1/30以上となるようできるだけ大きく決めます。D_1はできればHの1/10～1/5にすると良好な結果が得られます。
④ ここでF_3/D_1を計算して，F_3がD_1の2～50倍の範囲にあることを確認しておいてください。もしこの範囲にない場合にはもう一度F_3とD_1を決め直します。
⑤ **プルフードの開口の幅D_3**を，D_1の1/2～10倍になるように決めます。
⑥ プッシュ側のフランジはない方が良好な結果が得られますが，やむを得ずつける場合もフランジの高さF_1ができるだけ小さくなるようにしてください。
⑦ 表19・2を参考にして，**汚染空気の発生速度V_g**を仮定します。
⑧ F_3/HとH/D_1から，**図19・12**を使ってV_1/V_gの値を求め，この値をV_gに掛けて**吹出し速度V_1（m/s）**を決めます。
　　たとえば，プッシュプル距離Hが1（m），プル側フランジの高さF_3が0.4（m），プッシュフードの開口の幅D_1が0.1（m）の場合には，$F_3/H = 0.4$，$H/D_1 = 10$であるから，図の破線のように$V_1/V_g \fallingdotseq 2$，発生速度V_gが

396 第19章 プッシュプル型換気装置の設計

表19・2 汚染空気の発生速度V_g

汚染物の発生条件	例	V_g (m/s)
静かな大気中に実際上ほとんど速度がない状態で発散する場合	液面から発生するガス，蒸気，ヒューム等	0.3
比較的静かな大気中に低速度で飛散する場合	ブース型フードにおける吹付塗装作業，断続的容器詰め作業，低速コンベヤー，溶接作業，酸洗作業，めっき作業	0.5
速い気動のある作業場所に活発に飛散する場合	奥行の小さなブース型フードの吹付塗装作業，樽詰作業，コンベヤーの落とし口，破砕機	1.0
非常に速い気動のある作業場所に高初速度で飛散する場合	研ま作業，ブラスト作業，タンブリング作業	2.0 以上

0.3（m/s）とすれば，吹出し速度V_1＝0.6（m/s）となります。

⑨　**プッシュ風量Q_1**を次の19・5式で計算します。

> **プッシュ風量Q_1**（㎥/min）＝60×**吹出し速度V_1**（m/s）
>
> ×**プッシュフードの開口面積**$(D_1×L)$（㎡）‥‥‥‥‥‥‥‥‥‥‥19・5式

前の例で$L＝2$（m）とするとQ_1＝7.2（㎥/min）となります。

⑩　V_1/V_g，H_1/D_1およびF_3/D_1の値から**図19・13**を使って**プッシュプル流量比R**を求めます。

　　前例のRを求めるには，まず①V_1/V_g＝2の点から上に垂直線を引き，H/D_1＝10の右上り斜線との交点②から左に横軸に平行線を引き，次にこの線とF_3/D_1＝4を示す垂直線との交点③を求めます。この交点を通る左上り斜線が左縦軸と交わる点④の数字が求める流量比Rを表し，この例ではR＝9となります。

⑪　Q_1とRを掛けて，**プルフードの必要排風量Q_3**を求めます。

8. プッシュプル型局所換気装置としゃ断装置の簡易設計

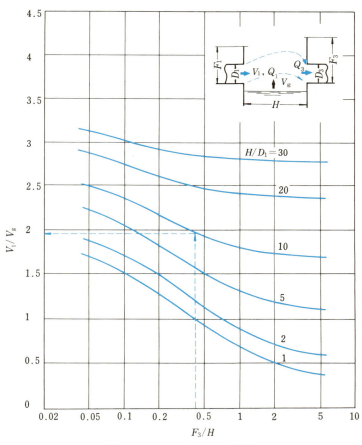

図19・12　V_1/V_g と F_3/H の関係

プルフードの必要排風量(Q_3) （m³/min）

= プッシュ風量(Q_1) （m³/min）× プッシュプル流量比(R) ……19・6式

この例では$Q_3=65$（m³/min）となります。

以上が計算図を用いたプッシュプル型局所換気装置およびしゃ断装置の設計法の概略ですが，プッシュプル気流の層を通って人や物が出入りする場合

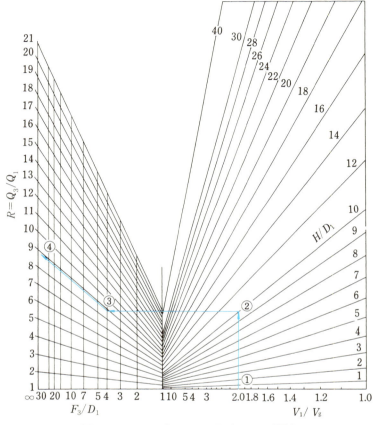

図19・13　Q_3/Q_1とF_3/D_1およびV_1/V_gの関係

には，気流層の厚さが人や物の大きさ以上になるようにD_1とD_3を大きくし，またQ_3は，19・6式で得られた値の1.3倍とする必要があります。

第20章

空気清浄装置と排液処理装置

局所排気装置やプッシュプル型換気装置の排気には、有害ガス、蒸気、粉じん、ヒューム、ミストなどの有害物質のほか臭気の原因物質などが含まれていて、そのまま放出すると、大気汚染の原因になるだけでなく、外の気流に乗って建物の開口部から再び作業場に舞い戻ることがあります。したがって、排気に含まれる有害物質などを分離、回収または無害化する目的で、空気清浄装置を設置する必要があります。空気清浄装置には大きく分けて粉じん、ヒュームのような粒子状物質に対する除じん装置とガス、有機溶剤蒸気などの気体物質に対する排ガス処理装置があります。

1．除じん装置

除じん装置には粒子を分離する原理によって重力除じん装置、慣性力除じん装置、遠心力除じん装置、湿式除じん装置、ろ過除じん装置、電気除じん装置などがあります。どのような原理の除じん装置を選ぶかは、対象となる粒子の種類・性状、粒径分布および残渣分布と、必要な捕集効率によって決まります。

(1) **各種除じん装置の原理と特徴**

　① 重力除じん装置と慣性力除じん装置

ダクトの途中に断面の大きな部屋を設けて、気流の速度を小さくし重力の作用で粗い粒子を沈降させるものが重力除じん装置です。重力除じん装置は

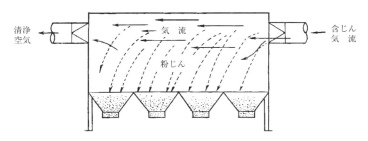

図20・1　重力除じん装置

重力沈降室とも呼ばれ,粒径100（μm）程度の粗い粉じんだけしか捕集できませんが圧力損失が小さいので,もっぱらろ過除じん装置など高性能の除じん装置の手前で粗い粉じんを取り除き,高性能除じん装置の負荷を小さくするための前置き除じん装置として使用されます（図20・1）。

また,重力除じん装置の中にルーバや衝突板を設けたり天井からチェーンを吊って,気流を急に方向転換させ粒子を衝突させて捕集するのが慣性力除じん装置です。慣性力除じん装置も主として高性能除じん装置の前置き除じん装置として使われます。

② 遠心力除じん装置（サイクロン）

円錐形の室内で気流を高速度で回転させ遠心力で粒子を分離するのが遠心力除じん装置です。一般にはサイクロンと呼ばれています。直径が1mもある大型のサイクロンは,圧力損失は小さいけれども粒径3（μm）以下の粒子は捕集できないので,主として前置き除じん装置として使われます（**写真20・1,図20・2**）。

写真20・1　遠心力除じん装置
（サイクロン）

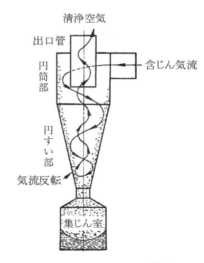

図20・2　サイクロンの構造

サイクロンは直径を小さくして気流の回転を速くするとより小さいと粒子を捕集できますが大量の空気を通せなくなってしまうので，複数の小型サイクロンを並列に並べて使います。これをマルチサイクロンと呼び粒径 1（μm）程度の粒子も捕集できるので主除じん装置として使われます。

③　湿式除じん装置（スクラバー）

湿式除じん装置（スクラバー）は洗浄除じん装置とも呼ばれるもので，含じん気流を水などの液体中にくぐらせたり，液体を気流中に噴霧したりして粒子を液体に接触させて捕集するものです。ダクトの途中にベンチュリー管を設けて液体を気流中に噴霧するものはベンチュリスクラバーと呼ばれます。湿式除じん装置は粉じんの捕集と同時に液体に溶けやすい有害ガスの吸収除去や酸性・アルカリ性ガスの中和を行うことができますが，排水排液の処理が必要でそのための設備とメンテナンスに費用と手間がかかるので，除じんだけの目的にはあまり使われません。

④　ろ過除じん装置（**写真20・2，20・3，図20・3**）

ろ過除じん装置は，布等のろ過材（フィルター）で粒子をろ過捕集する方式です。付着架橋現象によってろ過材の上に堆積した粒子自身がろ過層として働くので，理論的には極めて小さい粒子も捕集することが可能です。フエルト等のろ布製の筒（バッグ）をろ過材として使うバグフィルターは局排装置，プッシュプル型換気装置用に最も推奨できる除じん装置です。外の除じん装置と比べ圧力損失が大きいので，十分な静圧の出せるファンを使用することと，目詰まりによる過負荷を防ぐために重力沈降室，サイクロン等の前置き除じん装置を併用することが必要です。

石綿粉じん，電離放射性粒子など特に有害な粉じんの捕集にはヘパ（HEPA）フィルターと呼ばれる高性能のろ材が使われます。

⑤　電気除じん装置

電気除じん装置は，高電圧のコロナ放電を利用して粒子を帯電させ静電引力を利用して電極板（捕集板）に付着捕集するもので，発明者の名を取ってコットレルとも呼ばれます。圧力損失が小さく微細な粒子を高い捕集率で捕

1. 除じん装置

写真20・2　ろ過除じん装置
（バグフィルター）

写真20・3　バグフィルターの内部

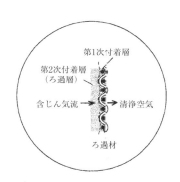

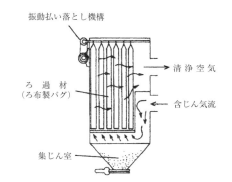

図20・3　バグフィルターの構造

集することができます。一般に大容量の設備に適し小容量のものは設備費が割高になるため火力発電所の煙道ガスに含まれる微粒子（フライアッシュ）の捕集などが主な用途ですが，最近では局排やオイルミストの捕集用に小型のものも市販されています。

(2) 粉じんの粒径分布と残渣分布

　排気に含まれている粉じん，ヒュームの粒子の大きさ（粒径）を観察する

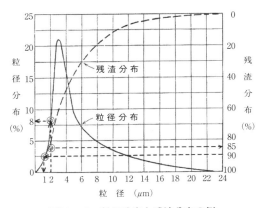

図20・4 粒径分布と残渣分布の例

と，相当大きなものから非常に微細なものまで広い範囲にわたって分布していることがわかります。全体の中である粒径の粒子が占める割合の分布を粒径分布，ある粒径より大きい粒子が占める割合の分布を残渣分布と呼びます。

図20・4はある粉じんの粒径分布と残渣分布の例です。

図20・4の実線の粒径分布が粒径2（μm）に対して8％というのは，粒径2（μm）の粉じんが全粉じんの8％を占めることを，また，破線の残渣分布85％というのは2（μm）より粒径が大きい粉じんが全体の85％を占めていることを表しています。たとえばこの粉じんの排気中の濃度が10（mg/m³）で，これを1（mg/m³）まで下げるには90％の捕集率が必要ですが，残渣分布90％に相当する粒径は約1（μm）ですから，その目的では粒径1（μm）以上の粉じんを全部捕集できる除じん装置を使用することが必要です。

(3) 除じん装置の捕集効率と捕集限界粒子径

これに対して除じん装置は原理によって捕集できる粒子の大きさに差があります。除じん装置に粉じんを含む排気を通した場合，一般的には大きい粒子は捕集しやすく小さい粒子は捕集しにくいといえますが，ある粒子径の粉じんが何パーセント捕集されるかを表す値を部分捕集率と呼びます。

図20・5は部分捕集率の例です。この例では粒径8（μm）以上の粉じんは100％捕集されますが，1（μm）の粉じんは30％しか捕集できないことがわかります。部分捕集率を全部の粒径にわたって合計したものが除じん装置の捕集効率です。捕集効率は集じん効率または除じん効率とも呼ばれます。

1. 除じん装置　　　　　　　　　　　405

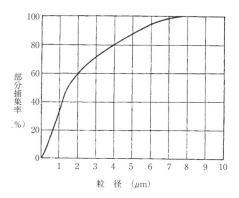

図20・5　部分捕集率の例

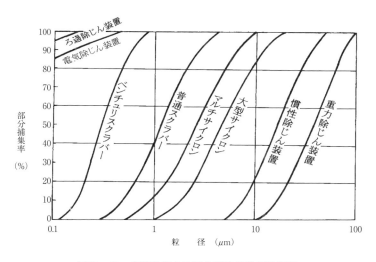

図20・6　各種除じん装置の概略の部分捕集率

　各種除じん装置の部分捕集率を原理別に**図20・6**にまとめておきます。
　実用的にはある大きさ以上の粒径の粉じんは全部捕集されそれより小さい粉じんは全部通り抜けてしまうと考えても大きな違いはありません。このような粒径を捕集限界粒径と呼びます。たとえば，**図20・6**の大型サイクロンの捕集限界粒径は約3（μm）です。また粒径0.5（μm）の微細な粉じんを捕

集できるのは電気除じん装置かろ過除じん装置しかないことがわかります。

2．排ガス処理装置

　排ガス処理装置にはガスを除去する原理によって吸着法，吸収法，直接燃焼法，触媒燃焼法，酸化還元法などの装置があります。どのような原理の装置を選ぶかは，対象となるガスの種類によって決まります。

(1)　吸着法排ガス処理装置

　排気中のガス，蒸気を吸着剤に吸着させて除去する方法です。有機溶剤蒸気には活性炭，特定化学物質のフッ化水素にはアルミナが吸着剤として使用されます。吸着法は除去効率が高く濃度の変動に容易に対応できることなど低濃度のガス，蒸気の処理方法として優れており，局所排気装置，プッシュプル型換気装置の排気処理に広く使用されています。

　図20・7は吸着法に使われる吸着塔または充塡塔と呼ばれる装置です。有機溶剤蒸気の除去用には顆粒状の活性炭を充塡して使います。活性炭は一般に自重の10〜25％の蒸気を吸着できます。吸着剤が飽和状態になると吸着しきれない蒸気が吸着剤層を通り抜けて出てきます。これを吸着剤の破過といいます。吸着法を使う場合には，吸着塔の出口側にガス濃度の検知装置を付けて排気中の濃度を監視します。一般の局所排気装置のように排気に含まれる溶剤蒸気の濃度が低い場合には，活性炭を一度充塡すると数週間〜数カ月も使用できるので，破過

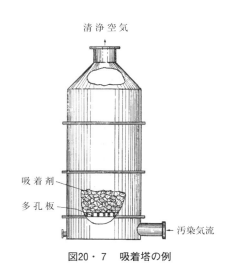

図20・7　吸着塔の例

が起きたら一時使用を停止して新しい活性炭と交換します。

　排気中に含まれる溶剤濃度が高いか処理風量が非常に大きい場合には短期間で吸着能力が低下してしまうので，吸着塔を2本以上並列にし，交互に再生しながら使用します。活性炭の再生は，加熱するか水蒸気を吸着塔に吹き込んで溶剤を脱着します。水蒸気脱着の場合は溶剤を含んだ水蒸気を冷却凝縮すると水に溶けない溶剤が分離するので容易に回収することができます。

(2) **吸収法排ガス処理装置**

　排気中のガス，蒸気を吸収剤に吸収させて除去する方法です。水溶性のガス，蒸気に対しては安価な水が吸収剤として使用されます。酸性のガスに対してはアルカリ性，塩基性のガスに対しては酸性の吸収剤を使用します。ガス，蒸気だけでなく水溶性のミストもこの方法で処理でき，めっき工場のクロム酸ミスト，シアン化合物を含む電解液のミスト，酸，アルカリのミストなどに応用されます。

　吸収法に使われる装置は，吸収剤が液体の場合は充填塔かスプレー塔が使われます。充填塔の構造は吸着法の場合と同じで，磁器かプラスチック製の

写真20・4　スプレー塔

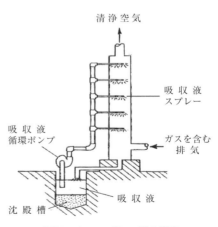

図20・8　スプレー塔の構造

ラシヒリング，ベルルサドルなど複雑な形の充填物を充填して上から吸収液を流します。吸収液は充填物の表面を液膜となって流れ下り，排気中のガス，蒸気は吸収液の表面に接触し溶解吸収されます（図20・8）。

スプレー塔は排気中に吸収液をスプレーし，液滴の表面でガス，蒸気を溶解吸収する装置です。そのほか吸収装置にはプレート塔，気泡塔などいろいろの型式があり，いずれも吸収液とガス，蒸気を広い表面で接触させるような工夫がされています。吸収剤が固体の場合はもっぱら充填塔が使われます。吸収法で有害成分を吸収した吸収液に酸化・還元剤を添加して処理する方式が酸化還元法です。

(3) **直接燃焼法排ガス処理装置**

排気中に含まれるガス，蒸気が可燃性でかつ回収する必要がない場合に，600～800℃の高温の炉の中で燃やして処理する方法です。印刷工場などでよく使われます。この方法ではガス，蒸気だけでなく可燃性の粉じんも処理できます。直接燃焼法にはインシネレーターと呼ばれる炉が使われます（図20・9）。

局排やプッシュプル型換気装置の排気に含まれる可燃性成分の濃度は一般に低くてそれ自身では燃焼を続けられないので，助燃剤としてLPガスや灯油を加えて燃焼させます。反対に排気中の濃度が高く爆発下限界以上になるおそれがある場合には，インシネレーターの手前のダクト内にガス濃度検知装置を付けて濃度を監視し，濃度が高くなったらダクトの途中から空気を吸

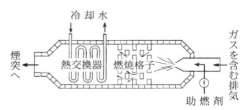

図20・9　インシネレーターの例

い込んで希釈しダクト内濃度を常に爆発下限界の0.2倍以下に保つことが必要です。直接燃焼法は設備費は安くて済みますが助燃剤の燃料費が高くつくことと大量のCO_2を排出することが欠点です。

(4) 触媒燃焼法排ガス処理装置

可燃性成分を含む排気を触媒層に通して250℃位の比較的低温で酸化させる方法です。触媒にはペレット状，リボン状，ハニカム状などに整形したアルミナゲル，シリカゲルなどの多孔質の担体に白金，白金ロジウム，白金パラジウムなどの貴金属触媒を加えたものが使われます。低濃度の排ガスも処理できるので印刷工場の排気の悪臭の除去などに使われています。

燃焼温度が低いだけ助燃剤の燃料費が少なくて済みます。助燃剤には一般に都市ガスが使われています。有機溶剤蒸気の場合排気中の濃度が2000ppm位あれば自身の酸化熱だけで温度を維持でき助燃剤を必要としません。ただし触媒の費用が高価なために設備費が高くつき，処理風量が大きい場合には向きません。また，排気中に亜鉛，鉛などの重金属や硫黄，ハロゲン化合物などが含まれていると触媒の性能を低下させるので，このような場合にも使えません。

3．排液処理装置

湿式除じん装置や吸収法排ガス処理装置は，排気を清浄化する結果としてそれまで排気に含まれていた粉じんや有害物質を含む排液を排出します。排液に含まれる有害物質は汚濁物質とも呼ばれます。汚濁物質を無害化して排出するためには液から分離するか，あるいは化学反応などで有害性を取り除くことが必要です。その目的で凝集沈殿方式，酸化・還元方式，中和方式，活性汚泥方式などさまざまな方式の排液処理装置が使われます。一般に汚濁物質は液中での粒子の大きさにより① 1 ～100 μm の浮遊物質，② 1 nm～ 1 μm のコロイド，エマルジョン，③さらに微細な溶存物質に分類されます。排液処理では粒子の大きさの違いが処理の難易に大きく影響し，粒子の大き

な浮遊物質は処理しやすい一方，コロイド，エマルジョン，溶存物質の処理には複雑な方法が要求されます。

(1) 凝集沈殿方式排液処理装置

排液処理の最初のプロセスは有害物質を不溶性の固形物（懸濁固形物）にして液と分離（固液分離）することです。大きい粒子は液を静置すれば自然に沈降して分離しますが，1 μm 以下のコロイド，エマルジョンはそのままではほとんど沈降しないので凝集剤を加えて粗大化して沈殿させます。微粒子は一般にマイナスの電荷を持っているために互いに反発して凝集しません。そこでまずプラスの電荷を持つ硫酸アルミニウム，ポリ塩化アルミニウム，塩化第2鉄などの凝固剤で電荷を中和して小さなかたまり（凝固フロック）を作り，次にポリアクリルアミド，ポリエチレンイミンなどの凝集助剤を加えてフロックを粗大化して沈殿させます。

凝集沈殿方式は，製鉄，窯業などの排液のように汚濁物質が無機物質の場合に適しています。また溶存物質に対しても，たとえばめっき工場の酸洗浄工程で発生する重金属イオンを含む酸性の排水は水酸化ナトリウム，消石灰などのアルカリを加えて中和すると水酸化物の沈殿を生じるので，この方式を応用して固液分離することができます。

(2) 酸化・還元方式排液処理装置

酸化・還元反応を利用して排液中の有害物質を無害化するか，析出沈殿させて固液分離する方式が酸化・還元方式です。酸化・還元の方法には酸化剤または還元剤を添加する方法と電気分解による方法があります。

特定化学物質のシアン化カリウム，シアン化ナトリウムを含む排液は，アルカリ性にして塩素を吹き込むかまたは次亜塩素酸ナトリウムを加えて酸化することにより塩化シアン，シアン酸を経て窒素と二酸化炭素に分解されます。この方法はアルカリ塩素法と呼ばれます。

また，硫化ナトリウムを含む排液は，酸と混合すると硫化水素を発生する危険がありますが，鉄くずとナフトキノンを加えて空気を吹き込み酸化することによってイオウを分離する方法が行われています。

めっき工場の酸洗浄工程で発生する重金属イオンを含む酸性の排水は水酸化ナトリウム，消石灰などのアルカリを加えて中和すると水酸化物の沈殿を生じることは凝集沈殿方式のところで説明しましたが，クロムめっき工程で排出される6価クロムはほかの重金属とは異なり水酸化物を生成せず，沈殿によって分離できません。6価クロムの場合にはまず還元剤を加えて3価クロムに還元してからアルカリを加えて水酸化クロムを生成させて沈殿分離します。還元剤としては亜硫酸ナトリウムか硫酸第一鉄が用いられます。

(3) 中和方式排液処理装置

酸性またはアルカリ性の排液は中和反応によって pH 値を5.8〜8.6に調整してから放流することが必要です。特定化学物質の塩酸，硝酸，硫酸などを含む酸性の排液に対しては水酸化ナトリウムか石灰乳，水酸化ナトリウムなどアルカリ性の排液に対しては塩酸，硫酸などが中和剤として使われます。

なお，同じ工場内で酸性排液とアルカリ性排液が発生する場合に，これらを合わせて中和することもよくありますが，重金属イオンを含む排液のように中和反応だけでは処理できない場合もあるので，排液中にどのような物質が含まれているか注意が必要です。たとえば，中和反応によって沈殿物質が生成される場合には凝集沈殿方式を併用して固液分離する必要があります。

(4) 活性汚泥方式排液処理装置

排水に含まれる有機物を好気性微生物（ズーグレア，シュードモナス，バチルスなどのバクテリア，ツリガネ虫，ワムシなどの原生動物）の作用で二酸化炭素と水に分解する方法を好気性生物処理と呼び，排水処理や下水処理に広く使われている活性汚泥方式が代表的なものです。

活性汚泥方式には，ばく気槽と沈殿槽を連結して使います。ばく気槽内の排液には好気性微生物のかたまり（フロック）が2〜5 g/L の濃度で浮遊しており，底部に設けた散気管から空気の泡を吹き込んで微生物の活動に必要な酸素を供給します，ばく気槽で分解された有機物と微生物のフロック（汚泥）を含む排水は沈殿槽で沈殿分離され，上澄み液は処理水として放流され，沈殿したフロックはばく気槽に戻って再利用されます。

〔付録1〕 設置届および局所排気装置摘要書様式

様式第20号（第86条関係）

機 械 等 設置・移転・変更届

		常時使用する労働者数	
事業の種類	事業場の名称		
設置地	主たる事務所の所在地	電話（　　）	
計画の概要			
製造し、又は取り扱う物質等及び当該業務に従事する労働者数	種類等	取扱量	従事労働者数
			男　女　計
参画者の氏名	参画者の経歴の概要		
工事着手予定年月日	工事落成予定年月日	年　月　日	

年　月　日

事業者職氏名　㊞

414 付　録

局所排気装置摘要書

様式第25号（別表第7関係）

別 表 第 7 の 区 分		
対 象 作 業 工 程 名		
局所排気を行うべき物質の名称		
局所排気装置の配置図及び排気系統を示す線図		

フード	番　　　　号		囲 い 式 外付け式 (側方・下方・上方) レシーバー式	囲 い 式 外付け式 (側方・下方・上方) レシーバー式	囲 い 式 外付け式 (側方・下方・上方) レシーバー式	囲 い 式 外付け式 (側方・下方・上方) レシーバー式	囲 い 式 外付け式 (側方・下方・上方) レシーバー式
	型　　　　式						
	制御風速(m/s)						
	排風量(㎥/min)						
	フードの形状,寸法,発散源との位置関係を示す図面						

局所排気装置の設計値	装置全体の圧力損失(hPa)及び計算方法				
	ファン前後の速度圧差(hPa)		ファン前後の静圧差(hPa)		

設置ファン等の仕様	排風機	最大静圧(hPa)		ファン型式	タラリエシア遠斜ア（ガイドベーン（有．無））その他（　　　　　　）　ミッシ心　キシ　ジットホ軸　ャ　アロ　ーロイ　ルドルコ流流ボ
		ファン静圧(hPa)			
		排風量(㎥/min)			
		回転数(rpm)			
		静圧効率(%)			
		軸動力(kW)			
	ファンを駆動する電動機	型式		定格出力(kW)	相　電圧(V)　定格周波数(Hz)　回転数(rpm)

空気清浄装置	定格処理風量(㎥/min)		圧力損失の大きさ(hPa)　(定格値)　　　(設計値)		
	除じん装置	前置き除じん装置の有無及び型式	有　（型式　　　　　　　　　　　　　　）　　　無		
		主　方　式		粉じん取出方法	
		形状及び寸法		粉じん落とし機構	有（自動式・手動式）　　無
		集じん容量(g/h)			
	排ガス処理装置	ガス中に液を分散させる方式 ガス・液ともに分散させる方式 液中にガスを分散させる方式 吸　　着　　方　　式 その他（　　　　　　　　　）	吸収液又は吸着剤	水 水酸化ナトリウム 消　石　灰 アンモニア 硫　　　酸 活　　性　　炭 その他（　　　　）	処理後の措置	再　生　・　回　収 焼　却　投　没 埋　立　投　没 廃棄物処理業者への委託処理 その他（　　　　　）

（備考）略

付　　　録　　　　　　415

プッシュプル型換気装置摘要書

様式第26号（別表第7関係）

対　象　作　業　工　程　名		
換気を行うべき物質の名称		
プッシュプル型換気装置の型式等	型式	密閉式（送風機（有・無））・開放式
	気流の向き	下降流・斜降流・水平流・その他（　　）
プッシュプル型換気装置の配置図及び給排気系統を示す線図		

フード等	吹出し開口面面積（㎡）		吸込み開口面面積（㎡）	
	吹出し開口面風速（m/s）		吸込み開口面風速（m/s）	
	吹出し風量（㎥/min）		吸込み風量（㎥/min）	
	吹出し側フード，吸込み側フード及びブースの構造を示す図面			

設置ファン等の仕様			給　気　側	排　気　側
プッシュプル型換気装置の設計値	装置全体の圧力損失（hPa）及び計算方法			
	ファン前後の速度圧差（hPa）			
	ファン前後の静圧差（hPa）			
	送風機等	ファン型式	ターボ，ラジアル，リミットロード，エアホイル，シロッコ，遠心軸流，斜流，アキシャル（ガイドベーン（有・無））その他（　　　　　）	ターボ，ラジアル，リミットロード，エアホイル，シロッコ，遠心軸流，斜流，アキシャル（ガイドベーン（有・無））その他（　　　　　）
		最　大　静　圧（hPa）		
		ファン静圧（hPa）		
		送風量及び排風量（㎥/min）		
		回　転　数（rpm）		
		静　圧　効　率（％）		
		軸　動　力（kW）		
	ファンを駆動する電動機	型　　　　式		
		定　格　出　力（kW）		
		相		
		電　　圧（V）		
		定　格　周　波　数（Hz）		
		回　転　数（rpm）		

除じん装置	前置き除じん装置の有無及び型式	有（型式　　　　　　　　）　無		
	主　方　式		粉じん取出方法	
	形状及び寸法			
	集じん容量（g/h）		粉じん落とし機構	有（自動式・手動式）無

備考
1　「プッシュプル型換気装置の型式等」の欄は，該当するものに○を付すこと。
2　送風機を設けないプッシュプル型換気装置については，「給気側」の欄の記入を要しないこと。
3　吹出し側フード，吸込み側フード及びブースの構造を示す図面には，寸法を記入すること。
4　吹出し側フードの開口部の任意の点と吸込み側フードの開口部の任意の点を結ぶ線分が通ることのある区域以外の区域を換気区域とするときは，当該換気区域を明示すること。
5　「ファン型式」の欄は，該当するものに○を付すこと。「最大静圧」の欄以外は，ファンの動作点の数値を記入すること。
6　別表第7の13の項のプッシュプル型換気装置にあっては，「除じん装置」の欄は記入を要しないこと。
7　この摘要書に記載しきれない事項は，別紙に記載して添付すること。

416   付　　録

〔付録２〕労働安全衛生規則別表第７（抜粋）

機械等の種類	事　　項	図　面　等
13　有機則第５条又は第６条の有機溶剤の蒸気の発散源を密閉する設備，局所排気装置，プッシュプル型換気装置又は全体換気装置（移動式のものを除く。）	1　有機溶剤業務（有機則第１条第１項第６号に掲げる有機溶剤業務をいう。以下この項において同じ。）の概要 2　有機溶剤（令別表第６の２に掲げる有機溶剤をいう。以下この項において同じ。）の蒸気の発散源となる機械又は設備の概要 3　有機溶剤の蒸気の発散の抑制の方法 4　有機溶剤の蒸気の発散源を密閉する設備にあつては，密閉の方式及び当該設備の主要部分の構造の概要 5　全体換気装置にあつては，型式，当該装置の主要部分の構造の概要及びその機能	1　設備等の図面 2　有機溶剤業務を行う作業場所の図面 3　局所排気装置にあつては局所排気装置摘要書（様式第25号） 4　プッシュプル型換気装置にあつてはプッシュプル型換気装置摘要書（様式第26号）
14　鉛則第２条，第５条から第15条まで及び第17条から第20条までに規定する鉛等又は焼結鉱等の粉じんの発散源を密閉する設備，局所排気装置又はプッシュプル型換気装置	1　鉛業務（鉛則第１条第５号に掲げる鉛業務をいう。以下この項において同じ。）の概要 2　鉛等（鉛則第１条第１号に掲げる鉛等をいう。以下この項において同じ。）又は焼結鉱等（同条第２号に掲げる焼結鉱等をいう。以下この項において同じ。）の粉じんの発散源となる機械又は設備の概要	1　設備等の図面 2　鉛業務を行う作業場所の図面 3　局所排気装置にあつては局所排気装置摘要書（様式第25号） 4　プッシュプル型換気装置にあつてはプッシュプル型換気装置摘要書（様式第26号）

機械等の種類	事　　項	図　面　等
	3　鉛等又は焼結鉱等の粉じんの発散の抑制の方法 4　鉛等又は焼結鉱等の粉じんの発散源を密閉する設備にあつては，密閉の方法及び当該設備の主要構造部分の構造の概要	
16　特化則第2条第1項第1号に掲げる第1類物質（以下この項において「第1類物質」という。）又は特化則第4条第1項の特定第2類物質等（以下この項において「特定第2類物質等」という。）を製造する設備	1　第1類物質又は特定第2類物質等を製造する業務の概要 2　主要構造部分の概要 3　密閉の方式及び労働者に当該物質を取り扱わせるときは健康障害防止の措置の概要	1　周囲の状況及び四隣との関係を示す図面 2　第1類物質又は特定第2類物質等を製造する設備を設置する建築物の構造 3　第1類物質又は特定第2類物質等を製造する設備の配置の状況を示す図面 4　局所排気装置が設置されている場合にあつては，局所排気装置摘要書（様式第25号） 5　プッシュプル型換気装置が設置されている場合にあつてはプッシュプル型換気装置摘要書（様式第26号）
17　令第9条の3第2号の特定化学設備（以下この項において「特定化学設備」という。）及びその附属設備	1　特定第2類物質（特化則第2条第1項第3号に掲げる特定第2類物質をいう。以下この項及び次項において同じ。）又は第3類物質（令別表第3第3号に掲げる物をいう。）を製造し，又は取り扱う業務の概要 2　主要構造部分の構造の概要 3　附属設備の構造の概要	1　周囲の状況及び四隣との関係を示す図面 2　特定化学設備を設置する建築物の構造 3　特定化学設備及びその附属設備の配置状況を示す図面 4　局所排気装置が設置されている場合にあつては，局所排気装置摘要書（様式第25号） 5　プッシュプル型換気装

機械等の種類	事　　　項	図　面　等
		置が設置されている場合にあつてはプッシュプル型換気装置摘要書（様式第26号）
18　特定第2類物質又は特化則第2条第1項第5号に掲げる管理第2類物質（以下この項において「管理第2類物質」という。）のガス，蒸気又は粉じんが発散する屋内作業場に設ける発散抑制の設備	1　特定第2類物質又は管理第2類物質を製造し，又は取り扱う業務の概要 2　特定第2類物質又は管理第2類物質のガス，蒸気又は粉じんの発散源を密閉する設備にあつては，密閉の方式，主要構造部分の構造の概要及びその機能 3　全体換気装置にあつては，型式，主要構造部分の構造の概要及びその機能	1　周囲の状況及び四隣との関係を示す図面 2　作業場所の全体を示す図面 3　特定第2類物質又は管理第2類物質のガス，蒸気又は粉じんの発散源を密閉する設備又は全体換気装置の図面 4　局所排気装置が設置されている場合にあつては，局所排気装置摘要書（様式第25号） 5　プッシュプル型換気装置が設置されている場合にあつてはプッシュプル型換気装置摘要書（様式第26号）
19　特化則第10条第1項の排ガス処理装置であつて，アクロレインに係るもの	1　アクロレインを製造し，又は取り扱う業務の概要 2　排気の処理方式及び処理能力 3　主要構造部分の構造の概要	1　周囲の状況及び四隣との関係を示す図面 2　排ガス処理装置の構造の図面 3　局所排気装置が設置されている場合にあつては，局所排気装置摘要書（様式第25号） 4　プッシュプル型換気装置が設置されている場合にあつてはプッシュプル型換気装置摘要書（様式第26号）

機械等の種類	事　　項	図　面　等
20　特化則第11条第1項の排液処理装置	1　排液処理の業務の概要 2　排液の処理方式及び処理能力 3　主要構造部分の構造の概要	1　周囲の状況及び四隣との関係を示す図面 2　排液処理装置の構造の図面 3　局所排気装置が設置されている場合にあつては，局所排気装置摘要書（様式第25号） 4　プッシュプル型換気装置が設置されている場合にあつてはプッシュプル型換気装置摘要書（様式第26号）
24　粉じん則第4条又は第27条第1項ただし書の規定により設ける局所排気装置又はプッシュプル型換気装置	粉じん作業の概要	1　周囲の状況及び四隣との関係を示す図面 2　作業場における主要な機械又は設備の配置を示す図面 3　局所排気装置にあつては局所排気装置摘要書（様式第25号） 4　プッシュプル型換気装置にあつてはプッシュプル型換気装置摘要書（様式第26号）
25　石綿等の粉じんが発散する室内作業場に設ける発散抑制の設備	1　石綿等を取り扱い，又は試験研究のため製造する業務の概要 2　石綿等の粉じんの発散源を密閉する設備にあつては，密閉の方法，主要構造部分の構造の概要及びその機能 3　全体換気装置にあつては，型式，主要構造部分の構造の概要及びその機能	1　周囲の状況及び四隣との関係を示す図面 2　作業場所の全体を示す図面 3　石綿等の粉じんの発散源を密閉する設備又は全体換気装置の図面 4　局所排気装置が設置されている場合にあつては，局所排気装置摘要書（様式第25号） 5　プッシュプル型換気装置が設置されている場合にあつてはプッシュプル型換気装置摘要書（様式第26号）

〔付録3〕 有機溶剤業務（有機則第1条第1項第6号）

イ　有機溶剤等を製造する工程における有機溶剤等のろ過，混合，撹拌，加熱又は容器若しくは設備への注入の業務

ロ　染料，医薬品，農薬，化学繊維，合成樹脂，有機顔料，油脂，香料，甘味料，火薬，写真薬品，ゴム若しくは可塑剤又はこれらのものの中間体を製造する工程における有機溶剤等のろ過，混合，撹拌又は加熱の業務

ハ　有機溶剤含有物を用いて行う印刷の業務

ニ　有機溶剤含有物を用いて行う文字の書込み又は描画の業務

ホ　有機溶剤等を用いて行うつや出し，防水その他物の面の加工の業務

ヘ　接着のためにする有機溶剤等の塗布の業務

ト　接着のために有機溶剤等を塗布された物の接着の業務

チ　有機溶剤等を用いて行う洗浄（ヲに掲げる業務に該当する洗浄の業務を除く。）又は払しよくの業務

リ　有機溶剤含有物を用いて行う塗装の業務（ヲに掲げる業務に該当する塗装の業務を除く。）

ヌ　有機溶剤等が付着している物の乾燥の業務

ル　有機溶剤等を用いて行う試験又は研究の業務

ヲ　有機溶剤等を入れたことのあるタンク（有機溶剤の蒸気の発散するおそれがないものを除く。以下同じ。）の内部における業務

安衛法施行令別表第6の2に掲げる有機溶剤の名称

令別表6の2 の番号	有 機 溶 剤 名
（第1種有機溶剤）	
28	1,2-ジクロルエチレン（二塩化アセチレン）
38	二硫化炭素
（第2種有機溶剤）	
1	アセトン
2	イソブチルアルコール
3	イソプロピルアルコール
4	イソペンチルアルコール（イソアミルアルコール）
5	エチルエーテル
6	エチレングリコールモノエチルエーテル（セロソルブ）
7	エチレングリコールモノエチルエーテルアセテート（セロソルブアセテート）
8	エチレングリコールモノ-ノルマル-ブチルエーテル（ブチルセロソルブ）
9	エチレングリコールモノメチルエーテル（メチルセロソルブ）
10	オルト-ジクロルベンゼン
11	キシレン
12	クレゾール
13	クロルベンゼン
15	酢酸イソブチル
16	酢酸イソプロピル
17	酢酸イソペンチル（酢酸イソアミル）
18	酢酸エチル
19	酢酸ノルマル-ブチル
20	酢酸ノルマル-プロピル
21	酢酸ノルマル-ペンチル（酢酸ノルマル-アミル）
22	酢酸メチル
24	シクロヘキサノール
25	シクロヘキサノン
30	N,N-ジメチルホルムアミド
34	テトラヒドロフラン
35	1,1,1-トリクロルエタン
37	トルエン
39	ノルマルヘキサン
40	1-ブタノール
41	2-ブタノール
42	メタノール

令別表6の2 の番号	有 機 溶 剤 名
44	メチルエチルケトン
45	メチルシクロヘキサノール
46	メチルシクロヘキサノン
47	メチル–ノルマル–ブチルケトン
（第3種有機溶剤）	
48	ガソリン
49	コールタールナフサ（ソルベントナフサを含む）
50	石油エーテル
51	石油ナフサ
52	石油ベンジン
53	テレビン油
54	ミネラルスピリット（ミネラルシンナー，ペトロリウムスピリット， ホワイトスピリット及びミネラルターペンを含む）

特別有機溶剤等について

　平成26年の安衛法施行令の改正でそれまで第1種有機溶剤であったクロロホルム，四塩化炭素，1,2-ジクロロエタン，1,1,2,2-テトラクロロエタン，トリクロロエチレンと第2種有機溶剤であった1,4-ジオキサン，ジクロロメタン，スチレン，テトラクロロエチレン，メチルイソブチルケトンの計10種類と1,2-ジクロロプロパン，エチルベンゼン合わせて12種類の物質が職業がんの原因物質となる可能性があるという理由で特別有機溶剤という名の第2類特定化学物質に指定されました。特別有機溶剤を含む塗料，希釈剤，洗浄剤等の混合物で特別有機溶剤，特別有機溶剤の単一成分の含有量が重量の1％を超える混合物および特別有機溶剤の単一成分が1％以下で特別有機溶剤と有機溶剤との合計含有量が5％を超える（有機溶剤だけの含有量が5％を超える混合物は除く）混合物を特別有機溶剤等と呼びます。特別有機溶剤等を用いて有機溶剤業務（420頁〔**付録3**〕）を行う場合には特化則第38条の8の規定により，局排等の設置には有機則第5条の規定が準用され，定期自主検査については有機則第20条の規定が準用されます。

〔付録4〕 局所排気装置等の設置が必要な鉛業務

鉛則の条　　　工　程　名	(号)	業務と作業場所名
第5条　鉛の製錬又は精錬を行なう業務（鉛則第1条第5号イ）	(1)	焙焼，焼結，溶鉱又は鉛等若しくは焼結鉱等の溶融，鋳造若しくは焼成を行なう作業場所
	(2)	湿式以外の方法で，鉛等又は焼結鉱等の破砕，粉砕，混合又はふるい分けを行なう屋内の作業場所
	(3)	湿式以外の方法で，鉱さいを除く粉状の鉛等又は焼結鉱等をホッパー，粉砕機，容器等に入れ又は取り出す業務を行なう屋内作業場所
第6条　銅又は亜鉛の製錬又は精錬を行なう業務（鉛則第1条第5号コ）	(1)	転炉又は電解スライムの溶解炉を用いて溶鉱，溶融又は煙灰の焼成を行なう作業場所
	(2)	湿式以外の方法で，煙灰又は電解スライムの粉砕，混合又はふるい分けを行なう屋内の作業場所
	(3)	湿式以外の方法で，煙灰又は電解スライムをホッパー，粉砕機，容器等に入れ又は取り出す業務を行なう屋内の作業場所
第7条　鉛蓄電池又は鉛蓄電池の部品を製造し，修理し，又は解体する業務（鉛則第1条第5号ハ）	(1)	鉛等の溶融，鋳造，加工，組立，溶接，溶断又は極板の切断を行なう屋内の作業場所
	(2)	湿式以外の方法による鉛等の粉砕，混合，ふるい分け又は練粉を行なう屋内の作業場所
	(3)	湿式以外の方法で，粉状の鉛等をホッパー，容器等に入れ，又は取り出す業務を行なう屋内の作業場所
第8条　電線又はケーブルを製造する業務（鉛則第1条第5号ニ）		鉛の溶解を行なう屋内の作業場所
第9条　鉛合金を製造し，又は鉛若しくは鉛合金の製品（鉛蓄電池及び鉛蓄電池の部品を除く）を製造し，修理し又は解体する業務（鉛則第1条第5号ホ）		鉛若しくは鉛合金の溶融，鋳造，溶接，溶断，動力による切断若しくは加工（鉛又は鉛合金の粉じんが発散するおそれのない切断及び加工を除く）又は鉛快削鋼の鋳込を行なう屋内の作業場所
第10条　鉛化合物を製造する業務（鉛則第1条第5号ヘ）	(1)	鉛等の溶融，鋳造，か焼又は焼成を行なう屋内の作業場所
	(2)	鉛等の空冷のための撹拌を行なう

424 付 録

鉛則の条　　工 程 名	(号)	業務と作業場所名
		屋内の作業場所
第11条　鉛ライニング（仕上げを含む）を行なう業務（鉛則第1条第5号ト）		鉛等の溶融，溶接，溶断，溶着，溶射若しくは蒸着又は鉛ライニングを施した物の仕上げを行なう屋内の作業場所
第12条　鉛ライニングを施した物を溶接，溶断，加熱，圧延又は破砕する業務（安衛法施行令別表第4第8号）	(1)	鉛ライニングを施し，又は含鉛塗料を塗布した物の溶接，溶断，加熱又は圧延を行なう屋内の作業場所
	(2)	鉛ライニングを施し，又は含鉛塗料を塗布した物の破砕を湿式以外の方法で行なう屋内の作業場所
第13条　粉状の鉛又は焼結鉱等が内部に付着又は堆積している装置の破砕，溶接又は溶断の業務（安衛法施行令別表第4第10号）		粉状の鉛等又は焼結鉱等が内部に付着又はたい積している炉，煙道，粉砕機，乾燥器，除じん装置その他の装置を破砕，溶接又は溶断する作業場所
第14条　転写紙を製造する業務（安衛法施行令別表第4第11号）		鉛等の粉まき又は粉払いを行なう作業場所
第15条　ゴム若しくは合成樹脂の製品，含鉛塗料又は鉛化合物を含有する絵具，釉薬，農薬，ガラス，接着剤等を製造する業務（鉛則第1条第5号チ）		鉛等の溶融，鋳込，湿式以外の方法による粉砕，混合，ふるい分け又は練粉を行なう屋内の作業場所
第16条　自然換気が不十分な場所におけるはんだ付けの業務（鉛則第1条第5号リ）		はんだ付けを行なう自然換気が不十分な屋内の作業場所
第17条　鉛化合物を含有する釉薬を用いて行なう施釉の業務（鉛則第1条第5号ヌ）		ふりかけ又は吹付けによる施釉を行なう屋内の作業場所
第18条　鉛化合物を含有する絵具を用いて行なう絵付けの業務（鉛則第1条第5号ル）		吹付け又は蒔絵による絵付けの業務を行なう作業場所
第19条　溶融した鉛を用いて行なう金属の焼入れ又は焼き戻しの業務（鉛則第1条第5号ヲ）		焼入れ又は焼き戻しの業務を行なう作業場所
第20条　屋内作業場における粉状の鉛等又は焼結鉱等の運搬の業務		コンベヤーへの送給の箇所及びコンベヤーの連絡箇所

付　　録　　　　　425

〔付録5〕 特定化学物質の名称（安衛法施行令別表第3）

1　第1類物質
　1　ジクロルベンジジン及びその塩（特別管理物質）
　2　アルファ-ナフチルアミン及びその塩（特別管理物質）
　3　塩素化ビフェニル（別名 PCB）
　4　オルト-トリジン及びその塩（特別管理物質）
　5　ジアニシジン及びその塩（特別管理物質）
　6　ベリリウム及びその化合物（特別管理物質）
　7　ベンゾトリクロリド（特別管理物質）
2　第2類物質
　1　アクリルアミド（特定第2類物質）
　2　アクリロニトリル（特定第2類物質）
　3　アルキル水銀化合物（アルキル基がメチル基又はエチル基である物に限る）（管理第2類物質）
　3の2　インジウム化合物
　3の3　エチルベンゼン（特定有機溶剤，特別管理物質）
　4　エチレンイミン（特定第2類物質，特別管理物質）
　5　エチレンオキシド（特定第2類物質，特別管理物質）
　6　塩化ビニル（特定第2類物質，特別管理物質）
　7　塩素（特定第2類物質）
　8　オーラミン（特別管理物質）
　8の2　オルト-トルイジン（特定第2類物質，特別管理物質）
　9　オルト-フタロジニトリル（管理第2類物質）
　10　カドミウム及びその化合物（管理第2類物質）
　11　クロム酸及びその塩（管理第2類物質，特別管理物質）
　11の2　クロロホルム（特別有機溶剤，特別管理物質）
　12　クロロメチルメチルエーテル（特定第2類物質，特別管理物質）
　13　五酸化バナジウム（管理第2類物質）
　13の2　コバルト及びその無機化合物
　14　コールタール（管理第2類物質，特別管理物質）
　15　酸化プロピレン
　15の2　三酸化二アンチモン
　16　シアン化カリウム（管理第2類物質）
　17　シアン化水素（特定第2類物質）
　18　シアン化ナトリウム（管理第2類物質）
　18の2　四塩化炭素（特別有機溶剤，特別管理物質）
　18の3　1,4-ジオキサン（特別有機溶剤，特別管理物質）
　18の4　1,2-ジクロロエタン（二塩化エチレン）（特別有機溶剤，特別管理物質）
　19　3・3'-ジクロロ-4・4'-ジアミノジフエニルメタン（特定第2類物質，特別管理物質）
　19の2　1・2-ジクロロプロパン（特別有機溶剤，特別管理物質）
　19の3　ジクロロメタン（二塩化メチレン）（特別有機溶剤，特別管理物質）

19の4　ジメチル−2,2−ジクロロビニルホスフェイト（DDVP）（特定第2類物質，特別管理物質）
19の5　1・1−ジメチルヒドラジン（特定第2類物質，特別管理物質）
20　臭化メチル（特定第2類物質）
21　重クロム酸及びその塩（管理第2類物質，特別管理物質）
22　水銀及びその無機化合物（硫化水銀を除く）（管理第2類物質）
22の2　スチレン（特別有機溶剤，特別管理物質）
22の3　1,1,2,2-テトラクロロエタン（四塩化アセチレン）
　　　　（特別有機溶剤，特別管理物質）
22の4　テトラクロロエチレン（パークロルエチレン）（特別有機溶剤，特別管理物質）
22の5　トリクロロエチレン（特別有機溶剤，特別管理物質）
23　トリレンジイソシアネート（特定第2類物質）
23の2　ナフタレン（特定第2類物質，特別管理物質）
23の3　ニッケル化合物（24に掲げる物を除き，粉状の物に限る。）（管理第2類物質，特別管理物質）
24　ニッケルカルボニル（特定第2類物質，特別管理物質）
25　ニトログリコール（管理第2類物質）
26　パラ−ジメチルアミノアゾベンゼン（特定第2類物質，特別管理物質）
27　パラ−ニトロクロルベンゼン（特定第2類物質）
27の2　砒素及びその化合物（アルシン及び砒化ガリウムを除く）（管理第2類物質，特別管理物質）
28　弗化水素（特定第2類物質）
29　ベータープロピオラクトン（特定第2類物質，特別管理物質）
30　ベンゼン（特定第2類物質，特別管理物質）
31　ペンタクロルフエノール（別名PCP）及びそのナトリウム塩（管理第2類物質）
31の2　ホルムアルデヒド（特定第2類物質，特別管理物質）
32　マゼンタ（特別管理物質）
33　マンガン及びその化合物（塩基性酸化マンガンを除く）（管理第2類物質）
33の2　メチルイソブチルケトン（特別有機溶剤，特別管理物質）
34　沃化メチル（特定第2類物質）
34の2　リフラクトリーセラミックファイバー（管理第2類物質，特別管理物質）
35　硫化水素（特定第2類物質）
36　硫酸ジメチル（特定第2類物質）
3　第3類物質
　1　アンモニア
　2　一酸化炭素
　3　塩化水素
　4　硝酸
　5　二酸化硫黄
　6　フエノール
　7　ホスゲン
　8　硫酸

付　　録　　　427

〔付録6〕粉じん作業と特定粉じん発生源

粉じん作業（粉じん則別表第1）	特定粉じん発生源(粉じん則別表第2)
1　土石，岩石又は鉱物（以下「鉱物等」という。）（湿潤な土石を除く。）を掘削する場所における作業 （1）坑外の，鉱物等を湿式により試錐する場所における作業を除く。 （2）屋外の，鉱物等を動力又は発破によらないで掘削する場所における作業を除く。	1　坑内の，鉱物等を動力により掘削する箇所
1の2　ずい道等の内部の，ずい道等の建設の作業のうち，鉱物等を掘削する場所における作業	1　坑内の，鉱物等を動力により掘削する箇所
2　鉱物等（湿潤なものを除く。）を積載した車の荷台をくつがえし，又は傾けることにより鉱物等（湿潤なものを除く。）を積み卸す場所における作業（第3号，第3号の2，第9号又は第18号に掲げる作業を除く。）	
3　坑内の，鉱物等を破砕し，粉砕し，ふるい分け，積み込み，又は積み卸す場所における作業 （1）湿潤な鉱物等を積み込み，又は積み卸す場所における作業を除く。 （2）水の中で破砕し，粉砕し，又はふるいわける場所における作業を除く。 ●設備による注水又は注油をしながら，ふるいわける場所における作業を行う場合には粉じん則第2章から第6章までの規定は適用されない。（第3条）	2　鉱物等を動力（手持式動力工具によるものを除く。）により破砕し，粉砕し，又はふるい分ける箇所 3　鉱物等をずり積機等車両系建設機械により積み込み，又は積み卸す箇所 4　鉱物等をコンベヤー（ポータブルコンベヤーを除く。以下この号において同じ。）へ積み込み，又はコンベヤーから積み卸す箇所（前号に掲げる箇所を除く。）

粉じん作業（粉じん則別表第1）	特定粉じん発生源(粉じん則別表第2)
3の2　ずい道等の内部の，ずい道等の建設の作業のうち，鉱物等を積み込み，又は積み卸す場所における作業	3　鉱物等をずり積機等車両系建設機械により積み込み，又は積み卸す箇所 4　鉱物等をコンベヤー(ポータブルコンベヤーを除く。以下この号において同じ。)へ積み込み，又はコンベヤーから積み卸す箇所(前号に掲げる箇所を除く。)
4　坑内において鉱物等（湿潤なものを除く。）を運搬する作業 （鉱物等を積載した車を牽引する機関車を運転する作業を除く。）	
5　坑内の，鉱物等(湿潤なものを除く。)を充てんし，又は岩粉を散布する場所における作業（次号に掲げる作業を除く。）	
5の2　ずい道等の内部の，ずい道等の建設の作業のうち，コンクリート等を吹き付ける場所における作業	
5の3　坑内であつて，第1号から第3号の2まで又は前2号に規定する場所に近接する場所において，粉じんが付着し，又は堆積した機械設備又は電気設備を移設し，撤去し，点検し，又は補修する作業	
6　岩石又は鉱物を裁断し，彫り，又は仕上げする場所における作業 （第13号に掲げる作業を除く。） （火炎を用いて裁断し，又は仕上げする場所における作業を除く。） ●設備による注水又は注油をしながら，裁断し，彫り，又は仕上げする場所における作業を行う場合には，粉じん則第2章から第6章までの規定は適用されない。（第3条）	5　屋内の，岩石又は鉱物を動力（手持式又は可搬式動力工具によるものを除く。）により裁断し，彫り，又は仕上げする箇所 6　屋内の，研磨材の吹き付けにより，研磨し，又は岩石若しくは鉱物を彫る箇所
7　研磨材の吹き付けにより研磨し，又は研磨材を用いて動力により，岩石，鉱物若しくは金属を研磨し，若しくはばり取りし，若しくは金属を裁断する場所における作業（前号に掲げる作業を除く。）	6　屋内の，研磨材の吹き付けにより，研磨し，又は岩石若しくは鉱物を彫る箇所 7　屋内の，研磨材を用いて動力（手持式又は可搬式動

粉じん作業〔粉じん則別表第1〕	特定粉じん発生源(粉じん則別表第2)
●設備による注水又は注油をしながら，研磨材を用いて動力により，岩石，鉱物若しくは金属を研磨し，若しくはばり取りし，又は金属を裁断する場所における作業を行う場合には，粉じん則第2章から第6章までの規定は適用されない。（第3条）	力工具によるものを除く。）により，岩石，鉱物若しくは金属を研磨し，若しくはばり取りし，又は金属を裁断する箇所
8　鉱物等，炭素を主成分とする原料（以下「炭素原料」という。）又はアルミニウムはくを動力により破砕し，粉砕し，又はふるい分ける場所における作業（第3号，第15号又は第19号に掲げる作業を除く。） 〔水又は油の中で動力により破砕し，粉砕し，又はふるい分ける場所における作業を除く。〕 ●設備による注水又は注油をしながら，鉱物等又は炭素原料を動力によりふるいわける場所における作業を行う場合には粉じん則第2章から第6章までの規定は適用されない。（第3条） ●屋外の，設備による注水又は注油をしながら，鉱物等又は炭素原料を動力により破砕し，又は粉砕する場所における作業を行う場合には，粉じん則第2章から第6章までの規定は適用されない。（第3条）	8　屋内の，鉱物等，炭素原料又はアルミニウムはくを動力（手持式動力工具によるものを除く。）により破砕し，粉砕し，又はふるい分ける箇所
9　セメント，フライアッシュ又は粉状の鉱石，炭素原料若しくは炭素製品を乾燥し，袋詰めし，積み込み，又は積み卸す場所における作業（第3号，第3号の2，第16号又は第18号に掲げる作業を除く。）	9　屋内の，セメント，フライアッシュ又は粉状の鉱石，炭素原料，炭素製品，アルミニウム若しくは酸化チタンを袋詰めする箇所
10　粉状のアルミニウム又は酸化チタンを袋詰めする場所における作業	
11　粉状の鉱石又は炭素原料を原料又は材料として使用する物を製造し，又は加工する工程において，粉状の鉱石，炭素原料又はこれらを含むものを混合し，混入し，又は散布する場所における作業（第12号から第14号に掲げる作業を除く。）	10　屋内の，粉状の鉱石，炭素原料又はこれらを含む物を混合し，混入し，又は散布する箇所

粉じん作業（粉じん則別表第1）	特定粉じん発生源(粉じん則別表第2)
12　ガラス又はほうろうを製造する工程において，原料を混合する場所における作業又は原料若しくは調合物を溶解炉に投げ入れる作業（水の中で原料を混合する場所における作業を除く。）	11　屋内の，原料を混合する箇所
13　陶磁器，耐火物，けいそう土製品又は研ま材を製造する工程において，原料を混合し，若しくは成形し，原料若しくは半製品を乾燥し，半製品を台車に積み込み，若しくは半製品若しくは製品を台車から積み卸し，仕上げし，若しくは荷造りする場所における作業又はかまの内部に立ち入る作業 　（1）　陶磁器を製造する工程において，原料を流し込み成形し，半製品を生仕上げし，又は製品を荷造りする場所における作業を除く。 　（2）　水の中で原料を混合する場所における作業を除く。	11　屋内の，原料を混合する箇所 12　耐火レンガ又はタイルを製造する工程において，屋内の，原料（湿潤なものを除く。）を動力により成形する箇所 13　屋内の，半製品又は製品を動力（手持式動力工具によるものを除く。）により仕上げる箇所
14　炭素製品を製造する工程において，炭素原料を混合し，若しくは成形し，半製品を炉詰めし，又は半製品若しくは製品を炉出しし，若しくは仕上げする場所における作業（水の中で原料を混合する場所における作業を除く。）	11　屋内の，原料を混合する箇所 13　屋内の，半製品又は製品を動力（手持式動力工具によるものを除く。）により仕上げる箇所
15　砂型を用いて鋳物を製造する工程において，砂型を造型し，砂型を壊し，砂落としし，砂を再生し，砂を混練し，又は鋳ばり等を削り取る場所における作業（第7号に掲げる作業を除く。）（水の中で砂を再生する場所における作業を除く。） ●設備による注水若しくは注油をしながら，砂を再生する場所における作業を行う場合には粉じん則第2章から第6章までの規定は適用されない。（第3条）	14　屋内の，型ばらし装置を用いて砂型を壊し，若しくは砂落としし，又は動力（手持式動力工具によるものを除く。）により砂を再生し，砂を混練し，若しくは鋳ばり等を削り取る箇所

粉じん作業（粉じん則別表第1）	特定粉じん発生源(粉じん則別表第2)
16　鉱物等（湿潤なものを除く。）を運搬する船舶の船倉内で鉱物等（湿潤なものを除く。）をかき落とし，若しくはかき集める作業又はこれらの作業に伴い清掃を行う作業（水洗する等粉じんの飛散しない方法によつて行うものを除く。）	
17　金属その他無機物を製練し，又は溶融する工程において，土石又は鉱物を開放炉に投げ入れ，焼結し，湯出しし，又は鋳込みする場所における場所 （転炉から湯出しし，又は金型に鋳込みする場所における作業を除く。）	
18　粉状の鉱物を燃焼する工程又は金属その他無機物を製錬し，若しくは溶融する工程において，炉，煙道，煙突等に付着し，若しくは堆積した鉱さい又は灰をかき落とし，かき集め，積み込み，積み卸し，又は容器に入れる場所における作業	
19　耐火物を用いて窯，炉等を築造し，若しくは修理し，又は耐火物を用いた窯，炉等を解体し，若しくは破砕する作業	
20　屋内，坑内又はタンク，船舶，管，車両等の内部において，金属を溶断し，アーク溶接し，又はアークを用いてガウジングする作業	
21　金属を溶射する場所における作業	15　屋内の，手持式溶射機を用いないで金属を溶射する箇所
22　染土の付着した藺草を庫入れし，庫出しし，選別調整し，又は製織する場所における作業	
23　長大ずい道（告示で定めている）の内部のホッパー車からバラストを取り卸し，又はマルチプルタイタンパーにより道床を突き固める場所における作業	

432　　　　　　　　　　付　　　録

〔付録7〕 抑制濃度

物　　の　　種　　類	値
塩素化ビフェニル（別名PCB）	0.01mg/㎥
ベリリウム及びその化合物	ベリリウムとして0.001mg/㎥
ベンゾトリクロリド	0.05ppm
アクリルアミド	0.1mg/㎥
アクリロニトリル	2 ppm
アルキル水銀化合物（アルキル基がメチル基又はエチル基である物に限る。）	水銀として0.01mg/㎥
エチレンイミン	0.05ppm
エチレンオキシド	1.8mg/㎥又は1 ppm
塩化ビニル	2 ppm
塩素	0.5ppm
オルト-トルイジン	1 ppm
オルト-フタロジニトリル	0.01mg/㎥
カドミウム及びその化合物	カドミウムとして0.05mg/㎥
クロム酸及びその塩	クロムとして0.05mg/㎥
五酸化バナジウム	バナジウムとして0.03mg/㎥
コバルト及びその無機化合物	コバルトとして0.02mg/㎥
コールタール	ベンゼン可溶性成分として0.2mg/㎥
酸化プロピレン	2 ppm
三酸化二アンチモン	アンチモンとして0.1mg
シアン化カリウム	シアンとして3 mg/㎥
シアン化水素	3 ppm
シアン化ナトリウム	シアンとして3 mg/㎥
3・3'-ジクロロ-4・4'-ジアミノジフェニルメタン	0.005mg/㎥
1・4-ジクロロ-2-ブテン	0.005ppm
ジメチル-2・2-ジクロロビニルホスフェイト（別名DDVP）	0.1mg/㎥
1・1-ジメチルヒドラジン	0.01ppm
臭化メチル	1 ppm
重クロム酸及びその塩	クロムとして0.05mg/㎥
水銀及びその無機化合物（硫化水銀を除く。）	水銀として0.025mg/㎥
トリレンジイソシアネート	0.005ppm
ナフタレン	10ppm
ニッケル化合物（ニッケルカルボニルを除き，粉状の物に限る。）	ニッケルとして0.1mg/㎥
ニッケルカルボニル	0.007mg/㎥又は0.001ppm
ニトログリコール	0.05ppm
パラ-ニトロクロルベンゼン	0.6mg/㎥
砒素及びその化合物（アルシン及び砒化ガリウムを除く。）	砒素として0.003mg/㎥
弗化水素	0.5ppm
ベーター プロピオラクトン	0.5ppm
ベンゼン	1 ppm
ペンタクロルフェノール（別名PCP）及びそのナトリウム塩	ペンタクロルフェノールとして0.5mg/㎥
ホルムアルデヒド	0.1ppm
マンガン及びその化合物（塩基性酸化マンガンを除く。）	マンガンとして0.2mg/㎥
沃化メチル	2 ppm
リフラクトリーセラミックファイバー	5マイクロメートル以上の繊維として0.3本/c㎥
硫化水素	1 ppm
硫酸ジメチル	0.1ppm
石綿	5マイクロメートル以上の繊維として0.15本/c㎥
鉛	鉛として0.05mg/㎥

あとがき

　旧版をもとに作成した本書は，昭和53年10月から26回にわたって中央労働災害防止協会発行の雑誌「労働衛生」に講座として連載したものを整理補足したものです。書き始めた当初は，簡単に局排設計のあらましを解説するつもりであったものが，読者からのご質問，ご意見に励まされながらだんだんと書くことがふえ，とうとう2年半も書き続けることになりました。その間あきることなく励まし続けて下さった読者の皆様と，ともすれば遅れがちな原稿の整理に休日返上でご協力いただいた中災防広報部の藤田吉夫氏をはじめとする諸氏，また写真の撮影と発表をご許可下さった多くの事業場，これらの方々のご協力がなければ本書は決して完成しなかったでしょう。ここに付記して著者の心からの感謝のしるしとします。

　また，新版の編集に当たって下記の各社から資料を提供していただきました。付記して感謝の意を表します。

㈱ミツヤ送風機製作所	ファン
㈱栗本鉄工所	スパイラルダクト，オーバルダクト
山田株式会社	スパイラルダクト，継手
東拓工業㈱	フレキシブルダクト
㈱ダイリツ	ダンパー
寿空調株式会社	ダンパー
富士空調工業㈱	ガイドベーン
日本バイリーン㈱	フィルター
興研株式会社	プッシュプル型換気装置

索　引

ア

アキシアルファン	303
空袋集積用ブース	81
アーク溶接	165
圧損曲線	
ダクト系の――	317
圧損係数	
円形拡大ダクトの――（表）	274
円形合流ダクトの――（表）	272
円形縮小ダクトの――（表）	276
円形ベンドの――（表）	269
角形ベンドの――（表）	270
拡大ダクトの――	273
ダンパーの開放時の――	278
排気口の――（表）	282
フードの――（表）	266
圧力損失［圧損］	246,253
――の計算法	260,286
枝ダクトの――	294
円形拡大ダクトの――	273
円形合流ダクトの――	271
円形縮小ダクトの――	275
角形合流ダクトの――	272
角形ダクトの――	262
拡大ダクトの――	274
縮小ダクトの――	275
装置全体の――	338
ダンパーの――	278
直線ダクトの――	260
取り合わせ部分の――	276
排気口の――	281
排気ダクトの――	293
フードの――	264
フィルターの――	283
ベンドの――	268
メークアップ・エアの流入の――	365
粗さの補正係数	263
John L.Alden［アルデン］	154

イ

鋳物工場の砂落し	101
鋳物工場の注湯作業場	98

ウ

ウェザーキャップ	51,52,220

エ

エアカーテン	378
Ｓ字翼型（ファン）	302
枝ダクト	51,52
――の圧損	294
えび継ぎ（ベンド）	217
エルボー	220
円形ダクト	204
円形拡大ダクト	
――の圧損係数（表）	274
円形合流ダクト	
――の圧損係数（表）	272
円形縮小ダクト	
――の圧損係数（表）	276
円形フードの等速度面	148
円形ベンドの圧損係数（表）	269
遠心式（ファン）	303
遠心軸流式（ファン）	303
――の特性線図	309

遠心力	401
エンボス	215

オ

汚染空気の発生速度（表）	396
オートクレーブ	85
オーバルダクト	
——の規格寸法（表）	202
——の相当直径	204
温度コントロールによる蒸発抑制	23

カ

開口面積	145
ガイドベーン	
——入り直角ベンド	270
——付きダクトファン	303
回転体で研削	131
化学反応装置の投入口	162
化学反応容器のマンホール	85
角形合流ダクト	272
角形ダクト	
——の拡大	276
——の縮小	276
——の寸法の決め方	209
（——の）相当直径	205
——の相当直径表	207
角形ベンド	269
——の圧損係数（表）	270
拡大	
角形ダクトの——	276
拡大管［ダクト］	273
——の圧損係数	274
——の静圧回復	255, 275
隔離	19
空間的——	20
時間的——	21
物理的——	19

囲い式フード	58, 62, 65
——の制御風速	136, 353
——の必要排風量	144
キャノピー型を——に改造	96
活性汚泥方式	411
カバー型	63, 65
過負荷	310
換気	
機械——	36
希釈——	37
局部——	48
自然——	36
重力——	36
全体——	37, 47
——技術概論	31
——作業台	92, 93
——作業床	94
——のメカニズム	31
——の種類と費用・効果	31
——方法の選択	33
——量と濃度の関係	39
慣性	400
乾燥炉	109
缶詰作業	92

キ

機械換気	36
希釈換気	37
キャノピー型フード	89, 95, 96, 109
（——の）高さ係数	175
（——の）高さ比	181
——の等速度面	157
——の必要排風量	157, 181
キャノピー周長	174
吸引ダクト	51, 52
給気口	366
給気ダクト	366

吸収法	407	建築ブース型	63,65
吸着法	406	原材料の転換	18
凝集沈殿方式	410	原料を投入する（作業）	85,162
局所排気	46,49		

コ

局排〔局所排気装置〕	
——各部の名称	52
——装置計算書	
237,239,240,242,243,321,322	
——摘要書	235,338
——等設置届に必要な書類	342
——の基本設計	55
——の構造要件	340
（——の）実体図	225,226
（——の）設置届	224,232,233
（——のダクト）系統線図	228,229,230
（——の）投影図	225
（——の）配置図	224,225,227
局部換気	48
気流分布	
——のムラ	146
——のムラのために計算上必要な	
補正係数	146

後曲羽根型（ファン）	302
工事完成時の点検	347
工事契約の際の注意	340
工程順序の入れ替え	23
工法・工程の改良	21
合流	272
合流ダクト	
円形——	271
角形——	272
合流点	294
——での静圧バランス	294
混合機の投入口	75,163,211

サ

ク

空気清浄装置	49,50,400
——の圧力損失	278
空気の圧力の単位	247
グラインダー	101,103,104
——カバー型	64
グリッド型	64,66
クリーンルーム	46
グローブボックス型	63,65

サイクロン	401
サイレンサー	222
サージング現象	310
酸化・還元方式	410
残渣分布	404
サンドブラスト	77

シ

ケ

系統線図	228,229,230,231
ダクト——	224
研削盤	131

シェークアウトマシン	99
軸動力曲線	310
多翼ファンの——	310
軸流式（ファン）	302
——の特性線図	309
指向性プローブつきのセンサー	355
自然換気	36
実際の動作点	318
湿式工法（湿潤化）	22
実体図	225,226

自動洗浄装置	171
重力	400
重力換気	36
縮小	
（ダクトの）──	275
縮小管［ダクト］	275
──の圧損係数	276
──の圧力損失	275
主ダクト	50
シュート	91
触媒燃焼法	409
除じん装置	52,400
ショットブラスト	77
自立型	64

ス

吸込気流観測点	
外付け式フードの──	353
吸込み気流の性質	69
吸込気流の相似の法則	149
水柱マノメーター	247,250
随伴気流	134
スインググラインダー	101
スクリューフィーダーの投入口	81
スクリーン印刷	88,110
スパイラルダクト	
──用継手	199
──を使って設計した例	330
スモークテスター	351
スロット型	64
──フードの等速度面	156,169
──フードの必要排風量	156,169

セ

静圧	248,250
──の回復	255,275
──のバランス	294

静圧回復	
拡大ダクトの──	255,275
静圧曲線	305,313,317
軸流ファンの──	305
ダクト系の──	317
静圧効率	
ファンの──	326
静圧特性（ファン）	
直列運転の──	373
並列運転の──	372
静圧プローブ	350
制御風速	117,119,120
囲い式フードの──	136,353
外付け式フードの──	354
──の測定法	353
性能図（ファン）	311
性能表（ファン）	311
多翼ファンの──	312
リミットロードファンの──	323
性能不足の原因	358
設計流量比	180
設置届	224,232,233
──の審査	340
接着	92
全圧	249,250
前曲羽根型（ファン）	302
センサー	
指向性プローブつきの──	355
無指向性プローブつき──	355
全体換気［全換］	37,47
温度差を利用した──	41

ソ

相似の法則	
吸込気流の──	149
ファンの──	369
装置全体の圧力損失	338

相当直径	202	——の太さ	196,203
オーバルダクトの——	204	——の漏れ込み	364
角形ダクトの——（表）	207	ダクト系	
速度圧［動圧］	249,250,252	——の配置	213
粗砕機の投入口	89	——の圧力損失	317
外付け式フード	59,64	——の静圧曲線	317
——の吸込気流観測点	353	——のつまり，もれ箇所をみつける方法	
——の制御風速	354		349
——の必要排風量	146	（ダクト）系統線図	224,228,229,230

タ

		ダクト内静圧の測定	350
ダイヤモンド・ブレース	216	ダクトホース	216
高さ係数（キャノピー型フード）	175	立はぜ	215
高さ比（キャノピー型フード）	181	立リブ	215
ダクト	49,196	脱脂洗浄槽	87
枝——	50,51	建家集じん	43
円形——	204,218	多翼ファン	303
円形拡大——	273	——の性能表	312
円形合流——	271	——の特性線図	308
円形縮小——	275	J.M.Dalla Valle［ダラバレ］	69,148
オーバル——	198,202	タンクの周長	174
角形——	204	ターンテーブル	107,108
角形拡大——	276	ダンパー	51,52,219,278
角形合流——	272	調整——	219
角形縮小——	276	——調節平衡法	297
吸引——	50,51,52	——の圧力損失	278
給気——	366	——の開度調整	357
主——	50,51	——の開放時の圧損係数	278
スパイラル——	198		

チ

排気——	50,52	力筋（ダイヤモンド・ブレース）	215
フレキシブル——	98,101,102,112,216	中和方式	411
——の構造	214	長方形フードの等速度面	148
——の材料	214	直接燃焼法	408
——の設計	196	直線ダクトの圧力損失	260
——の断面積	196,204	直列運転の静圧特性	373
——の通気抵抗	246		
——の取り合わせ	273		

索　引

ツ

通気抵抗
　ダクトの—— 246

テ

定期自主検査 348
　——の項目 348
抵抗調節平衡法 297,330,357
ディスパーサー 83
摘要書 224,338
テーク・オフ 52,75,190
手仕上げ 94
手持ちグラインダー作業 104
電気 402
点検,検査の安全対策 356

ト

動圧［速度圧］ 249,250
投影図 225
動作点 313
　実際の—— 318
　——の決定 320
等速面 68,146
　円形フードの—— 148
　キャノピー形フードの—— 157
　スロット型フードの—— 156
　長方形フードの—— 148
　——の形状 147
　——の面積 147
投入口
　混合機の—— 75,164,211
　スクリューフィーダーの—— 81
　粗砕機の—— 89
　バケットエレベーターの—— 81
　粉砕機の—— 74
特性線図 305

　遠心軸流ファンの—— 309
　軸流ファンの—— 309
　多翼ファンの—— 308
　リミットロードファンの—— 308
特定粉じん発生源 129
塗装
　吹付—— 107,108
塗装ブース 107,108,362
　ターンテーブル付—— 107,108
F.A.Thomas（トーマス） 157
トーマスの式 157
ドラフトチャンバー型 64
ドラム缶 84
ドラムサンダー 131
取り合わせ 217
取り合わせ部分
　ダクトの—— 273
　——の圧力損失 273
塗料製造用攪拌機 83

ネ

熱源に設けたレシーバー式キャノピー型
　フードの必要排風量 181
熱上昇気流 95,178
　——に対する必要排風量 185
　——に対する漏れ限界流量比 183
　——の量 182

ノ

ノーポンプブース 363

ハ

排液処理装置 409
排ガス処理装置 406
排気口 50,220
　——の圧損係数（表） 282
　——の圧力損失 281

索　引　441

——の高さ	221	——の修正	209
排気ダクト	50,52	反応缶の投入口	83
——の圧損	291		

ヒ

——の静圧	291		
配置図	225	飛散速度	118
排風機（ファン）	50,52,302	ピトー管	257
——前後の静圧差	292,302,322	ビニールカーテン	87,97
——選定	302	秤量缶詰作業	92
——の運転条件	311	秤量機のスパウト	79
——の型式（表）	303	秤量作業	92

フ

——の実際の動作点	319		
——の静圧範囲	303	ファン	49,50,302
——の選定図	305	アキシアル——	303
——の動作点	313	前曲羽根型（——）	302
——の特性線図	305	流線翼型（——）	302
——の名称（表）	303	（——の）回転数	310,369
排風量		（——の）サージング現象	310
囲い式フードの必要——	144	（——の）軸動力	310,326
キャノピー型フードの必要——	157,181	——の静圧効率	326
スロット型フードの必要——	156,169	（——の）性能図	311
外付け式フードの必要——	146	——の性能表（図）	312
熱源に設けたレシーバー式キャノピー型		（——の）騒音レベル	311
フードの——	181	——の直列運転	371
熱上昇気流に対する必要——	185	（——の）能力アップ	369
フランジ付きフードの必要——	154	——の並列運転	371
レシーバー式キャノピー型		フィルター	222,283,362
フードの——	181	風速の不均一に対する補正係数	159
レシーバー式フードの必要——	178	風量調整用のダンパー	325
——の計算式（表）	159	吹付塗装	107,108
——の節約法	189,192,368	袋詰	78
バケットエレベーターの投入口	81	プッシュ風量	387,396
はけ塗り，接着，払拭等の手作業	92	プッシュフード	380,384
発煙管	351	プッシュプル	
発散源の囲い込み	24	——型換気装置	381
発散初速度	120	——型局所換気装置の簡易設計	394
林太郎	178	——型換気装置の構成	380
搬送速度	197		

442 索 引

——型しゃ断装置 381, 394
——型しゃ断装置の簡易設計 394
——気流 380
——距離 395
——式のエアカーテン 106
——流量比 397
払拭 92
ブース式フード 52
フード 50
囲い式—— 52, 58, 65
キャノピー型—— 64, 89, 95, 96, 109
グリッド型—— 64
外付け式—— 52, 59, 64
ドラフトチャンバー型—— 64
ブース式 52, 62
捕捉—— 60
ルーバ型—— 64
レシーバー式—— 60, 64, 178
——の圧損係数（表） 266
——の圧力損失 264
——の型式分類（表） 63
——の吸引能力不足の主な原因（表） 359
——の実例 73
フランジ 151
フランジ付きフードの必要排風量 154
ブランチ 217
A.D.Brandt［ブラント］ 121
プリーナムチャンバー 82, 112, 190, 385
プルフード 380, 382, 387
——の必要排風量 397
フレキシブルコンテナー 78
フレキシブルダクト 98, 101, 112, 216
粉砕機の投入口 74
粉じん作業 128, 166

へ

平衡法

ダンパー調節—— 297, 357
抵抗調節—— 297, 330, 357
流速調節—— 297
並列運転の静圧特性 372
ベルトコンベヤ 79
ベンド 217
えび継ぎ（——） 217
円形—— 268
角形—— 269
——の圧損係数（表） 269, 270

ホ

包囲構造 26
——の遠心分離器 27
——のショットブラスト装置 30
——の洗浄槽 27
——の連続研摩仕上機 28
——の連続めっき装置 29
放射羽根型（ファン） 302
捕集限界粒子径 404
捕集効率 404
補正係数
粗さの——（表） 263
風速の不均一に対する—— 159
捕捉風速 119
捕捉点 119
捕捉フード 60
ホッパーの取出し口 77

ミ

乱れ気流 59
——等の影響 123
——の大きさ 123
密閉構造 24
——の化学設備 24

ム

無指向性プローブつきセンサー　355

メ

メークアップ・エア　188, 222, 365

モ

漏れ安全係数（表）　180, 185
漏れ限界流量比　179
　　熱上昇気流に対する――　184
漏れ込み
　　ダクトの――　364

ユ

有害化学物質に対する工学的対策　17
有機溶剤
　　――業務　121
　　――を用いて線材の脱脂洗浄　168
U字管マノメーター　353
　　――による除じん装置の静圧の監視　353

ヨ

溶融炉　95
抑制濃度　127, 432
　　――の測定法　355

ラ

ラック車　111

リ

リミットロードファン　303
　　――の性能表　323
　　――の特性線図　308
粒径分布　403
流入係数　264
流線翼型（ファン）　302

流

流速調節平衡法　297
流量調整用ダンパー　357
流量比
　　設計――　180
　　漏れ限界――　179
流量比法　178
両頭電動グラインダー　133

ル

るつぼ炉　95

レ

レシーバー式キャノピー型フードの排風量　181
レシーバー式フード　60, 67, 178
　　――の必要排風量　178, 179
連続鋳造装置　97

ロ

労働衛生工学　16
ろ過　402

著者略歴

沼野雄志(ぬまの たかし)

昭和6年 兵庫県に生まれる。
横浜国立大学工学部卒業。昭和49年労働衛生コンサルタント,昭和50年労働安全コンサルタント,昭和52年第1種作業環境測定士登録。沼野労働安全衛生コンサルタント事務所所長,(一社)日本労働安全衛生コンサルタント会会長を経て顧問。(公社)日本作業環境測定協会常任理事。日本労働衛生工学会名誉会員。

新 やさしい局排設計教室

平成17年6月30日	第1版第1刷発行
平成20年7月25日	第2版第1刷発行
平成21年6月10日	第3版第1刷発行
平成22年6月21日	第4版第1刷発行
平成24年12月12日	第5版第1刷発行
平成29年5月31日	第6版第1刷発行
平成31年2月28日	第7版第1刷発行
令和6年9月27日	第7刷発行

著 者 沼 野 雄 志
発 行 者 平 山 剛
発 行 所 中央労働災害防止協会

〒108-0023 東京都港区芝浦3丁目17番12号
吾妻ビル9階
電 話 販売 03(3452)6401
編集 03(3452)6209
印刷・製本 株式会社 丸井工文社

落丁 乱丁本はお取替えいたします　©NUMANO Takashi 2019
ISBN978-4-8059-1842-5 C3053
中災防ホームページ https://www.jisha.or.jp/

本書の内容は著作権法によって保護されています。本書の全部または一部を複写(コピー),複製,転載すること(電子媒体への加工を含む)を禁じます。